pagine di scienza
*i*blu

Fabio Vittorio De Blasio

Aria, acqua, terra e fuoco

Uragani, alluvioni, tsunami e asteroidi

Volume II

 Springer

Fabio Vittorio De Blasio

Collana *i blu – pagine di scienza* ideata e curata da Marina Forlizzi

ISSN 2239-7477   e-ISSN 2239-7663

Questo libro è stampato su carta FSC amica delle foreste. Il logo FSC identifica prodotti che contengono carta proveniente da foreste gestite secondo i rigorosi standard ambientali, economici e sociali definiti dal Forest Stewardship Council

ISBN 978-88-470-2543-1   ISBN 978-88-470-2544-8 (eBook)
DOI 10.1007/978-88-470-2544-8

© Springer-Verlag Italia 2013

Quest'opera è protetta dalla legge sul diritto d'autore e la sua riproduzione anche parziale è ammessa esclusivamente nei limiti della stessa. Tutti i diritti, in particolare i diritti di traduzione, ristampa, riutilizzo di illustrazioni, recitazione, trasmissione radiotelevisiva, riproduzione su microfilm o altri supporti, inclusione in database o software, adattamento elettronico, o con altri mezzi oggi conosciuti o sviluppati in futuro, rimangono riservati. Sono esclusi brevi stralci utilizzati a fini didattici e materiale fornito ad uso esclusivo dell'acquirente dell'opera per utilizzazione su computer. I permessi di riproduzione devono essere autorizzati da Springer e possono essere richiesti attraverso RightsLink (Copyright Clearance Center). La violazione delle norme comporta le sanzioni previste dalla legge.
Le fotocopie per uso personale possono essere effettuate nei limiti del 15% di ciascun volume dietro pagamento alla SIAE del compenso previsto dalla legge, mentre quelle per finalità di carattere professionale, economico o commerciale possono essere effettuate a seguito di specifica autorizzazione rilasciata da CLEAREdi, Centro Licenze e Autorizzazioni per le Riproduzioni Editoriali, e-mail autorizzazioni@clearedi.org e sito web www.clearedi.org.
L'utilizzo in questa pubblicazione di denominazioni generiche, nomi commerciali, marchi registrati, ecc.vanche se non specificatamente identificati, non implica che tali denominazioni o marchi non siano protettivdalle relative leggi e regolamenti.
Le informazioni contenute nel libro sono da ritenersi veritiere ed esatte al momento della pubblicazione; tuttavia, gli autori, i curatori e l'editore declinano ogni responsabilità legale per qualsiasi involontario errore od omissione. L'editore non può quindi fornire alcuna garanzia circa i contenuti dell'opera.

Coordinamento editoriale: Pierpaolo Riva
Progetto grafico: Ikona s.r.l., Milano
Impaginazione: Ikona s.r.l., Milano
Stampa: GECA Industrie Grafiche, Cesano Boscone (MI)

Springer-Verlag Italia S.r.l., via Decembrio 28, I-20137 Milano
Springer-Verlag fa parte di Springer Science+Business Media (www.springer.com)

Prefazione

Con questo secondo volume continua la breve trattazione sulle catastrofi naturali. È la volta delle catastrofi dell'acqua, dell'aria, di quelle cosmiche. Ma anche di quegli straordinari eventi di cui conosciamo l'esistenza dallo studio degli strati geologici e dei fossili, ma la cui causa è ancora avvolta nel mistero. Si tratta delle estinzioni di massa, episodi in cui la biosfera è cambiata in maniera improvvisa e drammatica a causa di una catastrofe globale.

Ribadisco quanto detto per il primo volume. Non si tratta di una trattazione sistematica, ma solo di brevi appunti; una tavolozza di colori piuttosto che un quadro finito. La fisica alla base delle catastrofi è il punto di partenza; tra un aneddoto e una digressione sulle basi scientifiche dei fenomeni, passando attraverso qualche caso di studio si spera di incuriosire il lettore su un tema importante e coinvolgente.

Ringraziamenti

Per le foto fornite privatamente, il fotografo viene citato nella didascalia. Alcune fotografie, immagini computerizzate o grafici provengono da enti pubblici come il servizio geologico americano (USGS), la NASA, la NOAA. Le foto indicate con (FVB) sono state scattate dall'autore del libro. Quando la fonte non viene indicata, l'immagine proviene invece dall'agenzia Shutterstock.

Per motivi diversi ringrazio Stein Bondevik, Raffaello Braga, Ole Majlede Jensen, Paolo Mazzanti, Marco Moresco, Marco Pilotti, May-Britt Sæter, Roger Urgeles. Le persone menzionate non hanno avuto alcun ruolo nelle possibili sviste o errori contenuti in questo libro.

Come per il primo volume, ringrazio infine Marina Forlizzi della Springer Italia per la fiducia accordatami e Pierpaolo Riva per l'assistenza tecnica.

Indice

PARTE PRIMA: ACQUA — 1

Capitolo 1 – L'acqua sulla Terra — 3
- **1.1 Fiumi e alluvioni** — 3
  - L'acqua e l'uomo — 3
  - Acquedotti romani e velocità dei fiumi — 3
  - Un semplice test statistico — 6
  - Le fertili piene del Nilo — 7
  - Incanalare un fiume — 10
  - Il disastro del Bangladesh — 11
  - Millenni di inondazioni e alluvioni — 13
  - Il crollo di grandi dighe — 15
- **1.2 Catastrofi in ambiente glaciale** — 21
  - I ghiacciai — 21
  - Misteriosi aumenti di velocità — 22
  - GLOF — 23
  - Le valanghe — 27
  - Morire o salvarsi sotto una valanga — 28
- **1.3 Fiumi di detriti** — 31
  - Fiumi di detriti e di fango: i rischi idrogeologici — 31
  - Argille rapide — 33
  - L'acqua disgrega le rocce — 34
  - Si aprono gli inferi — 38

Capitolo 2 – L'acqua degli Oceani — 41
2.1 Mari, onde e spiagge — 41
Le mutevoli coste marine — 41
Velocità delle onde marine — 42
Quando il mare invade la terraferma — 46
2.2 Gli tsunami — 47
Sumatra, 26 dicembre 2004 — 47
Diamogli il nome giusto — 50
Come si genera uno tsunami — 52
Come viaggiano le onde di tsunami — 54
Micidiali frane sottomarine — 56
Pericoli futuri delle frane sottomarine — 60
Quando crollano le coste — 62
La strana leggenda sul mostro di Lituya Bay — 68
Corso di sopravvivenza: i pericoli delle coste — 72

Capitolo 3 – Antichi diluvi e continenti scomparsi — 75
3.1 Enormi fiumi scomparsi — 75
Il mistero delle "Scabland" — 75
Il Diluvio Universale scritto nei cocci — 78
3.2 Eruzioni e tsunami — 80
Il mito di Atlantide — 80
L'esplosione del Krakatau — 84

PARTE SECONDA: ARIA — 91

Capitolo 4 – La parte leggera del pianeta — 93
4.1 L'atmosfera: essenziale ma a volte pericolosa — 93
Il ciclone del novembre 1970 — 94
Quando l'aria si riscalda — 95
La pressione atmosferica — 96
L'atmosfera ideale — 97
4.2 Struttura dell'atmosfera — 98
La troposfera e la stratosfera — 98

	Secco e umido, caldo e freddo: la fisica dell'aria	101
	Formazione delle nuvole	103
4.3	**Temporali e tempeste**	104
	Le legioni perdute di Varo	104
	L'origine dei temporali: le termiche	106
	L'enorme potenza delle termiche temporalesche	109
	I fenomeni elettrici atmosferici	110
	I fulmini	111
	Il pericolo dei fulmini	114
	Corso di sopravvivenza: fulmini	115
Capitolo 5 – Catastrofi dell'aria		117
5.1	**I tornado**	117
	Il tornado dei tre stati	117
	Un ciclone in miniatura	117
	Ricetta per un tornado	119
	L'"outbreak" del 3-4 aprile 1974	123
	Trombe marine	124
5.2	**Uragani**	126
	Katrina	126
	La fabbrica degli uragani	128
	Le armi di un uragano	130
	Corso di sopravvivenza: tornado e uragani	131
5.3	**Neve e grandine**	134
	Blizzard: sepolti dalla neve	134
	Pioggia congelata	136
	La grandine	137
	Effetti della grandine	139
	L'enigmatico lago degli scheletri	140

PARTE TERZA: ARIA, ACQUA, TERRA E FUOCO — 143

Capitolo 6 – L'estinzione delle specie — 145
6.1 La vita sulla Terra — 145
Suddivisione dei periodi della storia terrestre — 145
L'evoluzione della vita — 148
6.2 Estinzioni e catastrofi nella storia della vita — 150
L'uomo testimone del Diluvio e il barone Cuvier: ascesa del catastrofismo — 150
Charles Lyell e la caduta del catastrofismo — 155
Le vicissitudini delle ammoniti — 156
La sedimentazione: continua o catastrofica? — 162
Neocatastrofismo — 164
Catastrofi nella storia della vita — 167

Capitolo 7 – Estinzioni di massa — 169
7.1 La vita salva per miracolo — 169
Le "Big five" — 169
La madre di tutte le estinzioni — 172
Estinzioni durante il Mesozoico — 176
Elvis e Lazzaro — 181
7.2 La causa delle estinzioni di massa — 186
Provincialismo — 187
Variazioni del livello marino e di temperatura — 189
Vulcanismo — 194
Il quadro globale — 195

Capitolo 8 – Cambiamenti climatici — 197
8.1 Il clima terrestre e la sua storia — 197
Il clima nel passato remoto della Terra — 197
Il clima, le foreste del Carbonifero superiore e la seconda glaciazione — 198
Il caldo tropicale dell'Eocene e il resto del Cenozoico — 202

8.2	**Le glaciazioni, l'origine dei cambiamenti climatici e uno sguardo verso il futuro**	205
	La storia del cacciatore svizzero	205
	Le glaciazioni	207
	Gli ultimi diecimila anni	208

PARTE QUARTA: CATASTROFI COSMICHE — 213

Capitolo 9 – Minacce nel sistema solare — 215

9.1	**La Terra nell'Universo**	215
	Le enormi distanze cosmiche	215
	La catastrofe che ha permesso la vita	218
	L'evoluzione delle stelle	221
	Il Sole	223
	Il Sole è tutt'altro che tranquillo	226
9.2	**Minacce vicine**	230
	Il doppio ritratto di Albrecht Dürer	230
	Lo strano acquisto dell'ingegner Barringer	233
	Crateri d'impatto	236
	Gli asteroidi	241
	Apophis	243
	Astri chiomati	244
	Tunguska	249
	Asteroidi, comete, antimateria e mini buchi neri	253
	Impatto su Giove	258
	Ancora le estinzioni di massa	259
	La coda del diavolo	262
	L'impatto	267
	Le altre estinzioni di massa: altri impatti?	272

Capitolo 10 – Minacce dallo spazio profondo — 277

10.1	**Stelle in collisione, stelle inquiete, stelle che esplodono**	277
	Collisioni contro un'altra stella?	277

Morte di una stella	280
La minaccia delle supernovae	283
Stelle collassate	285
Le più grandi esplosioni dell'Universo	287
Capitolo 11 – Epilogo	**293**
Proposizioni riassuntive sulle catastrofi	293
Quali catastrofi future?	295
Letture consigliate	**299**

Parte Prima

Acqua

In alto: Alluvione in Slovenia nel 2010. In basso: stampa basata sul dipinto di Nicolas Poussin, "Diluvio" (1660)

1. L'acqua sulla Terra

1.1 Fiumi e alluvioni

L'acqua e l'uomo

Da sempre l'umanità dipende dalla presenza di acqua. Quasi tutta (1.340.000.000 chilometri cubi) risiede in mari e oceani. Seguono a pari merito l'acqua nel sottosuolo e quella nelle calotte glaciali con circa 24.000.000 chilometri cubi ognuno. Nonostante l'acqua nei fiumi e nei laghi sia solo una piccola frazione di quella totale – ammonta solo a 250.000 chilometri cubi – essa ha avuto un ruolo fondamentale per lo sviluppo delle civiltà (Fig. 1.1). Infatti quasi tutte le piccole, medie e grandi città sono sorte lungo torrenti o fiumi, con gli ovvi vantaggi di aver sempre acqua potabile, per l'irrigazione, per la lavorazione del cibo e la fabbricazione di manufatti.

Ma l'acqua è un anche fluido abbondante, denso e poco viscoso. Basta una leggera pendenza e una grande massa d'acqua può acquisire un'energia sorprendente. In perenne flusso dalla terraferma ai mari e ai ghiacci passando attraverso l'atmosfera in un ciclo continuo, da elemento indispensabile si trasforma rapidamente in un mezzo rapido e pesante, capace di distruggere.

Acquedotti romani e velocità dei fiumi

Assicurarsi l'acqua senza dipendere dalle portate del Tevere: a questo scopo i romani avevano costruito orgogliose opere idrauliche già a partire dal V secolo a.C. Con l'età imperiale, gli acquedotti assicuravano un milione di metri cubi di acqua al giorno. Far scorrere l'acqua lungo canali, condotte e ponti a velocità costante non era facile. Si

Fig. 1.1 Chiesa di San Giorgio, Madaba (Giordania). Un celebre mosaico del VI secolo illustra la Terrasanta, il Giordano e il Mar Morto

misurava con precisione la pendenza del canale artificiale, di solito circa un metro di altezza verticale per ogni chilometro di lunghezza, ovvero un gradiente di soli 0,06 gradi. Una pendenza maggiore e l'acqua avrebbe viaggiato troppo velocemente. Ma una pendenza più dolce non avrebbe assicurato quantità sufficiente. La giusta pendenza andava assicurata ad ogni costo. Ecco perché l'Europa è piena di acquedotti romani costruiti come ponti a più archi, spesso in uso fino a pochi decenni fa (Fig. 1.2).

Da persone pratiche, i romani non s'interessarono alle leggi generali del moto dell'acqua nei canali. Solo nel 1775 Antoine de Chezy, un ingegnere idraulico francese, stabilì una relazione precisa tra la pendenza del canale e la velocità dell'acqua. Secondo Chezy l'acqua in un fiume o in un canale è in uno stato di equilibrio dinamico nel quale la forza di gravità è controbilanciata dalla resistenza incontrata al letto. La relazione proposta da Chezy mostra che la velocità dell'acqua in un fiume aumenta con la profondità dell'acqua e con l'an-

Fig. 1.2 L'acquedotto romano di Segovia (Spagna)

golo di pendenza[1]. Da allora sono state suggerite molte altre formule per predire la velocità di un corso d'acqua che tengono conto anche della natura del letto in maniera più precisa della relazione di Chezy. Tutte queste formule prevedono che la velocità del fiume debba aumentare sia con la profondità sia con la pendenza.

Ogni fiume ha un certo bacino di drenaggio. È una zona a monte in cui le acque provenienti dalle precipitazioni o dallo scioglimento della neve vengono convogliate prima in torrentelli e poi in torrenti tributari, fino riunirsi nel fiume principale. L'abbondanza dell'acqua in un fiume può aumentare o diminuire nel tempo a seconda delle precipitazioni nell'area di drenaggio. La quantità di acqua non è mai costante ma dipende dall'abbondanza delle precipitazioni, dal tipo di suolo, dallo scioglimento della neve. Di solito un fiume rimane den-

---

[1] Per l'esattezza con la radice quadrata della profondità moltiplicata per la pendenza: $U = 80\sqrt{DS}$. Ad esempio per un canale di profondità $D=80$ cm e pendenza $S=1/1000$ si ha una velocità dell'ordine di 2 metri al secondo.

tro i suoi argini naturali. Tuttavia, aumenti stagionali della portata possono aumentare il livello. A volte, ad esempio una volta all'anno, il livello può raggiungere appena gli argini naturali per poi rientrare nel livello "normale". Ma può anche succedere che le precipitazioni in una particolare annata divengano particolarmente elevate e il fiume esca dagli argini naturali, producendo un'alluvione.

Alle latitudini tipiche dell'Italia, alcune parti dei torrenti tributari si trovano a bassa quota e altre in montagna, dove le temperature possono diventare molto basse. Nelle aste fluviali a bassa quota l'acqua non gela mai. Se il suolo è poco permeabile, la pioggia è subito convogliata nel torrente e da qui al fiume. Se potessimo colorare di rosso l'acqua di una pioggia torrenziale, vedremmo dopo poche ore il fiume principale colorarsi lungo il suo tratto principale. Noteremmo anche l'onda di piena, ovvero un aumento dell'altezza del fiume, corrispondente al passaggio di tutta l'acqua dell'acquazzone. Le cose si complicano per le parti dei torrenti tributari situati ad alta quota, perché soprattutto d'inverno l'acqua precipita come neve. Rimane lì a sonnecchiare fino alla primavera ed estate, e solo allora il suo scioglimento contribuisce ad alimentare l'acqua del fiume principale. A causa di queste e altre complicazioni, vi sono quindi notevoli fluttuazioni nell'apporto di acqua.

Un semplice test statistico
Un semplice test può aiutarci a capire questo punto chiave. Si lancino dieci monete e si calcoli il punteggio totale del lancio attribuendo "+1" a ogni testa e "0" a ogni croce. Ripetendo il lancio un certo numero di volte, si vede che in media il punteggio è 5, ma a volte diventa molto maggiore o molto minore (Fig. 1.3). Anche la quantità di acqua totale in un fiume deriva da molteplici processi molti dei quali sono soggetti a fluttuazioni statistiche. Ad esempio, la prima moneta potrebbe indicare l'acqua proveniente dai tributari orientali, la seconda quella dei tributari occidentali, la terza l'acqua di scioglimento della neve, la quarta la possibilità che l'acqua sia in parte assorbita dal suolo, e così via. Ogni lancio potrebbe così rappresentare l'altezza

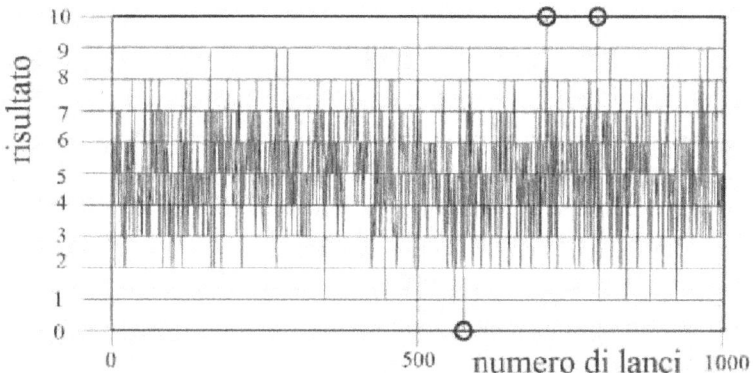

Fig. 1.3 Risultato del semplice esperimento delle dieci monete descritto nel testo. Con la sequenza di numeri casuali utilizzata, la piena catastrofica si è presentata due volte (cerchi superiori) e la siccità completa una volta (cerchio inferiore). In media, ci dovrebbe essere una piena (e una siccità completa) ogni 1024 lanci. Si noti come le piene non catastrofiche (risultato "9") si siano presentate più spesso di quelle di categoria "10" (statisticamente dovrebbero essere dieci volte più numerose delle piene catastrofiche)

media dell'acqua in un certo anno. Se attribuiamo al punteggio "5" l'acqua in condizioni normali, un punteggio di "0" rappresenterà il fiume completamente in secca, "3" un livello sotto la media, "7" lo stato di fiume in piena. A "9" il fiume esce dagli argini e "10" indica un'inondazione grave. Non vi è nulla di patologico nell'ottenere un risultato "10": è solo statisticamente più difficile dal momento che vi è un solo modo possibile di ottenere "10", quello in cui tutte le monete han dato testa. Invece cinque teste e cinque croci possono essere ottenute in molti più modi e per questo motivo il risultato "5" è più comune. Non vi è nulla di misterioso in questo giochino la cui descrizione rigorosa richiede la statistica di Poisson. In questo semplice modello di piena, un'inondazione risulta soltanto da una fluttuazione statistica certamente rara ma non impossibile.

Le fertili piene del Nilo

Non vi è quindi nulla di catastrofico nell'esondazione di un fiume: le civiltà antiche lo sapevano bene, e anzi ne sfruttavano se possibile gli aspetti positivi. Il Nilo deve le sue acque a due bacini ben distinti. Una parte, il Nilo Bianco (bianco a causa dall'argilla che intorbida le acque), nasce dal lago Vittoria nel cuore dell'Africa nera, dove l'acqua è copiosa e frequente. È un percorso di oltre tremila chilometri tra montagne e foreste pluviali, nel territorio di sei nazioni diverse. All'altezza di Khartoum in Sudan, quando il fiume passa nella savana, vengono in rinforzo dall'Etiopia le acque del Nilo Azzurro. È l'ultima riserva di acqua prima degli ultimi duemila chilometri nel cuore del deserto del Sahara, dove il grande fiume non riceve più una sola goccia. Ma mentre la quantità di acqua della foresta pluviale è circa la stessa in tutti i periodi dell'anno e cambia poco anche da anno in anno, le acque del Nilo Azzurro hanno un regime più stagionale e sono abbondanti solo durante l'estate. Il regime del Nilo nel tratto finale, il più critico, è quindi regolato in maniera drammatica dalle piogge monsoniche negli altopiani etiopi. Se queste sono state abbondanti, in Egitto il Nilo straripa. Così deposita il limo, un fertilizzante naturale che permettendo raccolti abbondanti ha assicurato la presenza di civiltà millenarie a partire da quella degli antichi Egizi. Ma se il Nilo Azzurro ha carichi di acqua modesti, la quantità di acqua si riduce a quella proveniente dall'Africa equatoriale.

Oggi le portate del Nilo sono regolate dalle dighe di Assuan. Ma prima della costruzione delle due dighe nel 1902 e 1970, le fertili inondazioni periodiche del Nilo avvenivano in maniera del tutto naturale ed erano aspettate con ansia. Gli antichi Egizi osservavano il livello raggiunto dalle piene già a partire da luglio. Verso la fine dell'estate cominciava la piena. Otto metri e mezzo erano l'aumento di livello necessario per inondare l'intera piana alluvionale, e un milione di ettari diventavano improvvisamente paludosi. Allora gli egizi aspettavano che il limo si depositasse e infine l'acqua se ne andasse tra ottobre e novembre. Il grano veniva poi raccolto nella primavera dell'anno successivo. Un'economia basata quasi interamente sul Nilo era possibile in quanto il Nilo è molto regolare. Ma come abbiamo visto vi sono fluttuazioni statistiche nella portata di un fiume e in modo particolare quando il regime è di tipo monsonico. Una piena troppo abbondante era pericolosa in quanto poteva estirpare i raccolti e distruggere le opere idrauliche. Ma il pericolo peggiore era la scarsità di acqua. Due soli metri di altezza in meno e l'acqua non poteva coprire l'intera piana alluvionale. In altre parole: scarsi raccolti e carestia.

"L'Egitto è un dono del Nilo" secondo Erodoto. Moltissimi altri documenti storici, tradizioni orali, leggende, attestano l'importanza millenaria delle piene del Nilo. Il caso più noto è quello di Giuseppe, riportato dalla Bibbia. È il XII secolo a.C. e le piene del Nilo sono abbondanti. Ma il faraone è preoccupato. Chiamato a interpretare i sogni del faraone, Giuseppe prevede sette anni di siccità e suggerisce di immagazzinare il grano durante i periodi di abbondanza, un consiglio che si rivela di grande saggezza.

Ma la siccità più infame fu quella del 1200. In Europa faceva caldo, vi era un'importante fioritura della cultura e con la terza crociata i cristiani avevano appena stabilito contrafforti in Terrasanta, prima fra tutte San Giovanni d'Acri. In Egitto nel mese di agosto come ogni anno si teneva d'occhio l'innalzamento del Nilo. All'inizio tutto sembrava andare nel verso giusto. Ma ben presto ci si accorse che il colore dell'acqua era strano. Sappiamo oggi che probabilmente vi erano nell'acqua una gran quantità di vegetali putrefatti. Fu un presagio; qualcuno attribuì lo strano colore a una scarsità di acqua alla sorgente. Se fosse stato vero, la piena non avrebbe raggiunto il livello necessario. E infatti fu la peggior magra mai registrata per il fiume africano. I raccolti quell'anno furono scarsissimi con conseguenze economiche terribili. Il prezzo del grano salì al cielo e nemmeno i ricchi poterono permetterselo. Topi e gatti cominciarono a essere mangiati, ma arginarono di poco la fame crescente della popolazione. Alcune persone vennero divorate; madri furono giustiziate con l'accusa di aver mangiato i propri figli. In un solo anno la popolazione dell'Egitto venne ridotta a metà.

A questo punto solo un'alluvione di portata normale avrebbe potuto salvare il resto del paese l'anno successivo. Ma il 1201 ebbe un'altra piena insufficiente e gran parte della popolazione sopravvissuta trovò la morte. I pochi superstiti furono attaccati dalle pestilenze e per finire subirono un'altra catastrofe. Il 5 maggio 1202 un'imponente faglia che taglia il Mediterraneo in due tronconi, generò uno dei terremoti più devastanti nella storia del Mare Nostrum. Il terremoto fece moltissimi danni, e come per Lisbona molti secoli dopo, generò un enorme tsunami che devastò le coste di Grecia, Italia, Turchia ed Egitto. I morti furono forse più di un milione, un'enormità per l'epoca, come se oggi un simile evento uccidesse venti milioni di persone. Questi eventi calamitosi in successione ebbero almeno un risvolto positivo anche se breve: promossero la fratellanza di cristiani e musulmani, accomunati da catastrofi che non fanno distinzioni di religione. E si arrivò così a fine estate 1202. Dopo due piene inesistenti, pestilenze, un terremoto e tsunami, un'altra carestia avrebbe significato la fine per le popolazioni dell'Egitto. In luglio l'acqua cominciò a salire in abbondanza e non presentava lo strano colore dei due anni prima. La piena del 1202 fu abbondante; quanto bastò a salvare l'Egitto.

Incanalare un fiume
Il pericolo opposto alle piene siccitose è quello delle inondazioni. Se si tenesse presente la normalità dell'esondazione dei fiumi, si abbandonerebbe la zona alluvionale invece di arginarli con disinvoltura. Ma ormai questo è impossibile per la maggior parte delle città del mondo. La Fig. 1.4 illustra nella colonna di sinistra il comportamento dell'acqua in un fiume quando non vi siano argini artificiali. In A l'acqua è poca. Il fiume se ne sta entro i suoi argini e la sua velocità media è piccola (2 metri al secondo nell'esempio della b). Quando l'acqua diviene più abbondante (B), l'applicazione della relazione di Chezy ci dice che anche la velocità del fiume deve crescere, dato che aumenta l'altezza dell'acqua: tre metri e mezzo al secondo in questo esempio. Se l'altezza aumenta troppo, un po' di acqua esce dagli argini a causare una piccola inondazione (C).

Vediamo adesso cosa succede quando il fiume è costretto tra una coppia di argini artificiali (tre schemi a destra in Fig. 1.4). È pur vero che l'inondazione viene per il momento scongiurata (E): se ben co-

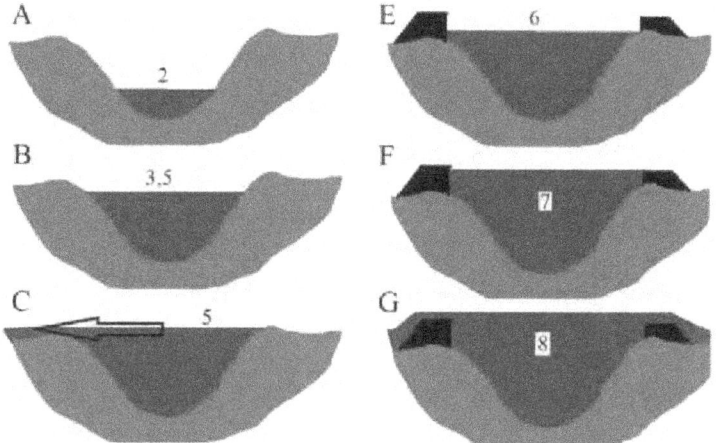

Fig. 1.4 Nella colonna di sinistra un fiume non arginato, in quella di destra un fiume con argini artificiali

struiti, gli argini si comportano bene. Ma il livello dell'acqua è ora maggiore; dalla relazione di Chezy segue che anche la velocità dell'acqua è aumentata. La cosa è ancora più evidente in F, dove il livello arriva quasi all'altezza degli argini. Se le cose vanno bene, la piena rientra e l'inondazione è scongiurata. Ma due cose possono andare male. Incanalando il fiume, l'abbiamo infatti reso più rapido, più aggressivo. L'aumento artificiale della velocità ha delle conseguenze più a valle in quanto un fiume più rapido erode molto di più. In altre parole abbiamo spostato il problema dalla nostra posizione a quella di qualche altro comune più a valle, che potrà così sperimentare un aumento dell'erosione, crolli di ponti, o un'inondazione. E le cose possono andare perfino peggio. Anche gli argini artificiali possono non bastare a scongiurare l'inondazione (G). In questo caso, avremo creato un aumento della velocità a valle senza essere stati risparmiati.

Il disastro del Bangladesh

Il Bangladesh è una delle nazioni più a rischio di catastrofi. Dal 1960 al 1981 si sono contate 633.000 vittime in 63 catastrofi, quasi tutte dovute a cicloni tropicali. Ma anche le alluvioni hanno contribuito a funestare la popolazione. L'intero paese non è altro che l'enorme delta fluviale di due fiumi lunghi e importanti: il Gange e il Brahmaputra. Entrambi ricevono le acque dall'altopiano del Tibet, dal Nepal, dal nord dell'India, tutte regioni fuori dai confini del paese. Un miliardo di metri cubi d'acqua all'anno si gettano in questo immenso delta paludoso per sfociare nella Baia del Bengala, dove in milioni di anni le acque hanno depositato un delta sottomarino. Se l'acqua del mare venisse rimossa per magia, la zona del delta sottomarino sarebbe una delle più sbalorditive meraviglie della Terra. Si vedrebbero migliaia di chilometri di depositi fangosi lunghi fin quasi all'Africa del sud spessi alcuni chilometri e solcati da immensi canyon sottomarini.

Fu proprio un'altra catastrofe, un terremoto, a unire il corso finale dei due fiumi nel 1757. Così oggigiorno vi è un solo grande corso d'acqua negli ultimi 150 chilometri, il Meghna. Le alluvioni stagionali riguardano una gran parte dell'area del Bangladesh. Come per il Nilo, esse sono benefiche in quanto permettono la coltivazione del riso. Ecco quindi che gli straripamenti dei fiumi, da luglio a settembre, vengono aspettati con benevolenza. Durante un'alluvione benigna, il 20% dell'area del Bangladesh viene invasa dall'acqua, assicurando il cibo sufficiente per un'intera nazione. Ma poiché i bacini di alimentazione dei due fiumi sono diversi, le alluvioni sono sfasate: il Brahmaputra di solito straripa da giugno ad agosto; poco dopo tocca al Gange. A determinare tutto ciò sono come sempre le precipitazioni nel bacino di raccolta. Sia le piogge monsoniche, sia le nevi degli altipiani e delle montagne Himalayane sono coinvolte in un complesso gioco di precipitazioni. Ma mentre le nevi si sciolgono prevalentemente nel cuore dell'estate, le piogge durano anche fino a ottobre ed ecco perché il Gange, che raccoglie l'acqua da quote più basse, straripa più tardi rispetto al Brahmaputra, il quale serpeggia tra gli altopiani Himalayani. A questo quadro va aggiunta l'incognita delle piogge direttamente sul territorio del Bangladesh.

Nel 1988 i due grandi fiumi raggiunsero la massima portata quasi contemporaneamente. Tra il 20 agosto e il primo settembre si ebbero intense precipitazioni sul bacino imbrifero soprattutto del Brahmaputra. A complicare le cose il 29 agosto vi era alta marea. Beffardamente l'acqua di mare creò un'ulteriore barriera di cinque metri al deflusso in mare dell'onda di piena, un effetto significativo in un territorio basso come quello del Bangladesh. Il risultato fu una piena disastrosa e con decorso rapidissimo: trenta milioni di persone furono colpite dalle inondazioni cresciute in soli due giorni; nemmeno la capitale fu risparmiata. Anche se i morti furono pochi a paragone di quelli dovuti ai grandi cicloni che colpiscono spesso il paese (anche se duemila vittime sono comunque un'enormità), il danno economico e sociale fu enorme. Due milioni di tonnellate di riso distrutte, epidemie di colera. C'erano anche opere di contenimento per le piene. Ma il grande argine Dhaka-Narayanganj-Demra venne superato dall'acqua. E qui l'argine mostrò non la sua inutilità, ma la sua pericolosità in quanto fu sul punto di crollare.

L'esempio della piena del 1988 mostra come cause umane e naturali possano contribuire al disastro. È vero che le precipitazioni furono particolarmente intense, ma il disboscamento a monte della piena diede il suo contributo. Gli alberi trattengono l'acqua non certo per farci un favore, ma perché essi stessi ne hanno bisogno per i loro processi vitali. E l'intera nazione, ricordiamolo, è una zona fluviale dove per millenni si sono alternate alluvioni che noi chiamiamo catastrofiche, ma che fanno parte del normale decorso della natura.

Millenni di inondazioni e alluvioni

C'è una seconda ragione per imbrigliare le acque dei fiumi con argini artificiali. Basta confrontare le due immagini in Fig. 1.5. La prima rappresenta i placidi meandri fluviali in una città. La seconda mostra la variazione del corso di un altro fiume, il Rio Negro (Argentina). Se viene lasciato evolvere secondo natura, il fiume non ci pensa nemmeno a starsene tranquillo. I meandri, infatti, cambiano continuamente forma; prima aumentano la curvatura (Fig. 1.6A-B-C). Avviene poi un *by-pass* (D-E) e la parte esterna del meandro rimane priva di immissario. Forma così un lago di meandro, che finisce per prosciugarsi. Tutto questo avviene in un periodo geologicamente istantaneo, alla portata perfino degli standard umani. In qualche secolo si possono infatti avere cambiamenti importanti, com'è ben evidente in Fig. 1.5. Non è tollerabile un simile cambiamento entro le mura cittadine (per non parlare del fatto che i fiumi demarcano spesso i confini politici). Il fiume viene quindi arginato per evitare possa cambiare forma seguendo la sua natura. Ma chiuso in una gabbia, aspetta solo il momento giusto per riprendersi la libertà.

Uno di questi momenti si ebbe durante l'enorme inondazione avvenuta a Firenze il 4 novembre 1333, quando l'Arno uscì dagli argini coprendo la città con oltre 4 metri di acqua. Non era la prima volta: già nel 1117 i ponti erano stati devastati. Circa sei secoli e mezzo più tardi, il 3 novembre 1966, l'evento si ripeté in quella che fu forse l'inondazione più nota del XX secolo. Non solo per la vastità della devastazione, ma anche per l'inestimabile valore delle opere d'arte coinvolte; dipinti, chiese, strumenti musicali.

I guai cominciarono il 3 novembre. Ottobre fu eccezionale per le piogge al punto da saturare il suolo nell'area di drenaggio. Senza più essere assorbita, l'acqua prese interamente la strada verso il fiume principale; un altro acquazzone di 48 centimetri di pioggia su tutta l'area e la quantità d'acqua scaricata raggiunse quasi 2.600 metri cubi al secondo. I bacini a monte di Firenze vennero riempiti per intero e

Fig. 1.5. A sinistra: un fiume forma una serie di meandri all'interno di una città della Germania (FVB). A destra: meandri del Cerro Negro, Argentina (NASA-ISS)

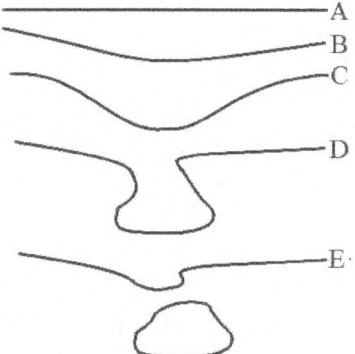 

Fig. 1.6 Schema di formazione di un meandro fluviale

Fig. 1.7 Porzione di zona alluvionata dal fiume Missouri nel maggio 2011

l'acqua non poté far altro che aumentare di livello e velocità. E alle quattro di mattina del giorno 4, uscì dagli argini. Tre ore dopo l'acqua aveva raggiunto il terzo piano di alcuni edifici e un'enorme quantità di olio da riscaldamento fu portato via dalla piena. L'Italia e il mondo intero vissero un incubo quando l'acqua e il fango si accanirono su opere d'arte senza prezzo, inspiegabilmente a portata della piena. I danni irreparabili al patrimonio artistico si aggiunsero al bilancio delle trentaquattro vittime.

I fiumi regolati dallo scioglimento della neve piuttosto che dalla pioggia darebbero l'impressione di avere un comportamento più prevedibile. Di norma è così; ma anche in questo caso i danni possono essere enormi, mentre per fortuna le vittime sono di solito in numero inferiore. L'alluvione del Missouri del maggio 2011 coprì un'area vastissima di sette stati americani, costringendo alla chiusura di ponti e strade (Fig. 1.7). Proprio in quanto parte integrante della vita di un fiume, le inondazioni sono fenomeni comuni; la Tavola 1 mostra un'inondazione a Steyr (Austria).

Il crollo di grandi dighe

Da almeno quattromila anni l'uomo cerca di controllare l'acqua con grandi dighe. Disporre di un serbatoio per le irrigazioni tutto l'anno e non solo durante la stagione più umida ha permesso una gestione migliore delle culture agricole contribuendo allo sviluppo delle civiltà soprattutto in Mesopotamia, Africa e India. Altre volte le dighe furono costruite per proteggere città o aree coltivabili dalle esondazioni dei fiumi. Da oltre un secolo, tra gli scopi di una diga si è affiancata la produzione di energia idroelettrica.

Quando si manipolano, si spostano, si controllano volumi di acqua dell'ordine dei milioni di metri cubi o più, si gioca con un'imponente quantità di energia potenziale. Un errore di costruzione o un cedimento delle strutture trasformano l'acqua da preziosa risorsa in una catastrofe. La rottura di grandi dighe ha afflitto l'uomo fin dall'inizio dei suoi tentativi di imbrigliare la natura. La diga di Sadd-El Kafara in Egitto fu edificata 2.700 anni a.C. per controllare le piene del Nilo. Ma non entrò mai in funzione. Distrutta proprio da una delle piene, non fu più ricostruita.

È evidente che una diga è tanto più utile quanto più acqua contiene. Se è idroelettrica, per produrre il massimo di energia è necessario che il livello dell'acqua nel bacino artificiale sia il più alto possibile. Ma confinare l'acqua comporta forze notevoli sulle strutture della diga, che aumentano col quadrato dell'altezza dell'invaso. In altre parole, quando l'acqua nell'invaso è profonda sessanta metri esercita una forza quattro, e non due volte maggiore di quando l'altezza è di soli trenta metri. Per controbilanciare il peso dell'acqua sono stati elaborati grosso modo due sistemi. Nelle dighe a gravità, è il peso stesso della diga a fornire la resistenza contro la forza dell'acqua. Le dighe ad arco, invece, scaricano il peso dell'acqua sui fianchi della montagna (Fig. 1.8). Quando le forze esercitate dall'acqua diventano enormi, è necessario ricorrere a materiali di prima qualità, stabilità geologica, ottimi progetti. Non sempre condizioni rispettate.

La costruzione della diga del Gleno in Val di Scalve (Bergamo, Nord Italia) fu terminata nell'estate del 1923 dopo due anni di lavoro e pessimi auspici. Molte le difficoltà finanziarie e tecniche, compreso un cambio di progetto durante la fase avanzata dei lavori. Gli operai dovettero risparmiare sui materiali, usando nel calcestruzzo perfino

Fig. 1.8 Un esempio di diga idroelettrica (FVB)

il legno e vecchi elementi di metallo. Contrariamente a ogni logica costruttiva, il livello dell'invaso continuava a salire di livello durante la costruzione e la superficie della diga rimase sempre umida. La necessità di risparmiare sul prezzo del materiale nelle grandi opere pubbliche è sempre stato un problema importante. Le dighe sono (e lo erano soprattutto nel XX secolo) fra le più imponenti e costose. Notevoli risparmi si sono ottenuti quando si è capito che le forze non agiscono in maniera uniforme su una diga. Ad esempio, le dighe alleggerite con un sistema di vani interni vuoti permettono di risparmiare sul materiale senza diminuire la stabilità del sistema.

Scrive così l'ingegner Antonio Viappiani nel suo manualetto *Frane e Terreni* del 1924:

> Taluni Ingegneri poi preoccupati più della riuscita che della spesa non pensano affatto all'economia che pur dovrebbe essere l'intento principale da conseguire del progettista e del costruttore.

La frase è stata certamente scritta nella miglior fede. Viappiani forse si riferisce agli sprechi di denaro pubblico con progetti troppo generosi di materiale (il suo libro non tratta in particolare di dighe, ma di opere geotecniche in generale, anche di scala più piccola). Tuttavia la frase è inquietante pensando che la diga del Gleno (Fig. 1.9) crollò quasi in contemporanea con la pubblicazione del manuale.

È l'1 dicembre 1923 quando il guardiano della diga del Gleno cammina sulla passerella per una normale operazione di apertura di una valvola. Verso le sette di mattina ode una serie di tonfi sinistri: blocchi di cemento della diga piombano nell'invaso, mentre una serie di fessure si aprono e minacciano la stabilità dell'intera costruzione. Non c'è un minuto da perdere. Il guardiano cerca di raggiungere la baracca per dare l'allarme. Ma la diga si sbriciola sotto i suoi occhi come un biscotto inzuppato nel latte. Otto contrafforti centrali su dodici cadono all'istante, riversando sei milioni di metri cubi di acqua. Il primo paese in balia della fiumana è Bueggio, ai piedi della valle del Gleno: raggiunto in pochi minuti, viene in gran parte distrutto. La massa d'acqua devasta uno dopo l'altro tutti i paesi della valle di Scalve fino alla Valcamonica, preceduta da un forte spostamento d'aria. Persone e animali annegano; case ed edifici pubblici vengono rasi al suolo. Lungo la valle erano ancora in funzione ponti risalenti all'epoca romana; hanno aspettato duemila anni per essere

Fig. 1.9 I resti della diga del Gleno in provincia di Bergamo

spazzati via in un istante dall'incuria dell'uomo. Quando avviene un'onda di piena, il livello aumenta improvvisamente di parecchi metri soprattutto a monte dei punti di restringimento della valle. Il livello raggiunto dalla piena del Dezzo rimase ben visibile dopo la tragedia come un'impronta sugli edifici e sui muri rimasti in piedi; fu misurato in alcuni punti di più di dieci metri.

Le testimonianze hanno permesso di ricostruire parte della dinamica della catastrofe. L'onda di piena attraversò venti chilometri di valle ad una velocità media di 18-22 chilometri all'ora. Ma l'onda di piena non viaggia in maniera uniforme. A monte di un restringimento della valle, l'acqua tende a ristagnare e aumentare di livello. Al contrario, l'acqua scende di livello dove la valle si allarga. Per conoscere i dettagli è necessario affidarsi alle simulazioni al computer basandosi sull'esatta topografia valliva. Tecniche di calcolo permettono di stabilire l'andamento di una piena improvvisa nel tempo alle diverse posizione lungo una valle. Prevedere l'andamento di una piena è importante non solo per la rottura di grandi dighe, ma anche per stabilire l'andamento e la portata delle piene naturali lungo le valli. La Fig. 1.10 mostra il livello dell'acqua calcolato a circa 7 chilometri dalla diga. Le misurazioni mostrarono che il livello aumentò effettivamente di 15 metri dopo pochi minuti dalla rottura. Una volta raggiunta la massima altezza, ci vollero una ventina di minuti perché il livello dell'acqua diminuisse a solo qualche metro. Molti corpi delle cinquecento vittime furono trasportati fino al lago d'Iseo cento chilometri a valle e recuperati solo molto tempo dopo. Il processo celebrato a Bergamo nel 1927 riconobbe le colpe ai gestori dell'impresa, ma li condannò a pene irrisorie.

Un altro noto episodio avvenne una quarantina d'anni dopo vicino a Frejus, nella Francia meridionale. La diga di Malpasset, una delle più sottili di tutti i tempi (spessa solo un metro e mezzo nella parte superiore) fu ben progettata e costruita, ma messa in opera senza alcun collaudo. Verso la fine di novembre 1959, numerose perdite d'acqua segnalavano un problema sulla sponda destra. La decisione di aprire lo scarico di fondo fu troppo tardiva: il crollo della diga avvenne all'improvviso il 2 dicembre 1959. Malpasset e Bozon furono distrutte e dopo una ventina di minuti toccò a Frejus, posta a qualche decina di chilometri di distanza. La scena del disastro mostra ancora oggi i grossi blocchi di cemento armato trascinati per centinaia di metri dalla forza delle acque (Fig. 1.11). Forse al crollo della diga contribuirono le vibrazioni indotte da alcuni lavori in corso per la costruzione dell'autostrada. Ma la causa principale del crollo fu un'altra. Per una strana fatalità, il fiume principale della valle è privo di acqua durante la maggior parte dell'anno. Quindi non fu necessario deviarne il corso con tunnel. Un tunnel avrebbe rivelato la scarsa qualità della roccia su cui si sarebbe poggiata una delle spalle della diga. Prima della costruzione vennero fatte delle ottime indagini sulla qualità della roccia. Tuttavia, una cosa è esaminare le rocce della superficie, un'altra è scavare un tunnel o effettuare costosi carotaggi per esaminare la roccia in profondità. Come per il Gleno, anche qui all'origine del disastro vi fu quindi il mero risparmio di denaro. Ne valeva la pena, considerando le 423 vittime accertate, le mille case distrutte, i mille ettari di terreno andati perduti?

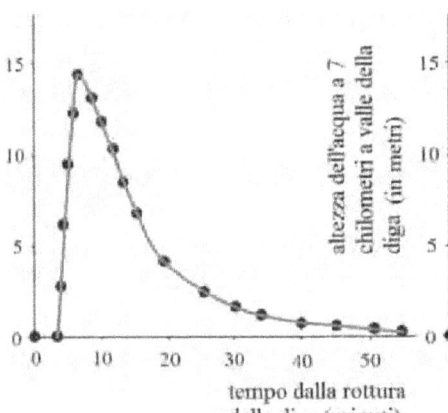

Fig. 1.10 Quando una diga si rompe, l'acqua precipita a valle come un muro che distrugge tutto quanto si trovi lungo il tragitto. L'altezza dell'onda di piena è stata qui simulata con un modello al computer che tiene conto della topografia della valle. Da Pilotti et al. (2006), modificato[2]

---

[2] Pilotti M., Maranzoni A., Tomirotti M. 2006. Modellazione matematica della propagazione dell'onda di piena conseguente al crollo della diga del Gleno. XXX conv. Idr. Costr.

Fig. 1.11 A sinistra: i resti della diga di Malpasset. A destra: grossi massi trasportati dall'acqua durante l'onda di piena. Fotografie originali di Ole Majlede Jensen

1.2 Catastrofi in ambiente glaciale

I ghiacciai

Dopo un'intensa nevicata alle latitudini italiane, la neve permane al suolo per qualche giorno o poco più. In montagna può anche conservarsi per tutto l'inverno, anche se di solito è destinata a sciogliersi con la bella stagione. In piccole aree molto elevate fa freddo anche d'estate e la neve non si scioglie affatto. Si accumula invece inverno dopo inverno, decennio dopo decennio. Schiacciata dal suo stesso peso, diviene più compatta come quando si comprime una palla di neve. Diventa così uno spesso strato di ghiaccio che comincia a scivolare lentamente alla base. Si è formato un ghiacciaio, un lento fiume di ghiaccio che scorre con una velocità di qualche centimetro al giorno. Quando il ghiaccio raggiunge le zone di fondovalle, comincia a sciogliersi liberando non solo l'acqua in forma di impetuosi torrenti, ma anche il materiale solido che una volta si trovava tra le sue morse: rocce e frammenti argillosi e limosi, sabbie finiscono negli impetuosi torrenti che abbelliscono il fronte dei ghiacciai. Macigni troppo grossi per essere trasportati dall'acqua vengono abbandonati al fronte del ghiacciaio, dove formano le morene. I ghiacciai occupano oggi poco più del 10% delle terre emerse. Sono importanti anche perché assai efficaci nell'erodere le valli montane, che finiscono così per assumere la tipica forma a "U" (Fig. 1.12).

A volte i ghiacciai possono diventare instabili. L'11 settembre 1895, cinque milioni di metri cubi di ghiaccio collassarono dalla sommità dell'Altels, uccidendo sei persone. Ben peggiore fu l'evento del 30 agosto 1965, quando due milioni di metri cubi di ghiaccio precipitarono da un'altezza di 400 metri, facendo 88 vittime. A volte è lo spostamento d'aria a ferire, come durante la caduta di un blocco di ghiaccio dalle alpi bernesi nel 1996. Qual è la causa improvvisa di queste instabilità? Normalmente, un ghiacciaio scorre lentamente e quindi il materiale glaciale fa in tempo a sciogliersi; ma a volte avvengono improvvisi aumenti di velocità e grandi porzioni di ghiaccio rimangono sospese per poi collassare.

Misteriosi aumenti di velocità

Nel 1861 alcuni cadaveri apparvero al fronte del ghiacciaio Bossens, dalla parte svizzera del Monte Bianco. Subito la memoria andò ad un evento tragico di quarantuno anni prima: un gruppo di escur-

Fig. 1.12 Il fronte di uno dei rami di Jostedalsbreen in Norvegia, il maggiore ghiacciaio non polare d'Europa (FVB)

sionisti era stato sepolto da una valanga durante un transito sulla parte alta del ghiacciaio, scomparendo senza lasciare traccia. Appariva ora come quella massa di ghiaccio in movimento fosse divenuta la loro tomba. Trasportati dalla massa glaciale a tre chilometri verso valle per essere ritrovati al fronte, fornirono una macabra stima della velocità del ghiacciaio di 20 centimetri al giorno. Sappiamo oggi trattarsi di un valore tipico per le Alpi, ma assai inferiore alla velocità dei ghiacciai groenlandesi, spesso dieci volte più rapidi. Ma anche velocità di qualche metro al giorno sono piccole a confronto di certi episodi noti come *surge*, in cui la velocità aumenta improvvisamente. Tra l'inizio di dicembre 1936 e il marzo successivo, il ghiacciaio alaskiano di Black Rapids Glacier aumentò la velocità di marcia, raggiungendo picchi di oltre 30 metri al giorno. Poiché la quantità di ghiaccio in un ghiacciaio deriva da un bilancio tra l'accumulo nella parte alta e lo scioglimento (ablazione) nella parte più a valle, durante un aumento di velocità del ghiacciaio non vi è tempo per lo scioglimento, cosicché il fronte glaciale si allunga verso valle. Verso la fine dell'inverno una strada e una casa al fronte del ghiacciaio di Black Rapids sembravano ormai condannate. Invece il ghiacciaio si fermò miracolosamente, risparmiandole. Le origini di questi surge, comuni soprattutto tra i ghiacciai norvegesi delle isole Svalbard, sono ancora misteriose. Oggi il ghiacciaio di Black Rapids è tenuto sott'occhio per via di un importante oleodotto che sarebbe minacciato da un altro aumento di velocità.

GLOF
È impossibile visitare i fiordi norvegesi senza rimaner affascinati dalla loro natura selvaggia. I fiordi nacquero come fiumi qualche milione di anni fa. Poi vennero le glaciazioni, che in Scandinavia furono imponenti. Un'enorme coltre glaciale risiedeva in permanenza sulla penisola scandinava, abbassandola col suo peso e schiacciandola contro il mantello terrestre. I ghiacciai erosero profondamente le antiche valli fluviali fino a profondità di migliaia di metri, addirittura al di sotto del livello del mare.

Fig. 1.13 Il ghiacciaio Black Rapids il 9 settembre 1937 (cerchiato in figura). Foto cortesia USGS

Ecco perché i fiordi ricordano da vicino la morfologia fluviale in cui un fiume principale riceve le acque da fiumi più piccoli. Anche i fiordi più lunghi intercettano così fiordi tributari più piccoli, resti degli antichi torrenti pre-glaciali. Il più lungo fiordo norvegese, Sognefjord, è un polo turistico estivo. L'enorme erosione ha creato terreni ripidi e fa impressione scendere dall'alta montagna al livello del mare in pochi chilometri di distanza. Ma la presenza di ghiacciai antichi e recenti ha anche riempito le valli fornendo grandi quantità di materiale sciolto ghiaioso e argilloso; dunque nessuna sorpresa se di tanto in tanto la bellezza del paesaggio è interrotta dal boato di una frana.

Sono almeno due i tipi di frane che affliggono i fiordi norvegesi. Le prime sono dovute a materiali depositati dagli antichi ghiacciai e rimessi in movimento da abbondante acqua glaciale. Ma anche le valanghe di roccia sono comuni, con l'aggravante della caduta ad altissima velocità nel fiordo e la creazione di enormi tsunami. L'acqua entra quindi in maniera determinante in entrambi questi tipi di frane, un buon motivo per esaminarle in questa parte del libro.

Cominciamo col primo tipo ed esaminiamo un evento avvenuto nel 2004. Fjærland è una località su un ramo tributario a nord di Sognefijord (Fig. 1.14). Il ghiacciaio di Suppellhe (Suppellhesbreen) è un ramo meridionale di Jostedalsbreen, oggi il più grande ghiacciaio d'Europa (Fig. 1.12) ma misero relitto in confronto al passato. Durante l'autunno, il ghiacciaio alimenta i canali verso est con ghiaccio e acqua. Ma il 2004 fu un anno diverso. Invece di drenare verso est, già durante la primavera l'acqua cominciò a spingere verso la morena che sbarra il lago verso sud. Il collasso della morena avvenne improvvisamente a maggio e l'onda di piena si fece strada attraverso la ripida valle di Tverr, viaggiando a una velocità di circa 50 chilometri all'ora. La massa in movimento aumentò durante il tragitto a causa dell'erosione del letto incoerente fino a giungere dopo tre chilometri alla valle sottostante, coprendo un dislivello di mille metri. Massi furono lanciati nell'aria e alcune strutture furono distrutte. Per fortuna maggio non è ancora un mese turistico nella zona e per questa ragione non vi furono vittime. Ma l'analisi dei sedimenti rivela numerosi fenomeni simili avvenuti nel passato, come quelli del 1924 e 1947, ben impressi nei ricordi dei valligiani.

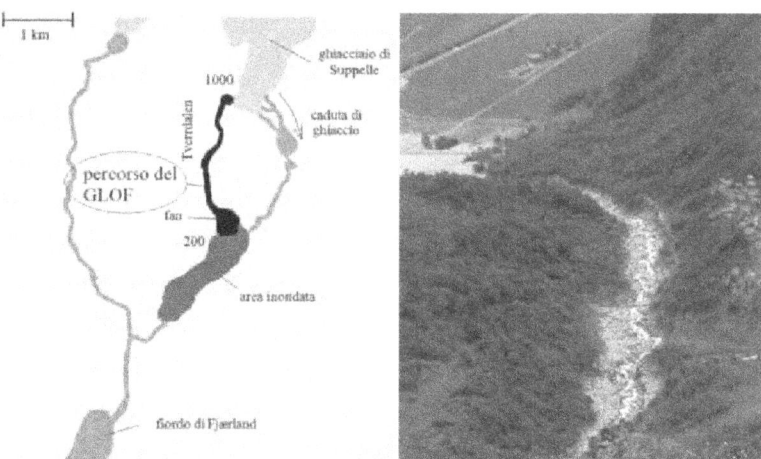

Fig. 1.14 Carta della zona di GLOF Fjærland (sinistra) e un'immagine dell'erosione dovuta al fenomeno (destra) (FVB)

L'evento di Fjærland fu un classico GLOF, acronimo di *glacial lake outburst flood*, o piena improvvisa da lago glaciale). Quando il rilievo topografico che contiene un lago di montagna cede improvvisamente, enormi quantità di acqua si liberano all'improvviso. Avviene così una pericolosa piena a valle di acqua e materiale solido, a volte di tipo catastrofico. Laghi che producono i GLOF possono risiedere all'interno oppure sotto i ghiacciai, come per il caso di Fjærland. Si parla anche di *jokulhaup*, una parola islandese inizialmente usata per descrivere le piene improvvise dovute allo scioglimento di un ghiacciaio da parte di un vulcano. In Islanda vi è infatti la particolare situazione di una terra interamente vulcanica ad elevata latitudine, per cui alcuni ghiacciai si sono formati sopra vulcani attivi. L'accoppiata più nota è quella del vulcano Grimsvotn nel sud del paese, sormontato dal ghiacciaio Vatnajokull. Come risultato delle eruzioni si forma un lago subglaciale che aumenta di volume durante le eruzioni. Lo svuotamento improvviso causa notevoli *jokulhlaup* (Fig. 1.15); come nel 1996, quando alcune strade (per fortuna chiuse grazie al costante monitoraggio dell'eruzione) furono distrutte dalla piena.

Fig. 1.15 I GLOF sono causati anche da eruzioni subglaciali. Eruzione dell'Eyjafjallajokull in Islanda, 2010

Altri notevoli GLOF si formano per esempio nell'Himalaya e in Alaska. La Fig. 1.16 mostra due fasi di formazione di uno dei più grossi GLOF mai registrati. Si tratta di un lago glaciale sbarrato da una morena (a sinistra) e dell successivo svuotamento causato dal collasso della morena (a destra).

Le valanghe

Soffiata dal vento, trasportata dalle precipitazioni, la neve ci mette poco a depositarsi sulle cornici montuose, fornendo il materiale primo per le valanghe (Fig. 1.17). In netto contrasto con le frane o i dissesti idrogeologici, che spesso mobilitano sedimenti vecchi di millenni. Ecco quindi che una valanga può formarsi nello stesso punto molte volte nel corso di un secolo, o anche dopo soli pochi mesi. Ogni anno le montagne mietono le loro vittime tra sciatori ed escursionisti, spesso a causa dell'imprudenza.

Un tipo di valanga è formata da neve sciolta, quella incoerente e difficile da appallottolare. Sono di solito valanghe piccole in quanto coinvolgono la sola neve alla superficie. Partono da una piccola area, da cui si dipartono a triangolo.

Fig. 1.16 A sinistra: lo sbarramento dell'acqua di scioglimento del ghiacciaio di Hubbard da parte di una morena visibile nel centro porta alla formazione di un lago effimero (Alaska, 16 luglio 2002). Le morene sono formate da materiale incoerente e permeabile e pertanto confinano l'acqua con difficoltà. Inoltre un ghiacciaio è un sistema vivo, attivo. Le forze che agiscono sulla morena cambiano quindi continuamente. A destra l'acqua ha abbattuto la morena, causando un GLOF gigante (14 agosto 2002). Immagini USGS

Fig. 1.17 Valanga nelle Alpi italiane

Ben più pericolose sono le valanghe a lastroni, in cui la neve è divenuta coerente a causa di fenomeni metamorfici. La neve fresca ha densità di 50-100 chili per metro cubo a causa del grande volume vuoto tra i fiocchi. Ma quando comincia a sciogliersi e i fiocchi si comprimono tra loro per la pressione del carico nevoso, la densità della neve aumenta fino a oltre 600 chili per metro cubo. Una neve così densa è spesso bagnata nelle zone assolate a primavera. Ma la più pericolosa è quella completamente ghiacciata, capace di cadere in un'enorme, unica lastra.

La valanga può essere provocata da una perturbazione esterna come il passaggio di uno sciatore oppure per il riscaldamento locale di una porzione di neve. Una neve a lastroni acquisisce velocità fino a 60 metri al secondo, corrispondenti a una forza di impatto di oltre 1 megapascal (Fig. 1.18) ed è capace di spostare strutture in cemento armato. Ma il pericolo delle valanghe è dovuto più alla loro capacità di seppellire le persone piuttosto che alla forza d'impatto.

Morire o salvarsi sotto una valanga

Nel 1910 a Roger Pass (Columbia Britannica, Canada), 62 operai furono sepolti da una valanga mentre cercavano di liberare i binari

Fig. 1.18 La forza d'impatto di una valanga è stata tale da creare delle buche naturali. Norvegia meridionale (FVB)

della ferrovia da una valanga precedente. In USA, soltanto pochi giorni prima due treni erano deragliati a causa di una valanga, provocando quasi cento morti. Oggi incidenti di questo tipo sono molto più rari grazie a tunnel e sistemi di protezione antivalanga. Soltanto pochi anni dopo l'incidente canadese fu costruito un tunnel per evitare le zone più pericolose. Eppure le valanghe anche oggi continuano a mietere nelle sole Alpi una media di oltre cento vittime all'anno. Se nel passato ci si abitava in maniera permanente, oggi la montagna è vissuta anche come meta di attività sportive ed escursionistiche. La maggior parte delle vittime delle valanghe sono sciatori o alpinisti, spesso impreparati o imprudenti, essi stessi causa dell'instabilità del manto nevoso.

Quando una persona viene colpita da una valanga può subire traumi, ferite, fratture, lussazioni. Se il volto è rimasto sepolto sotto la neve, la vittima deve prima fare i conti con l'ossigeno a disposizione in una sacca di neve di piccole dimensioni. È proprio la mancanza d'aria a uccidere entro la prima mezz'ora i due terzi delle vittime. I più fortunati hanno a disposizione una sacca d'aria, formata magari da grossi oggetti. Meglio ancora se la bocca è rimasta vicina alla superficie. Si presenta allora un secondo nemico: l'ipotermia. Entro un paio di ore, la temperatura del corpo a contatto con la neve diminuisce rapidamente fino a raggiungere la soglia critica dei 32 gradi, anche se coperto da indumenti pesanti. A questo punto chi ancora non è morto per asfissia deve solo sperare nell'arrivo rapidissimo dei soccorsi. Se però le vittime non sono a diretto contatto con la neve, i tempi di sopravvivenza possono aumentare enormemente.

La mattina del 19 marzo 1755 gli abitanti di Bergemoletto, nella valle Stura di Demonte (Piemonte) sono intenti a spalare la neve dal tetto delle case. All'improvviso il rumore sordo, inequivocabile di una grossa frattura nelle neve a monte li avverte dell'imminenza di valanghe. Sono due, e anche se si fermano poco prima dell'abitato, fanno da lubrificante per una terza valanga a lastroni, molto più grossa. Stavolta non c'è scampo per il paese e trenta case sono seppellite da una coltre di oltre 15 metri di neve. Riunite le forze, i valligiani si danno da fare per eliminare la neve e cercare di recuperare almeno i corpi dei ventidue dispersi sotto la valanga.

Ma dopo molti giorni di lavoro, della famiglia del quarantenne Giuseppe Rocchia mancano all'appello la moglie Anna Maria, la figlia Margherita di 11 anni, la sorella Anna e suo figlio Antonio di 5 anni, tutti sepolti dalla neve all'interno della stalla. Dopo molti giorni la speranza di ritrovarli è ormai svanita: è chiaro che quei lastroni di ghiaccio compatto ormai induriti e inattaccabili anche agli strumenti più duri sono ormai divenuti la loro tomba temporanea e occorre aspettare l'estate per una degna sepoltura. Ma il 24 aprile, oltre un mese più tardi, il fratello di Anna Maria ha un sogno inquietante in cui la sorella invoca il suo aiuto. Un sogno realistico, che lo convince ad armarsi di piccone e a scendere in paese. Insieme a suo fratello e al genero, stabiliscono per prima cosa la posizione della stalla usando lunghe pertiche. Penetrato lo strato di neve con un palo, odono un lamento flebile.

Le tre donne erano sopravvissute per trentasette giorni in uno spazio di meno di dieci metri quadrati per un metro e mezzo di altezza, nell'oscurità assoluta e in un freddo glaciale. Condizioni impossibili per il corpicino del piccolo Antonio, morto dopo dieci giorni dalla valanga. Nutritesi di latte di una capra e di uova di gallina, quando rividero la luce erano così deperite che lo stesso re Emanuele III mise a disposizione il suo medico personale, il dottor Ignazio Somis. Le donne furono studiate a lungo dal Somis, che constatò i molti problemi psicologici e fisici e pubblicò un lavoro sulle miracolate di Bergemoletto, un documento medico sulla sopravvivenza in condizioni estreme utile anche oggi.

1.3 Fiumi di detriti

Fiumi di detriti e di fango: i rischi idrogeologici

A metà strada fra le catastrofi dell'acqua e quelle della terra vi sono le colate di detriti. Chiamate in inglese *debris flow*, sono veri e propri fiumi di fango, sassi, argilla, materiale vegetale e manufatti mobilizzati dall'acqua (Fig. 1.19 in alto). I GLOF visti prima sono solo un tipo di colate detritiche, quelle dovute alla rottura degli argini di un lago. Ma anche piogge intense, comuni in molti luoghi della Terra, possono avere conseguenze simili e ancora più difficili da prevedere. A essere coinvolti sono a volte imponenti depositi morenici o piroclastici (come i lahar visti nel ← vol. 1), altre volte solo uno strato superficiale di suolo. Infine le colate possono differire per la geometria. Alcune si formano su pendii uniformi, altre vengono incanalate lungo le valli. Nel primo caso l'instabilità parte da un punto di debolezza e procede coinvolgendo sempre maggiori porzioni delle zone più a valle. Forma così una cicatrice a forma di triangolo (Fig. 1.19 in basso).

A volte le colate coinvolgono un'area assai ampia, rendendo necessaria l'evacuazione dei territori coinvolti. Come la frana di Maierato (Vibo Valentia, Calabria) del febbraio 2010; ha interessato un'area di un chilometro quadrato, riempiendo il torrente Scotrapiti con un accumulo alto fino a venti metri e interrompendo una strada. Anche qui si è gridato al disboscamento come una delle cause scatenanti. Gli alberi hanno il pregio di eliminare molta dell'acqua piovana attraverso l'evapotraspirazione, ovvero il passaggio dell'acqua

Fig. 1.19 In alto: il materiale trasportato da un debris flow varia da argilla a grossi massi. In basso: una colata superficiale in Norvegia meridionale. Una fattoria è rimasta fuori dalla traiettoria (FVB)

dalle radici (e quindi dalla zona più a rischio frana) verso le foglie, da dove essa evapora. Tuttavia la frana, staccatasi dopo ingenti piogge, è stata profonda. È chiaro che il disboscamento dei nostri suoli e delle zone collinari avvenuto negli anni e nei secoli passati in tutto il territorio italiano non può essere stato salutare per la stabilità dei pendii; però sembra farsi piede l'idea che le frane sono comunque un fenomeno naturale. Ci saranno sempre, e gli ingredienti sono alla portata delle forze della natura: un suolo possibilmente poco consolidato, acqua, una pendenza. Se poi il territorio è sismico, le frane possono essere ancora più numerose, come si è visto nel primo volume.

E a volte una grande pendenza del terreno non è nemmeno necessaria, come mostra il prossimo esempio.

Argille rapide

Rissa (Trondheim, Norvegia), aprile 1978. Il proprietario di una fattoria inizia i lavori di escavazione per una nuova ala della fattoria, depositando 700 metri cubi di suolo asportato vicino al mare. È quanto basta per iniziare un fenomeno che ha dell'incredibile. Le tensioni dovute al sovraccarico, per quanto piccole, fanno smuovere una piccola porzione di suolo, che si liquefa all'istante e precipita in mare. A sua volta, la cicatrice creata rende il terreno intorno instabile, liquefacendo un'ulteriore porzione più grande. Inizialmente di pochi metri, la ferita cresce a dismisura e in pochi minuti raggiunge un chilometro di lunghezza. Il suolo, all'apparenza solido, si è trasformato all'improvviso in un fluido poco viscoso in movimento rapido. Le persone riescono al fuggire all'ultimo istante lasciando che il liquido nero trasporti verso il mare le loro case e fattorie. Alla fine viene coinvolta un'area di 330.000 metri quadrati di suolo; precipitando nel mare in pochi minuti, causa anche una vittima e un piccolo tsunami. Ma cos'era successo?

Durante le glaciazioni, la Norvegia insieme a tutta la penisola scandinava fu sepolta da tre chilometri di ghiaccio. Come una zattera sovraccaricata, a causa del peso del ghiaccio la crosta scandinava si abbassò negli strati molto viscosi del mantello cosicché ampie aree costiere rimasero per migliaia di anni sotto il livello del mare. I depositi di materiale argilloso proveniente dallo scioglimento dei ghiacciai mescolati ai cristalli di sale crearono all'inizio una strana struttura a "castello di carte" in cui i cristalli di argilla erano mantenuti separati dal sale marino. Alla fine della glaciazione, il ghiaccio venne meno e la penisola scandinava cominciò il movimento isostatico verso l'alto che continua tuttora. I sedimenti glacio-lacustri di argilla e sale giunsero così sopra il livello del mare. Dilavato dall'acqua dolce, il sale abbandonò le argille glaciomarine, lasciando il vuoto fra i cristalli di argilla. Che divenne così un'argilla rapida. Si tratta di una struttura molto instabile: il materiale può crollare se sottoposto a sollecitazioni, liquefacendosi all'istante. La resistenza al taglio diviene virtualmente zero e il materiale inizialmente solido si trasforma in un fluido. Oggi le argille rapide sono molto temute in Scandinavia e Canada e vengono cartografate accuratamente (Fig. 1.20). Una nuova frana come Rissa potrebbe avvenire in qualunque momento in molte zone costiere ad elevate latitudini.

L'acqua disgrega le rocce

L'acqua è fra le cause principali anche delle frane in roccia. La frana della Val Pola del 1987 riunisce le due caratteristiche più deleterie dell'acqua. Oltre a contribuire all'instabilità creando le condizioni per la frana, l'acqua formò una serie di laghi effimeri e venne spostata in maniera catastrofica dalla frana.

Fig. 1.20 Le argille rapide sono piuttosto comuni in molte zone costiere della Scandinavia. La casa in figura è stata evacuata perché in serio pericolo per questo tipo di rischio. Foto cortesia di May-Britt Sæter

Tutto cominciò con una delle stagioni più piovose a memoria d'uomo in Valtellina. Il 18 e 19 luglio 1987 la pioggia fu tale da creare inondazioni e colate lungo la Val Pola, una valle laterale che porta alla sommità del Monte Zandila. La zona è una vera e propria marmellata di rocce. Rocce intrusive come dioriti, gabbri sono separate da molte fratture da rocce metamorfiche rappresentate da anfiboliti e gneiss. Una tale varietà petrografica in così piccola area non significa solo debolezza dei giunti rocciosi, ma anche vie preferenziali che l'acqua segue in continuazione. E infatti alcuni antichi depositi di frana dimostrano l'instabilità della zona. Una volta giunta nei pori dei materiali rocciosi, l'acqua aumenta di pressione, diminuendo l'attrito efficace tra le diverse zone delle rocce. Ecco uno dei motivi per cui l'acqua ha un effetto così destabilizzante anche nelle rocce compatte. A partire dal 18 luglio, i torrenti della Val Pola avevano accumulato in valle 600 mila metri cubi di rocce e sabbie. Interrompendo il corso dell'Adda, i materiali rocciosi formarono un lago, che subito si cercò di drenare. Il 25 luglio si aprì una frattura lunga 600 metri, che crebbe nei giorni successivi fino quasi a raggiungere un chilometro di lunghezza, parallelamente alla valle. Ma le tensioni accumulate erano ormai fuori controllo e i fianchi del monte Zandila avevano inghiottito così tanta acqua che l'instabilità era ormai irreversibile.

La mattina presto del 28 luglio l'intero costone delimitato dalla zona di frattura cominciò a muoversi. Un'ora più tardi crollò catastroficamente, mietendo le prime vittime fra sette operai che lavoravano alle disperate opere di drenaggio. Circa 50 milioni di metri cubi precipitarono a valle, forse raggiungendo velocità dell'ordine di 270 chilometri all'ora. Il villaggio di Morignone e numerose frazioni, evacuate giorni prima, furono sepolte insieme al cimitero. Il lago effimero dell'Adda fu investito dalla valanga di roccia e l'acqua venne spruzzata a gran velocità (fino al doppio della velocità d'impatto, come si è visto nel caso del Vajont ← vol. 1), spazzando via la frazione di Aquilone. Purtroppo Aquilone non era stata evacuata in quanto si riteneva che i suoi 2 chilometri sopramonte la rendessero al sicuro dalla frana; l'effetto indiretto dell'acqua non era previsto e 22 persone vennero uccise.

Importanti opere di drenaggio e stabilizzazione sono state effettuate nella zona dopo la frana. La cicatrice della frana (Fig. 1.21) rimane a testimoniare che le frane cadono comunemente con o senza l'aiuto dell'uomo.

L'accoppiata negativa tra frane e bacini d'acqua è stata sempre molto temuta, anche nei secoli precedenti al ventesimo. Nei primi anni del XVIII secolo un'altra grossa frana aveva mutato il corso dell'Adda in Valtellina, per la precisione a Sernio. Fenomeni di questo tipo erano studiati già con notevole competenza, come dimostra un trattato dell'epoca (lo studio delle catastrofi idrogeologiche, di appannaggio degli ingegneri idraulici, era piuttosto avanzato) mentre oggi fa un po' sorridere la sentita dedica tipica dell'epoca al direttore delle acque e strade, allora l'autorità responsabile del controllo delle acque dolci (Fig. 1.22).

Anche nel caso del Vaiont (← vol. 1) l'acqua svolse un ruolo essenziale nei milioni di anni precedenti il disastro. Cominciamo col dire che le Alpi sono una catena montuosa giovane e le fratturazioni

Fig. 1.21 La cicatrice della frana della Val Pola del 1987 (FVB)

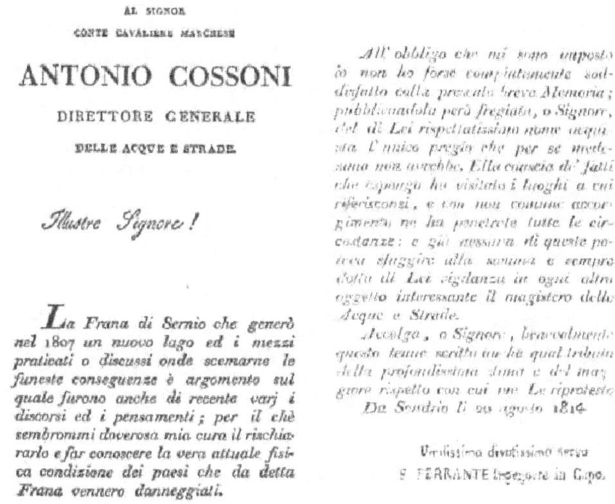

AL SIGNOR

CONTE CAVALIERE MARCHESE

ANTONIO COSSONI

DIRETTORE GENERALE

DELLE ACQUE E STRADE.

Illustre Signore!

La Frana di Sernio che generò nel 1807 un nuovo lago ed i mezzi praticati o discussi onde scemarne le funeste conseguenze è argomento sul quale furono anche di recente varj i discorsi ed i pensamenti; per il chè sembrommi doverosa mia cura il rischiararlo e far conoscere la vera attuale fisica condizione dei paesi che da detta Frana vennero danneggiati.

All'obbligo che mi sono imposto io non ho forse compiutamente soddisfatto colla presente breve Memoria; pubblicandola però fregiata, o Signore, del di Lei rispettatissimo nome acquista l'unico pregio che per se medesima non avrebbe. Ella conscia de' fatti che espongo ha visitato i luoghi a cui riferisconsi, e con non comune accorgimento ne ha penetrate tutte le circostanze: e già nessuna di queste poteva sfuggire alla somma e sempre dotta di Lei vigilanza in ogni altro oggetto interessante il magistero delle Acque e Strade.

Accolga, o Signore, benevolmente questo tenue scritto anche qual tributo della profondissima stima e del maggiore rispetto con cui me Le riprotesto

Da Sondrio li 20 agosto 1814

Umilissimo divotissimo servo

F. FERRANTE Ingegnere in Capo.

Fig. 1.22 Frontespizio di un lavoro dell'ingegner Ferrante sulla frana di Sernio che interruppe il corso dell'Adda nel 1807

associate alla formazione delle montagne sono ferite recenti, che hanno avuto poco tempo per rimarginarsi. La formazione delle montagne è inoltre associata a deformazioni di grandi ammassi rocciosi. Le pieghe delle rocce (chiamate sinclinali se a forma di "U" e anticlinali se a forma di "∩") e faglie plasmate durante l'innalzamento delle catene montuose, causano variazioni locali della pendenza. Nello scendere verso valle, il fiume sceglie la linea di massima pendenza e una sinclinale è perfetta per convogliare l'acqua lungo il suo asse. Ed è proprio quello che fece in torrente Vaiont, che seguì una sinclinale asimmetrica. Prima delle glaciazioni, il torrente aveva così eroso una tipica valle fluviale a forma di "V". Fu poi la volta dei ghiacciai durante l'era glaciale, che provocarono un'erosione più uniforme a forma di "U". Col termine delle glaciazioni, la valle venne attaccata nuovamente dal fiume fino all'incisione della gola del Vaiont, profonda in alcuni punti fino a 300 m. Il fiume rimosse così il sostegno alla base della pila di strati determinando un'ulteriore diminuzione della stabilità.

L'azione destabilizzante dell'acqua non finisce qui. La superficie di scivolamento della frana del Vaiont è compresa tra calcari del Giurassico superiore e del Cretaceo (gli ultimi due periodi dell'era Mesozoica) lungo la quale sono spesso presenti lenti di argilla. Molti tipi di argille si espandono con l'acqua oltre a perdere drammaticamente di coesione, come quando si aggiunge troppa acqua nella pasta per fare il pane e ne risulta una consistenza acquosa.

Si aprono gli inferi

Il calcare ha un altro noto punto debole: si può sciogliere con l'acqua a causa del contenuto di acido carbonico, un fenomeno che porta a tipiche forme di erosione carsiche. Spesso sulla superficie dei calcari esposti per lungo tempo agli agenti atmosferici appaiono solchi o vaschette naturali dovuti all'acido carbonico che attacca la roccia (Fig. 1.23, sinistra). L'acqua è capace di sciogliere non solo i calcari ma anche gessi, anidriti, dolomie. Penetrando nel sottosuolo attraverso depressioni a forma di imbuto noti come inghiottitoi e doline, può creare interi paesaggi ipogei di cascate, fiumi, gallerie, enormi sale. Si tratta delle grotte, quelle straordinarie e affascinanti strutture geomorfologiche.

Ma i fenomeni carsici possono anche essere pericolosi. Scavando la roccia, l'acqua l'indebolisce prima tra i giunti di strato e poi nel-

Fig. 1.23 A sinistra: il carsismo è evidente in queste forme d'erosione denominate "mare in burrasca". Rifugio Albani, Bergamo, Italia (FVB). A destra: i cenotes sono dei sinkhole tipici della penisola dello Yucatan (Messico)

l'intera struttura. Anche nel caso del Vaiont la dissoluzione dei calcari avvenne non solo alla superficie del monte Toc, ma in profondità. L'acqua percolò verso i livelli più profondi, fino a raggiungere i letti argillosi e contribuendo alla disgregazione delle rocce.

Situazioni pericolose creano i famigerati *sinkholes* in cui l'acqua scava subdolamente una grossa cavità ipogea senza segni di attività alla superficie. All'improvviso la cavità collassa per gravità trascinando negli inferi case, strade. Nel 2010, in Guatemala si è aperto un enorme buco nel sottosuolo in seguito all'acqua portata dall'uragano Agatha. Non è il primo né sarà l'ultimo, in quanto questi fenomeni sono lì molto frequenti dopo uragani o piogge intense. Famosi *sinkhole* sono i *cenotes* tipici della penisola dello Yucatan, spesso completamente riempiti d'acqua (Fig. 1.23 a destra). Anche in Italia i *sinkhole* sono piuttosto comuni.

2. L'acqua degli Oceani

2.1 Mari, onde e spiagge

Le mutevoli coste marine

Se molte strutture terrestri come le montagne appaiono immutabili a una visione superficiale, andate sulla riva del mare a osservare una spiaggia sabbiosa. Qui il paesaggio cambia forma nel corso di pochi decenni o perfino anni. Lo sanno bene le autorità locali che nei luoghi di villeggiatura costruiscono dighe, installano moli e frangiflutti allo scopo di ridurre l'erosione della spiaggia e favorire l'accumulo di sabbia nei punti voluti. Ma come spesso accade, queste strutture rimangono funzionali solo per qualche decennio.

Per comprendere la rapidità dell'evoluzione costiera, vediamo prima come avviene il movimento delle onde intorno alla costa. La Fig. 2.1 mostra con frecce nere dirette verso il basso la direzione delle onde presso una spiaggia sabbiosa, mentre le linee ad esse perpendicolari rappresentano le creste ondose. Le onde curvano avvicinandosi alla riva, in modo da colpire la linea di costa in senso parallelo alla linea di costa.

A meno che la profondità non digradi molto lentamente, di solito le onde non riescono però a curvare completamente prima di arrivare a riva. L'acqua mantiene quindi una componente di velocità parallela alla riva, come mostrano le frecce piccole in Fig. 2.1A. Si formano così delle correnti parallele alla riva le quali spostano la sabbia in continuazione, seguendo il capriccio delle onde. Il movimento guadagnato con ogni onda è modesto, ma le onde sono sempre presenti e spesso potenti durante una mareggiata. Nel giro di pochi anni si muovono così autentici fiumi di sabbia lungo la costa, che si accumulano nelle insenature. Allo scopo di trattenere la sabbia vengono spesso usati i pennelli, ovvero moli di grossi blocchi rocciosi perpendicolari alla riva che fanno assumere alla sabbia una distribuzione a dente di sega (Fig. 2.1C). L'effetto dei pennelli dura poco, perché col tempo la sabbia in movimento tende a inghiottirli per sempre. Un'altra strategia prevede l'uso di *breakwaters*, ovvero strutture in mare aperto formati da enormi massi paralleli alla riva (Fig. 2.1C e 2.2). I *breakwaters* proteggono la riva dall'effetto distruttivo delle onde e con l'andar del tempo favoriscono la deposizione di sabbia verso riva. Se non vi fossero queste strutture, la sabbia intrappolata finirebbe in altre spiaggie vicine, le quali vengono per così dire depredate da quanto spettava loro. Modificare la distribuzione della sabbia può valorizzare intere spiagge rendendole appetibili per i turisti, ma allo stesso tempo aumenta l'erosione in altri siti.

Velocità delle onde marine
Per quale motivo le onde curvano le loro traiettorie in prossimità della costa? Si tratta di un fenomeno di rifrazione, comune a tutti i tipi di propagazione ondosa. Un'immagine efficace della rifrazione è stata suggerita da Einstein e Infeld nel loro libro sull'evoluzione della fisica. Due uomini, A e B, stanno trasportando una trave (mostrata in nero nello schema 1, a sinistra della Fig. 2.3). Si muovono dapprima su un terreno veloce come il cemento (grigio chiaro); segue un terreno difficile come la sabbia dove i due uomini sono costretti a camminare piano (grigio scuro). Se come nell'esempio in figura i due uomini camminano di sbieco rispetto alla linea di separazione tra sabbia e cemento, l'uomo in A raggiunge la sabbia prima di B. Comincia così a camminare più piano mentre B, che è ancora sul cemento, continua a muoversi più velocemente. Il risultato è che la direzione di trasporto della trave gira come illustrato in figura. Lo stesso principio vale per le onde; passando da un mezzo ad alta velocità a uno a bassa velocità, le onde si piegano come mostrato in (2). Ovviamente, se l'onda si muove dal mezzo meno veloce a quello più veloce come in (3), la traiettoria è identica a quella in (2) ma con verso opposto.

2. L'acqua degli Oceani

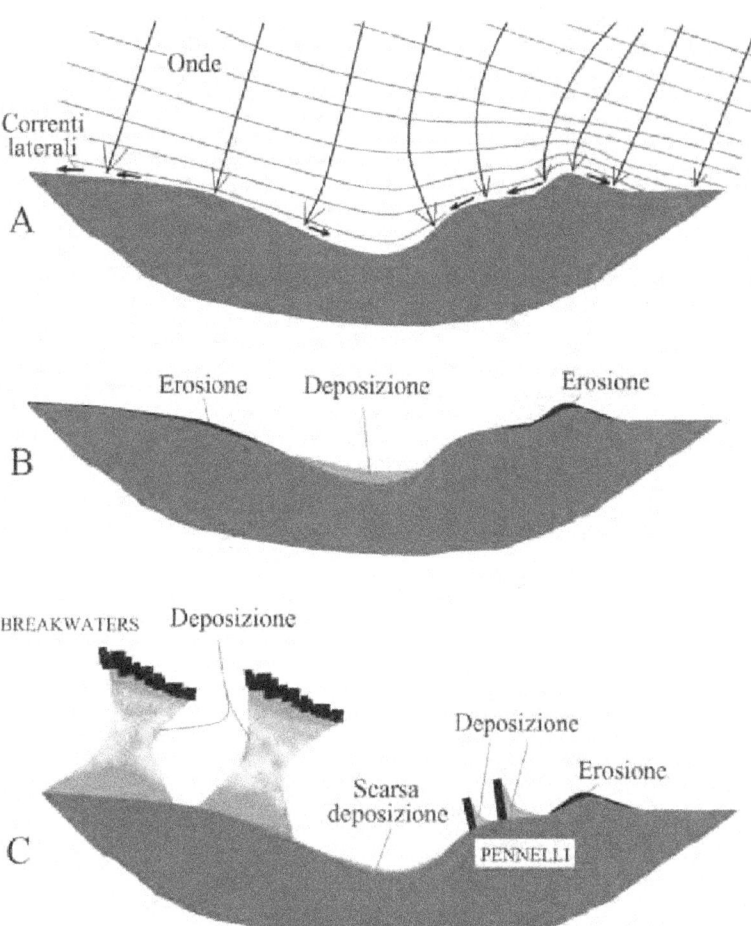

Fig. 2.1 A: direzione delle onde e generazione delle correnti laterali. Le onde tendono a giungere parallele alla riva. Di solito però non ci riescono completamente, e rimane così una componente di velocità parallela alla riva. Si formano quindi delle correnti parallele (frecce piccole e spesse in figura A) che ridistribuiscono la sabbia. Come conseguenza, le zone di baia (**B**) tendono ad accumulare sabbia a spese dei promontori, che invece vengono erosi in quanto si comportano come lenti convergenti per le onde marine. **C**: per ovviare a questo problema, molto seccante per l'economia delle zone balneari, si usano pennelli e breakwaters, che favoriscono la deposizione in certe zone d'ombra schematizzate nella figura

Fig. 2.2 Esempio di breakwaters nell'Alto Adriatico (FVB)

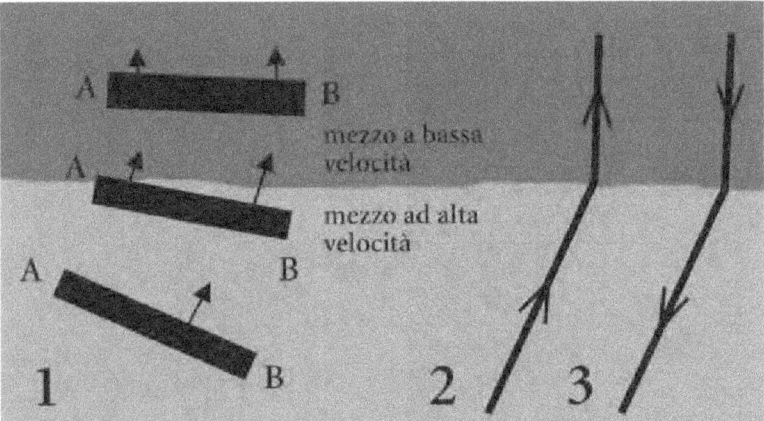

Fig. 2.3 Due uomini A e B trasportano una trave (qui visti dall'alto); se uno dei due incontra il mezzo a velocità più bassa (grigio scuro) prima dell'altro, la direzione di movimento curva verso la direzione dell'uomo più lento. A questo si deve il fenomeno della rifrazione comune a tutti i fenomeni ondulatori come il suono e la luce, che fa compiere ai raggi delle traiettorie come quelle mostrate in 2 e 3. Poiché la velocità delle onde di mare diminuisce con la profondità, esse tendono a curvare la direzione di moto verso la terraferma e questo è il motivo per cui quando le onde si scaricano a riva tendono a essere parallele alla costa

Torniamo alle onde marine, la cui velocità aumenta con la profondità[1]. Quando un'onda arriva di sbieco verso la riva, il fronte d'onda più vicino alla costa viaggia più lentamente, dato che la profondità (e quindi la velocità) è più piccola. Ecco perché il fronte dell'onda curva come mostrato in Fig. 2.1. La rifrazione delle onde e la capacità di andare oltre le zone d'ombra è illustrata in Fig. 2.4; mostra la curvatura delle traiettorie delle onde nell'imboccare una piccola insenatura.

Fig. 2.4 A causa della rifrazione, le onde marine in un'insenatura tendono a curvare come mostrato dalle linee nere (rappresentano alcuni fronti d'onda). La figura è un modello a piccola scala della dinamica delle onde marine in prossimità della costa, inclusi gli tsunami (FVB)

---

[1] In acque profonde, la lunghezza d'onda L delle onde generate dal vento è di solito più piccola della profondità. In questo caso la velocità è data da $V = 1{,}25\sqrt{L}$ m/s. Per una lunghezza d'onda di dieci metri si ottiene così una velocità di quattro metri al secondo, ovvero quasi 15 chilometri all'ora. Se la lunghezza d'onda è molto maggiore della profondità, la velocità delle onde di superficie diviene indipendente dalla lunghezza d'onda, e dipende solo dalla profondità. La formula è data da $V = 3{,}13\sqrt{D}$. Per passare dalla velocità espressa in metri al secondo a quella in chilometri all'ora occorre moltiplicare per 3,6.

Quando il mare invade la terraferma

Vi è un pericolo subdolo legato all'acqua, un pericolo lento che ha già provocato danni economici e potrà modificare nel futuro la vita di molte persone. Si tratta della subsidenza, ovvero l'abbassamento del suolo. Quando la subsidenza avviene in prossimità della costa marina, la terra offre spazio al mare e ne viene invasa. È quello che succede a Venezia da qualche decennio. Lo spettacolo di Piazza San Marco invasa dalle acque è ormai sempre più frequente (Fig. 2.5).

Venezia è costruita sul delta del Brenta, un terreno fluviale. Normalmente, l'acqua entro i sedimenti fluviali recenti raggiunge un certo livello, detto tavola dell'acqua. Al di sotto di questo livello i sedimenti sono saturi: i vuoti tra i granuli sono cioè interamente impregnati. Al di sopra della tavola, gli spazi vuoti sono per lo più occupati da aria. Se si estrae acqua per usi domestici o industriali, il livello della tavola dell'acqua diminuisce. I sedimenti divengono inoltre più compatti, cosicché il suolo si abbassa. È precisamente quanto avvenne nella zona di Venezia almeno dal 1950 fino al 1970, quando il pompaggio dell'acqua dal sottosuolo venne finalmente proibito. Ma questo non bastò a fermare il fenomeno, che per la verità ha anche cause naturali.

Lo dimostra l'evento del 3 novembre 1966, quando una tempesta accoppiata ad una marea particolarmente alta portò acqua dall'Adriatico entro la laguna per un'altezza di due metri, costringendo molte famiglie ad abbandonare in modo permanente i primi piani

Fig. 2.5 Venezia vista dal mare (FVB); piazza San Marco invasa dall'acqua

degli edifici. A questo quadro già complesso contribuiscono l'eccessivo sviluppo urbanistico (con ulteriore peso sui sedimenti ed effetto spugna), e come se non bastasse l'aumento eustatico del livello del mare a livello mondiale, dovuto al riscaldamento globale. Nel fenomeno dell'acqua alta di Venezia troviamo dunque cause di ampiezza costante nel tempo, cause lentamente variabili, cause rapidamente variabili come le maree e tempeste, imprevedibili in tempi lunghi. È stato calcolato che un accanimento contemporaneo degli elementi potrebbe portare a livelli di acqua e fango ben superiori a quelli visti sinora.

La sicurezza di Venezia è certamente d'enorme importanza non solo per i suoi abitanti, ma per il mondo intero, data l'importanza storico-artistica della città. Ma almeno fenomeni così lenti sono raramente mortali. A volte però il mare invade la terraferma in maniera rapida, senza concedere tempo alla popolazione. È l'incubo principale dell'Olanda, nazione in parte sotto il livello del mare e per due terzi a rischio inondazione. Complicati sistemi di dighe e cordoni sabbiosi (anche naturali) cercano di assicurare la sicurezza del territorio. Ma a volte l'incubo è divenuto realtà come il 14 dicembre 1287, quando 50.000 persone morirono per l'invasione del mare causata dal crollo di una diga per una tempesta. O nel gennaio 1953: il mare in tempesta distrusse parte del sistema di dighe, e irrompendo in numerosi posizioni annegò duemila persone.

Purtroppo altre catastrofi delle coste possono colpire anche zone ben al di sopra del livello del mare, come vedremo fra poco.

2.2 Gli tsunami

Sumatra, 26 dicembre 2004
26 dicembre 2004. A Sumatra ovest sono le 5 e 58 della mattina (quasi le due del pomeriggio in Italia) quando la placca indiana e quella di Burma, dopo mesi di tensioni accumulate, improvvisamente slittano l'una contro l'altra. In pochi secondi le due placche si spostano di dieci-venti metri. Lo "strappo" viaggia quindi verso est, percorrendo una distanza di quattrocento chilometri. Lo spostamento della faglia

genera un terremoto fortissimo, superiore al nono grado. Ma viene inizialmente interpretato come più leggero di quanto non sia in realtà e i suoi danni sono in effetti limitati.

Pochi minuti dopo, le coste indonesiane dell'isola di Sumatra vicine all'epicentro vengono invase da un'onda alta 10-15 metri (e massima altezza registrata di oltre 25 metri) che penetra fin oltre un chilometro all'interno della spiaggia. Quasi tutti vengono sorpresi dalla successione di onde. La maggior parte delle vittime sono uccise dall'impatto contro alberi o oggetti pesanti, diventati come proiettili impazziti, altri muoiono annegati. Pochi minuti più tardi la stessa sorte tocca alle spiagge della Thailandia più a Nord. In quel momento le spiagge thailandesi sono piene di turisti mattinieri, molti dei quali accorsi per vedere lo strano fenomeno del mare che si ritira, lasciando sulla spiaggia pesci agonizzanti. Sembra quasi una trappola; di lì a poco vengono raggiunti dal treno di onde.

Alle 10:30 ora locale le onde arrivano in una nota località turistica thailandese, Phuket. Una prima ondata ferisce la parte esterna della spiaggia, spazzando via alcune strutture turistiche. Ma due minuti più tardi la situazione si fa molto più seria. L'onda stavolta è alta tre metri; avanza lungo la spiaggia ma non come un'onda provocata dal vento, che tende a smorzarsi in prossimità della riva. Invece continua per centinaia di metri nell'entroterra, portandosi poi al largo quanto riesce ad afferrare.

A Phuket una ragazzina inglese di dieci anni, Tilly, si trova sulla spiaggia con la mamma quando vede lo strano fenomeno del mare che si ritira all'improvviso. Pochi giorni prima delle vacanze di Natale il suo maestro di geografia, Andrew Kearnay, aveva mostrato alla classe alcune diapositive su qualcosa avvenuto alle isole Hawaii nel 1946. Quando il mare si ritira velocemente, aveva spiegato, può essere uno *tsunami*, una perturbazione del mare provocata da sismi oppure da frane o eruzioni vulcaniche. Allora l'acqua che prima si ritira tornerà in pochi minuti assai più velocemente, uccidendo. Tilly riconosce subito il segnale; soprattutto viene colpita dall'immagine dell'acqua del mare che ribolle "come schiuma di birra". Comincia a urlare alla madre e ad altre persone e ci vuole un po' perché si rendano conto che Tilly potrebbe aver ragione. Suo padre avverte una guardia privata e tutti vengono fatti allontanare dalla spiaggia solo minuti prima che l'onda si abbatta sulla spiaggia. La maggior parte delle cento e forse più persone che la ragazzina porta al salvo sull'albergo non avevano mai sentito la parola tsunami, né avrebbero mai pensato che il mare potesse comportarsi così. Phuket è stata una delle città più colpite della Thailandia, ma su quella spiaggia, grazie a Tilly, non si conta alcuna vittima.

Ma è verso est che l'onda fa la maggior parte delle vittime. Raggiunta due ore dopo il terremoto, l'Indonesia e in particolare l'isola di Giava viene spazzata dalle onde, immolando quasi centocinquantamila vittime. Nel frattempo le onde puntano anche verso ovest; raggiunta dopo due ore l'India e lo Sri Lanka, hanno ancora una potenza fortissima e uccidono oltre sessantamila persone. Lo tsunami percorre l'intero oceano Indiano e aggirando l'India a causa della rifrazione, va perfino a lambire l'Arabia Saudita, a prima vista protette dalla presenza del continente Indiano. Dopo 7-8 ore tocca all'Africa. Le migliaia di chilometri dalla sorgente non bastano a proteggerla dalla violenza delle onde; le vittime sono centinaia, soprattutto in Somalia.

Alla fine lo tsunami più grave a memoria d'uomo totalizza oltre 230 mila morti accertati, anche se le stime danno oltre trecentomila vittime. L'opinione pubblica non fu colpita soltanto dal numero mostruoso di vittime ma anche dalla capacità distruttiva che non ha conosciuto alcun limite. La catastrofe ha ucciso i turisti quanto i locali; colpendo oltre 11 nazioni non ha avuto barriere politico-amministrative. E nemmeno geografiche, dato che l'energia delle onde non si è esaurita in prossimità dell'epicentro del terremoto, ma ha viaggiato a oltre diecimila chilometri di distanza. È stata forse la prima catastrofe veramente globale. Geograficamente ha colpito un quarto di mondo ma in realtà i lutti si sono contati in quasi tutto il mondo a causa della forte presenza di turisti nelle zone colpite. Anzi, se non fosse stato per la forte presenza occidentale, forse non si sarebbe dato così risalto alla catastrofe nei mezzi di comunicazione. I terribili giorni successivi alla catastrofe, la conta delle vittime, il pericolo di epidemie, la situazione insostenibile degli ospedali, sono state raccontate molte volte su libri e giornali. Qui vediamo come si forma uno tsunami, come si propaga nell'oceano, e perché il suo impatto sulle coste è così devastante.

Diamogli il nome giusto

È diventata una delle parole giapponesi più note dopo il disastro del 26 dicembre 2004. "Tsu" significa "porto" in giapponese antico mentre "nami" è "onda". "Onda di porto" identifica molto bene la sua caratteristica principale: quasi invisibile in alto mare, di solito s'innalza in prossimità della costa. Solo allora, a bassa profondità, fa sentire i suoi effetti devastanti. Mentre le onde create dal vento richiedono un certo tempo per formarsi, gli tsunami sono onde impulsive, come quelle create quando si getta un sasso nello stagno. Inoltre il movimento dell'acqua coinvolge il bacino oceanico in tutta la sua profon-

Fig. 2.6 Epicentro dello tsunami del 26 dicembre 2004

Fig. 2.7 Una barca portata nell'entroterra ad Aceh dallo tsunami del 26 dicembre 2004

dità, mentre le onde dovute al vento sono molto superficiali. Cominciamo con una breve analisi della nomenclatura: "onda di marea", "onde anomale", "maremoto", "onda di bora", "tsunami". Sono sinonimi oppure no? Quali denominazioni sono valide?

- Onde di marea. È un termine sbagliato: la marea è un fenomeno dovuto all'azione gravitazionale della luna e del sole. Le maree sono inoltre assai più lente (anche se possono provocare una rapida onda di bora nei bacini chiusi).
- Onda anomala. Uno tsunami è certamente un'onda anomala in quanto assai più rara di un'onda dovuta al vento. Anche un'onda provocata dal vento particolarmente alta può essere "anomala". La denominazione non è quindi sbagliata, ma imprecisa perché applicabile a molti tipi di onde.
- Maremoto. Non è un termine errato; inoltre avendo la stessa desinenza di "terremoto" identifica bene lo tsunami come una catastrofe, ed è un termine inequivocabile. È però caduto in disuso dopo la diffusione di "tsunami".

- Onda di bora. La bora si forma a causa di una particolare risonanza dovuta agli effetti delle maree nei bacini chiusi come ad esempio gli estuari. Famosa quella del fiume Quiantang in Cina, che può raggiungere un'altezza di cresta di quasi cinque metri. Anche se non "catastrofica" può cogliere di sorpresa persone ignare sulle imbarcazioni. La figlia di Victor Hugo, Leopoldine, morì insieme al marito nei pressi di Rouen, fornendo al letterato la dolorosa ispirazione per un'elegia. In ogni modo, le onde di bora non hanno nulla a che fare con uno tsunami (si formano infatti periodicamente), anche se vi sono in comune alcuni fenomeni fisici.
- Tsunami. Termine normalmente accettato nella letteratura scientifica internazionale per indicate il movimento ondoso dovuto a terremoti, frane, impatti meteoritici, o esplosioni vulcaniche. È questo il termine che verrà utilizzato qui.

Come si genera uno tsunami

È facile capire come si genera uno tsunami basandosi su un semplice esperimento. Se d'improvviso si alza una mano immersa in una vasca da bagno, l'acqua direttamente sopra la mano non ha il tempo di scorrere verso i lati ed è costretta anch'essa a muoversi verso l'alto. Si forma quindi una perturbazione istantanea, un'increspatura alta qualche centimetro sul pelo libero dell'acqua al di sopra della mano. Da qui la perturbazione si propaga verso le pareti laterali della vasca in circa un secondo. Ai lati della vasca, l'acqua comincia così a oscillare. Se si muove la mano verso il basso, si forma un avvallamento della superficie dell'acqua anziché una protuberanza, ma l'essenza non cambia. Se la mano viene sollevata lentamente, l'acqua ha tempo di scorrere dai lati della mano e non si forma alcuna onda.

Negli oceani avvengono fenomeni impulsivi che spesso provocano una perturbazione dell'acqua dal suo stato di quiete. In un pianeta dinamico come la Terra, le placche continentali si muovono in maniera continua. Poiché le rocce sono in parte elastiche, possono tollerare uno stato di tensione solo fino ad una certa soglia; quando questa viene superata, avviene un improvviso spostamento tra le labbra di una faglia, un terremoto. Un terremoto sottomarino può generare una perturbazione dell'acqua. Innalzandosi in corrispondenza della faglia sottomarina, l'acqua inizialmente sviluppa un'increspatura tanto più alta quanto maggiore è stato il rigetto della faglia (Fig. 2.8). Appena formatasi, la perturbazione viaggia poi in tutte le direzioni.

Esistono faglie dirette, inverse e trascorrenti (← vol. 1). Le faglie dirette e inverse causano un movimento del fondo marino verso l'alto o verso il basso e possono quindi perturbare la superficie dell'acqua. Nelle zone di subduzione come l'Indonesia e Sumatra prevale il regime compressivo ma non possiamo dedurre che le faglie siano sempre inverse. Di solito il movimento del fondo marino è complesso e comprende sia movimenti verso l'alto, sia verso il basso. Se la mano nella vasca viene mossa non verticalmente, ma in senso orizzontale, si vede che succede ben poco alla superficie dell'acqua. Quindi le faglie trascorrenti non generano tsunami significativi.

Di solito perché venga generato uno tsunami, il fondo marino si deve spostare di almeno qualche metro come nel caso dello tsunami di Sumatra. La Fig. 2.9 mostra la lunghezza media di una faglia diretta in funzione della magnitudo del terremoto. Secondo il grafico, a un terremoto come quello di Sumatra (magnitudo pari a 9,1-9,3) corrisponde lunghezza di un migliaio di chilometri o più, un valore vicino a quello osservato. Questo tsunami, per quanto devastante, potrebbe essere superato in caso di terremoti ancora più violenti. La

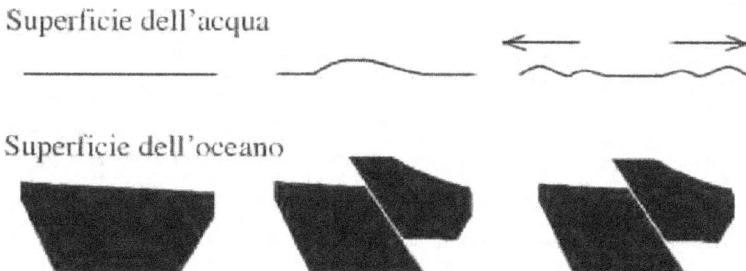

Fig. 2.8 Generazione di una perturbazione dell'oceano a causa di una faglia inversa

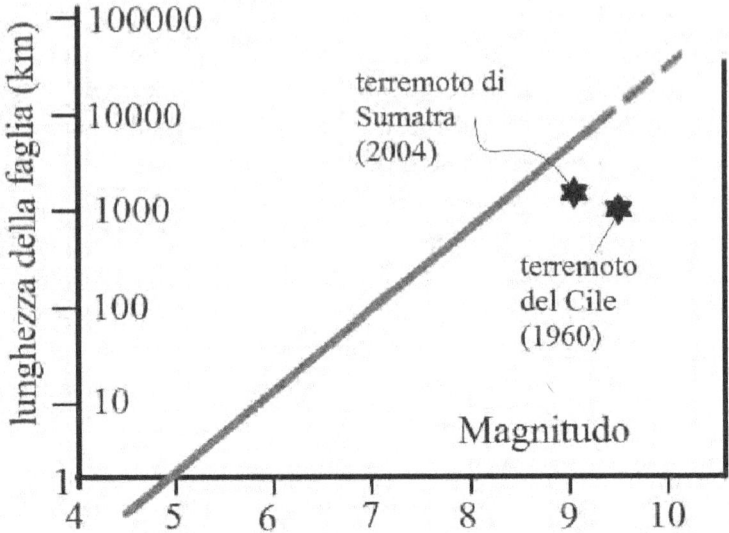

Fig. 2.9 A una certa magnitudo corrisponde in media una lunghezza della faglia (linea verticale a sinistra). Qui viene considerato l'esempio delle faglie dirette. Naturalmente questa è la media di un grafico statistico, in cui molti dati cadono al di fuori della linea di media. Ad esempio, il terremoto del Cile del 1960 ha avuto una magnitudo di 9,5 ma lunghezza di "solo" mille chilometri contro un valore previsto dal grafico molto maggiore. Grafico da Hyndman e Hyndman (2009) modificato e semplificato

linea di faglia di un terremoto di magnitudo 9,5 potrebbe raggiungere lunghezze teoriche maggiori anche se il maggior terremoto mai registrato, quello del 1960 in Cile, ebbe una lunghezza di "solo" 1.000 chilometri.

Come viaggiano le onde di tsunami

Le onde di tsunami hanno una lunghezza d'onda circa uguale alle dimensioni del blocco di faglia sovrascorso che ha fatto da sorgente. Si tratta spesso di un blocco di centinaia di chilometri di lunghezza, molto di più della profondità dei bacini oceanici. Un'onda di solo qualche metro di altezza e lunga centinaia di chilometri è assai difficile da percepire in mare aperto. Soltanto le boe del sistema di monitoraggio antitsunami si accorgono della presenza di onde con caratteristiche così peculiari, trasmettendo i dati immediatamente al computer centrale. Come esposto nella nota al Cap. 2.1, la perturbazione viaggia dalla zona di origine attraverso onde di velocità data dalla formula (in metri al secondo) $V = 3,13\sqrt{D}$. A una profondità D uguale a 4.000 metri, risulta una velocità di quasi 200 metri al secondo, oltre 700 chilometri all'ora. Uno tsunami impiega quindi parecchie ore per raggiungere distanze di migliaia di chilometri, consentendo un allarme per le zone abbastanza lontane.

Dopo il viaggio nell'oceano, le onde di tsunami raggiungono le aree costiere. Abbiamo visto come nel muoversi vicino alle coste, le onde non si propaghino in linea retta, ma per effetto della rifrazione tendano invece a curvare. Un altro effetto ondulatorio è quello della diffrazione, che permette alle onde di girare intorno agli ostacoli quando la lunghezza d'onda è maggiore delle dimensioni dell'ostacolo. La diffrazione spiega la traiettoria curva seguita dalle onde e il fatto che molte zone in ombra possano comunque essere raggiunte dalle onde. La dinamica delle onde di tsunami è complessa e per calcolare la loro traiettoria si fanno simulazioni al computer caso per caso, basandosi sulla topografia della zona.

Se le onde sono invisibili in mare aperto, perché si scatenano in prossimità delle coste? Il motivo ha a che fare con la conservazione dell'energia. Le onde di tsunami coinvolgono tutta la colonna d'acqua. In pieno oceano, quando la profondità è elevata, l'energia a disposizione viene suddivisa lungo una colonna d'acqua molto spessa. Quando l'onda si avvicina alla costa, la profondità diminuisce; adesso la stessa quantità di energia viene distribuita lungo una colonna d'acqua più piccola. Poiché l'energia si conserva, la perturbazione deve crescere di altezza. Una seconda conseguenza è che l'impatto dello tsunami non è semplicemente quello di un'onda di vento molto alta. Lo tsunami tende a viaggiare ben dentro la costa, portandovi un'enorme capacità distruttiva. Imbarcazioni di vario tipo possono essere trasportate a centinaia di metri nell'entroterra (Fig. 2.7). E quando l'acqua ritorna al mare, non lo fa in maniera indolore. Anzi, è forse il momento più agghiacciante dal punto di vista psicologico, in cui l'acqua trascina con sé in mare aperto oggetti, auto, alberi, pezzi di case, persone.

Gli tsunami non sono provocati soltanto da terremoti. Quelli dovuti alle frane sottomarine possono essere ancora più micidiali e sono ancora oggi poco compresi.

Micidiali frane sottomarine

Nel 1999, un debole terremoto a Papua (Nuova Guinea) non allarmò la popolazione, da sempre abituata a movimenti sismici. Ma poche ore dopo si scaricò uno tsunami devastante e sproporzionato alla bassa intensità della scossa. Da cosa fu provocato? Abbiamo visto come i terremoti siano fra le principali cause delle frane sulla terraferma. E molti tsunami sono provocati proprio da frane sottomarine. Invisibili, subdole, le frane sottomarine possono giungere in ritardo rispetto al terremoto e avere grandezza imprevedibile, non legata all'energia del sisma.

La Fig. 2.10 illustra come si origina uno tsunami da parte di una frana sottomarina. La parte di fondale da cui si stacca il materiale (C come "cicatrice" nella figura) risucchia l'acqua verso il basso (C'). Nella parte frontale della frana accade esattamente l'opposto: poiché la frana si accumula (A come "accumulo" in figura), la superficie del mare A' al di sopra della zona di accumulo viene spinta verso l'alto. Come risultato vengono prodotte due zone sorgente delle onde di tsunami: un "buco" C' sopra la coda della frana, e una colonna d'acqua A' in corrispondenza del fronte. Le perturbazioni della superficie marina viaggiano poi separatamente come onde di tsunami. Quando le onde generate in C' e A' s'incontrano, interferiscono sia costruttivamente che distruttivamente. È chiaro però che un buco nell'acqua tende in media a interferire in maniera distruttiva con una colonna d'acqua. Di conseguenza, lontano dalla sorgente l'interferenza tende a placare l'ampiezza degli tsunami da frana. La pericolosità di uno tsunami da frana è connessa invece agli scarsi segnali di preavviso o al ritardo rispetto al terremoto. La Tavola 2 mostra la simulazione al computer di uno tsunami generato da una frana preistorica nel Mare del Nord.

2. L'acqua degli Oceani

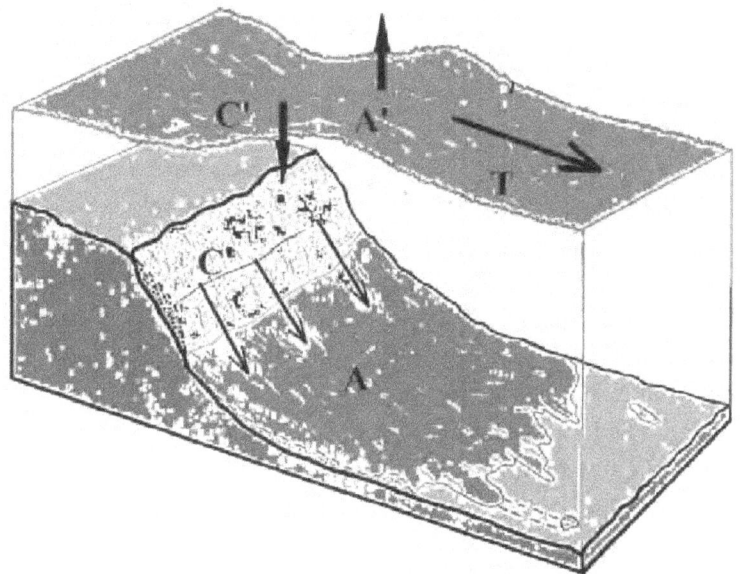

Fig. 2.10 Generazione di uno tsunami da parte di una frana sottomarina

Il 18 novembre 1929 avvenne un forte terremoto di magnitudo 7,2 nella parte meridionale della Grand Banks, Terranova (Canada). Il terremoto non produsse alcuna vittima, ma fu accompagnato dal maggior tsunami nella storia del Canada, con trenta vittime e un *run-up* (cioè l'altezza raggiunta dalle onde in prossimità della costa) di tre-quattro metri.

In quell'epoca, i cavi telegrafici sottomarini tra Europa e Nordamerica passavano a sud di Terranova, distanziati tra loro da centinaia di chilometri. La rottura in sequenza di 12 cavi da nord poche ore dopo il terremoto indicava che una massa aveva viaggiato verso sud, tranciandoli durante il tragitto. Dalla posizione dei cavi si poté determinare la posizione della massa, mentre i tempi di rottura diedero la velocità della massa in movimento: circa cento chilometri all'ora su di un fondale di un terzo di grado di pendenza. Non solo: dopo aver percorso sott'acqua una distanza di oltre 500 chilometri la massa misteriosa ancora aveva una velocità di quasi 30 chilometri all'ora! Ma che cos'era questa massa in movimento? La questione rimase in sospeso fino a quando negli anni cinquanta i primi esperimenti in vasca di frane sottomarine mostrarono di avere molto in comune con Grand Banks.

Oggi sappiamo che le frane sottomarine possono essere molto veloci e raggiungere distanze impensabili perfino quando scivolano su pendii quasi pianeggianti. Inoltre raggiungono volumi enormi. Una delle più grosse è la frana di Storegga, nel mare del Nord. Coi suoi oltre 3.000 chilometri cubi di volume, potrebbe coprire l'intera superficie dell'Italia con una coltre di oltre dieci metri! Staccatasi circa 8.000 anni fa da sedimenti poco consolidati che costellano la Norvegia occidentale, ha raggiunto distanze dell'ordine dei 500 chilometri, viaggiando lungo una pendenza media di meno di un grado. Com'è possibile? L'acqua non dovrebbe creare una grande resistenza contro il movimento della frana, senza contare la diminuzione della gravità a causa dell'effetto di galleggiamento?

Sono state proposte diverse teorie per spiegare la straordinaria mobilità delle frane sottomarine. Una delle più accreditate è che la frana cavalchi un tappeto d'acqua alla base. Non è inverosimile come si potrebbe pensare: esperimenti in vasca mostrano fenomeni di que-

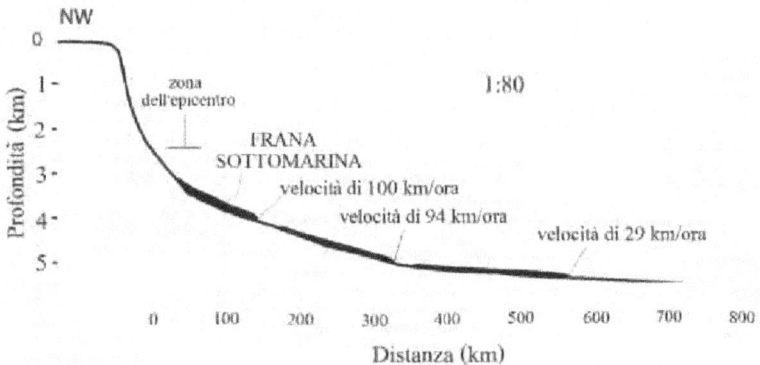

Fig. 2.11 La grande frana di Grand Banks che nel 1929 creò a Terranova un grande tsunami

sto tipo. All'origine del fenomeno vi è forse l'alta velocità del fronte della frana, che causa grandi forze di portanza simili a quelle che sollevano un aeroplano. La frana si solleva, cavalcando un tappeto d'acqua. Come quando si lancia un foglio di carta lungo un piano inclinato: il foglio naviga su di un tappeto d'aria (anziché d'acqua) raggiungendo una distanza molto maggiore che se fosse stato a contatto col tavolo. Le simulazioni mostrano che a causa di questi fenomeni di lubrificazione naturale, le frane sottomarine potrebbero raggiungere non solo grandi distanze, ma anche velocità enormi, perfino il doppio di quelle raggiunte a Grand Banks.

Grandi volumi, enormi velocità, sviluppo della frana a partire fondali bassi. La frana di Storegga ha tutte queste caratteristiche. Come vedremo fra breve, sono caratteristiche spesso associate a un grosso tsunami. Così pare sia stato, infatti. Lungo le coste di Scozia, Norvegia e le varie isole del mare del Nord si rinvengono strani depositi molto caotici (Fig. 2.12). E come confermano le datazioni, sembrano proprio dovuti allo tsunami generato dalla frana di Storegga. Uno tsunami preistorico nel mare del Nord avrebbe infatti prodotto un *run-up* intorno alle coste. Nasce quindi una domanda: è possibile che tsunami da frana di questa violenza possano accadere ancora nel mondo?

Fig. 2.12 Depositi dovuti allo tsunami della grande frana di Storegga provenienti da Lyngen (Tromsø, Norvegia del Nord). Il deposito caotico nel centro, dovuto allo tsunami, misura circa 80 centimetri. Il deposito è stato rinvenuto a 22 metri sopra il livello del mare, ma quando avvenne la frana si trovava sotto il mare. Nel frattempo c'è stato l'innalzamento isostatico della penisola scandinava. Cortesia di Stein Bondevik. Fotografia di Henrik Rasmussen

Pericoli futuri delle frane sottomarine

Le isole Hawaii sono il lungo risultato della sovrapposizione di colate laviche basaltiche (← vol. 1). Molte delle isole terminano sul mare con strane scogliere amputate chiamate Pali (Fig. 2.13), sotto le quali si nasconde qualcosa di molto inquietante.

La Fig. 2.13 (a destra) mostra in nero le parti emerse delle isole Hawaii e in bianco quelle sommerse. L'area sommersa, protesa a distanze di oltre 200 chilometri, è di gran lunga la maggiore. È dovuta al deposito di frane sottomarine che si dipartono proprio dalle scogliere amputate, vere e proprie cicatrici delle antiche frane. L'isola di Molokai manca perfino del cratere principale, franato verso Nord. Frane di questi volumi – probabilmente molto veloci – devono aver causato tsunami enormi, forse fino a cento metri di altezza. Le tracce degli antichi tsunami sono visibili in strane lettiere a grossi pezzi di corallo, rinvenibili lungo parti elevate dell'isola.

Vi è più di un motivo per cui una grossa frana dalle Hawaii potrebbe avere conseguenze micidiali. Abbiamo visto che per generare un grosso tsunami occorrono non solo grandi masse di acqua spostate, ma anche un'elevata velocità nel perturbare l'acqua (in maniera analoga, spostando la mano troppo lentamente nella vasca da bagno non si produce alcuna perturbazione). Ma quanto elevata? È necessario che l'onda prodotta non se ne vada via troppo presto in

Fig. 2.13 A sinistra: i Pali, ovvero le scogliere amputate delle isole Hawaii, sono le cicatrici di enormi frane sottomarine. A destra: le isole (nero) sono arealmente molto inferiori ai depositi di frana (aree bianche)

maniera tale che la perturbazione stessa venga amplificata. Per uno tsunami generato da terremoto non vi sono problemi: l'impulso è istantaneo. Ma una frana è molto più lenta del movimento di una faglia. Quindi perché la perturbazione raggiunga la massima altezza, la velocità dell'onda di tsunami (che abbiamo detto aumenta con la profondità) non deve essere troppo grande rispetto alla velocità della frana. Ma ecco cosa succede con le valanghe di roccia delle Hawaii: esse partono per metà dalla costa e per un'altra metà dal mare, raggiungendo in breve tempo velocità molto elevate anche a causa della grande pendenza. Partendo dalla costa, le velocità delle onde di tsunami sono piccole a causa delle basse profondità del fondale. La velocità della frana si avvicina quindi a quella delle onde; le gigantesche valanghe di roccia delle Hawaii sembrano fatte apposta per creare grossi tsunami. Confrontiamo con Grand Banks. La pendenza era bassa, un trentesimo di quella delle Hawaii e anche se le velocità furono ragguardevoli, di sicuro furono inferiori a quelle previste per una valanga di roccia. Non solo: il fondale a Grand Banks era assai più profondo e quindi la velocità delle onde di tsunami era molto elevata. Eppure, nonostante la velocità della frana fosse molto minore di quella delle onde, a Grand Banks fu associato un grosso tsunami. Al confronto di Grand Banks, le frane Hawaiane sembrano delle vere e proprie macchine da tsunami: più grosse, più rapide, e a profondità minori.

Intanto, il fronte meridionale del Kilauea nell'isola grande sta lentamente scivolando verso il mare. Se il movimento rimanesse di una decina di centimetri all'anno o l'attività vulcanica dovesse diminuire, il fianco del Kilauea potrebbe forse stabilizzarsi. Ma il tragitto lunghissimo delle frane sottomarine e le inquietanti aureole di depositi stanno a indicare che questi collassi sono di solito rapidi. In caso di collasso, l'onda di tsunami raggiungerebbe altezze di centinaia di metri nelle zone vicine; viaggiando attraverso il Pacifico, lo tsunami si scaricherebbe sulle coste americane e asiatiche mantenendo parecchi metri di altezza.

Le isole Canarie sono un'altra bomba a orologeria, ma con volumi inferiori a quelli delle Hawaii. Anch'esse vulcaniche, si presentano sfaccettate da numerose cicatrici dovute a valanghe di roccia per metà subaeree e per metà sommerse, il cui tempo di ricorrenza è dell'ordine dei centomila anni (Fig. 2.14). È un tempo molto lungo su scala umana ma un collasso può avvenire in qualsiasi momento. Una superficie di debolezza prossima al collasso è stata ipotizzata per l'isola di La Palma, ma gli scienziati sono divisi e alcuni hanno sostenuto l'inesistenza di superfici profonde, escludendo una situazione di rischio immediato. Una delle frane più recenti partì dall'isola di El Hierro circa 15.000 anni fa (Fig. 2.14). Oggi i depositi della colossale valanga di roccia di quasi 500 chilometri cubi si osservano come una lingua protesa per 250 chilometri sul fondo del mare. Deve aver causato uno tsunami imponente con onde che forse raggiunsero altezze di decine di metri lungo le coste americane, europee e africane.

Quando crollano le coste
Si è visto nel primo volume che lungo molti tratti di costa della Germania e della Francia del Nord, dell'Inghilterra e della Danimarca, affiora il *chalk*, un calcare bianco del periodo Cretaceo e Paleocene formato dagli scheletri di organismi microscopici, i coccoliti. La località di Stevns Klint in Danimarca, ben nota per il limite tra Cretaceo e Terziario di cui si dirà in seguito, è caratterizzata da materiale di questo tipo. Le pareti ripide sono costantemente battute dalle onde che indeboliscono la base della falesia fino a provocare una frana. I corpi di frana si disintegrano rapidamente, depositando lingue di sedimenti sul mare a centinaia di metri di distanza. Le frane a *chalk* non sono particolarmente grosse (di solito non superano i centomila metri cubi), e anche se ogni tanto fanno qualche vittima tra le persone sulla spiaggia, non si può parlare di catastrofe vera e propria. Anche il mare viene disturbato poco e le onde prodotte non hanno di solito alcuna conseguenza. Assai più devastanti sono i crolli di roccia compatta.

Come ad esempio durante la sciagura di Scilla. Nei mesi di febbraio e marzo 1783, la Calabria fu sconvolta da uno sciame sismico

2. L'acqua degli Oceani

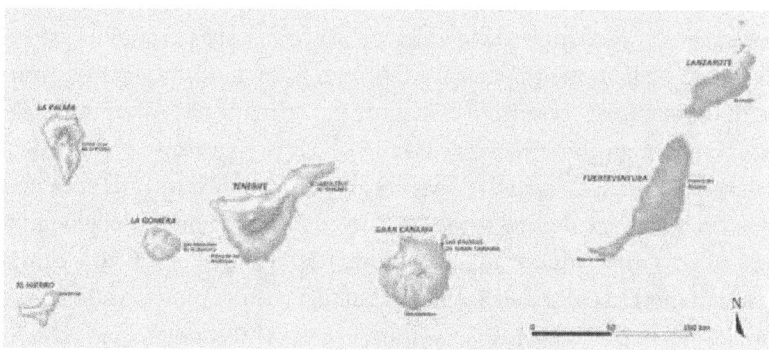

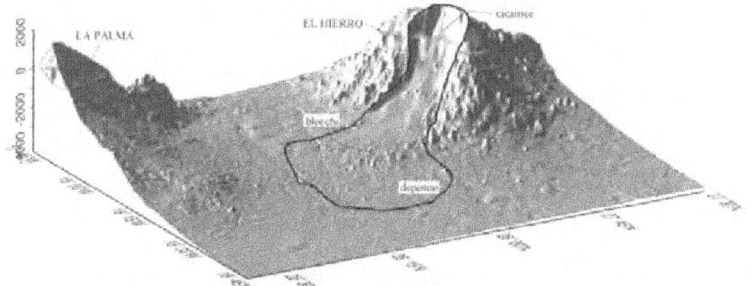

Fig. 2.14 Sopra: anche le isole Canarie sono state soggette a franamenti. Figura di mezzo: il deposito di una frana sottomarina che si diparte dal El Hierro. Una valanga di roccia sottomarina della Canarie devasterebbe l'intera area atlantica, proprio come una frana delle Hawaii colpirebbe le aree affacciate sul Pacifico. Immagine (modificata) cortesia di Roger Urgeles. Sotto: le pareti verticali (qui quelle di El Hierro, la più piccola delle isole) ricordano le Pali hawaiane

noto come "Terremoto delle Calabrie", di cui già si è parlato nel primo volume. Nella notte tra il 5 e il 6 febbraio fu raggiunto un parossismo con cinque forti terremoti di magnitudo stimata 7,1. Allarmati dalle forti scosse, gli abitanti della città di Scilla si prepararono per dormire all'addiaccio. Accamparsi sulla spiaggia di Marina Grande fu però una pessima scelta. Un altro sisma poco dopo la mezzanotte del giorno 6 mobilizzò una grossa frana dai versanti del monte Pacì, alcune centinaia di metri a ovest dell'abitato di Scilla. La frana piombò a forte velocità nel mare (forse fino a quaranta metri al secondo), provocando un'onda di sedici metri; l'onda raggiunse in breve tempo le persone accampate, uccidendone oltre 1.500 (Fig. 2.15).

Un'altra ben nota frana nel territorio italiano sviluppatasi in parte sopra e in parte sotto il mare è stata quella della Sciara del Fuoco (Stromboli) del dicembre 2002. Partita da un collasso sottomarino, si è propagata verso la terraferma, provocando un'onda alta fino a dieci-quindici metri, per fortuna senza conseguenze sulle persone.

Fig. 2.15 La frana di Scilla del 1783 in un'antica stampa del domenicano Minasi. Immagine cortesia di Paolo Mazzanti

Quindici metri sono un'enormità e le potenziali vittime per un futuro evento di questo tipo potrebbero essere decine se solo avvenisse durante il pieno della stagione turistica. Quindi le autorità dell'isola hanno predisposto una serie di cartelli sulla spiaggia per guidare le persone lungo vie di allontanamento che conducono ad aree di attesa abbastanza elevate per essere al sicuro anche dagli tsunami più catastrofici (Fig. 2.16).

Poiché le frane sottomarine hanno spessori enormi, ne consegue che le frane sottomarine e quelle costali possono causare tsunami assai più alti dei terremoti, chiamati anche *megatsunami*. Il collasso dell'Etna che 8.000 anni fa andò a formare la Valle del Bove generò uno tsunami alto 50 metri. Le onde raggiunsero le coste mediterranee con altezze ancora ragguardevoli di qualche metro, causando un disastro per le popolazioni costiere e forse annichilando il villaggio neolitico di Atlit-Yam in Israele[2]. In seguito, il villaggio fu coperto dal mare e oggi si trova a qualche metro di profondità.

Fig. 2.16 Come provvedimento allo tsunami sviluppatosi a Stromboli nel 2004, le autorità hanno predisposto una serie di cartelli per guidare le persone in luoghi elevati in caso di evento simile. Il cartello di sinistra posto a margine delle spiaggia punta verso una via ripida. In una manciata di minuti si raggiunge un'area di raccolta a fianco della chiesa principale di Stromboli (destra) (FVB)

---

[2] Pareschi M.T., Boschi E., Favalli M. 2006. Lost tsunami. Geophys. Res. Lett. 33, L22608, doi:10.1029/2006GL027790.

In Norvegia, molti dei laghetti e dei caratteristici fiordi sono costantemente minacciati da crolli di enormi blocchi di roccia. A Tafjord, nel 1934 uno tsunami generato da una frana in roccia ha causato 74 morti nei villaggi costieri. Il servizio geologico norvegese ha costituito di recente un centro di osservazione per Tafjord e altri speroni rocciosi che incombono sullo stesso fiordo (Fig. 2.17). Le pareti sospette vengono monitorate a distanza con raggi laser e con estensometri (cioè semplici stantuffi che registrano dilatazioni anche di meno di un millimetro). Un'accelerazione improvvisa del movimento potrebbe indicare che blocco sta per raggiungere il punto di snervamento e un crollo catastrofico. A quel punto le autorità dovrebbero allertare la popolazione per un'evacuazione. Così anche Lysefjord nella parte sudoccidentale del paese ospita la famosa Preikestolen, una parete rocciosa a strapiombo (Fig. 2.18). Se queste pareti dovessero crollare, l'importante città di Stavanger situata più a valle verrebbe inondata.

Anche nei laghi le frane possono creare onde assassine. Studi recenti hanno individuato numerose frane storiche e preistoriche in alcuni bacini lacustri quali ad esempio il lago di Albano in Italia e quello di Lucerna in Svizzera. A partire dal 1905, numerosi crolli hanno interessato il monte Ramnefjell sul lago glaciale di Loen, in Norvegia (Fig. 2.19). Nel 1905, una frana creò onde alte decine di metri che uccisero 61 persone. Soltanto 9 dei corpi furono recuperati mentre gli altri riposano nel fondo del lago. La tragedia si ripeté nel 1936, con 74 morti. Questi crolli, avvenuti in una nazione dove

Fig. 2.17 Carotaggi effettuati dal servizio geologico norvegese per valutare la qualità della roccia in zone di frana. Una frana potrebbe cadere nei fiordi e generare una pericolosissima onda di tsunami (FVB)

2. L'acqua degli Oceani

Fig. 2.18 Preikestolen (il pulpito) si erge sul fiordo di Lysefjord

Fig. 2.19 Ramnefjell in Norvegia (FVB)

non vi sono importanti fenomeni sismici, hanno prodotto onde alte fino a 74 metri, provocando anche molti danni materiali. Se quindici metri sembrano già tanti per un *run-up* di tsunami, 74 metri sono un vero muro d'acqua. Eppure onde di quest'altezza divengono minuscole in confronto a quelle generate da un blocco roccioso in caduta da un'altezza enorme, come accadde in Alaska qualche decennio fa.

La strana leggenda sul mostro di Lituya Bay
Come risposta alla politica di esplorazione inglese, nel XVIII secolo i francesi organizzarono numerosi viaggi in luoghi sconosciuti. Poco prima che scoppiasse la rivoluzione francese, Jean-François de la Pérouse guidava un viaggio pericoloso ben lontano da Parigi. Raggiunta l'Alaska, si rifiutò di prendere possesso dei territori in nome della Francia. Forse anche per questo i nativi alaskiani, gli indiani Tlingit, si erano fidati di lui al punto da raccontargli una strana leggenda su una baia rivolta verso sud, oggi chiamata Lituya Bay. Si tratta di un fiordo a forma di "T" circondato da alte montagne, in cui la base della "T" dà sul mare aperto. Ecco la leggenda come riportata da Emmons (1911)[3]:

> … un mostro dalle profondità che vive nelle caverne dell'oceano vicino all'entrata (della baia). È noto come Kan Lituya, l'uomo di Lituya. Non sopporta intrusioni nel suo dominio, e tutti quelli che distrugge divengono suoi schiavi… prendono la forma di orsi, e da luoghi di osservazione elevati (sulla catena del monte Fairweather) annunciano l'arrivo di canoe, e col loro padrone afferrano la superficie dell'acqua e la sbattono come fosse un lenzuolo, causando onde di marea e fagocitando gli incauti.

---

[3] Emmons G.T. 1911. Native Account of the Meeting Between La Perouse and the Tlingit. American Anthropologist. April-June, Vol. 13(2): 294-298; si veda anche http://qmackie.wordpress.com/2010/02/27/raven-de-la-perouse/.

La Perouse proseguì il suo viaggio forse incuriosito dalla strana leggenda, ma non fece in tempo a tornare a Parigi in quanto morì durante la spedizione.

Sono passati quasi due secoli dal viaggio di La Perouse. La sera del 9 luglio 1958, il mese più caldo in Alaska, tre piccole imbarcazioni si apprestano a calare l'ancora per trascorrere la notte nella baia di Lituya. Due sono pescherecci: il *Sunmore*, con a bordo Orvell e Mickey Wagner, e il *Badger*, di Bill e Vivian Swanson. Calano le àncore una di fianco all'altra, vicino ai ghiacciai che costellano la baia. La terza imbarcazione, anch'essa di circa dodici metri, si appresta a passare la notte più a sud, vicino all'uscita del fiordo sul mare. A bordo vi sono Harold Ulrich e suo figlio Harold Junior di sette anni. I tre equipaggi hanno deciso che la baia, con le sue acque calme, è più accogliente e sicura del mare aperto.

Ma la natura non dorme mai in Alaska. Sotto l'apparente calma della baia sonnecchia una delle faglie più attive della Terra, connessa alla zone di subduzione delle Aleutine. Alle dieci e un quarto la faglia si muove di sei metri; un fortissimo terremoto dell'ottavo grado Richter scuote tutto l'Alaska meridionale. L'epicentro è a poco più di dieci chilometri da Lituya Bay dove la violenza del sisma fa sobbalzare i tre equipaggi per un intero minuto. Subito dopo, un rumore terrificante annuncia il crollo di un grosso blocco di frana nel fiordo (Fig. 2.20). Pezzi di ghiaccio del ghiacciaio di Lituya vengono scagliati nell'aria e l'acqua spostata dalla frana viene spinta sulla montagna opposta fino ad un'altezza di 550 metri. Ripiombando nel fiordo, l'acqua genera uno tsunami inizialmente di 150 metri; in due soli minuti, l'onda raggiunge l'isola Cenotaph nel mezzo della baia, mantenendo un'altezza di decine di metri. Le persone atterrite cercano di far partire le imbarcazioni per raggiungere l'uscita dall'insenatura prima di essere raggiunti dallo tsunami. Ma l'onda è troppo veloce. Due delle imbarcazioni, quelle dei Wagner e degli Swanson, vengono sollevate sopra la lingua di terra che separa la baia dal mare aperto. Gli Swanson vedono con orrore la vista degli alberi sotto di loro prima del momento più pericoloso, la caduta nell'oceano. L'impatto con l'acqua è tremendo ma i due sopravvivono. L'acqua non si vuole placare e l'onda che li ha proiettati in mare aperto continua ad andare avanti e indietro. Verranno salvati qualche ora dopo. Ma i Wagner non sono così fortunati: la loro nave viene lanciata contro le rocce e i due muoiono sul colpo. Ulrich padre e figlio vengono invece risparmiati. L'acqua li appoggia su una penisola all'interno del fiordo, da dove riescono perfino a ripartire il giorno dopo.

Agli occhi dei geologi l'evento di Lituya appare subito eccezionale; ancora oggi lo spruzzo dell'acqua, il *run-up* di oltre cinquecento metri è un record insuperato. Viene studiata la conformazione del luogo, si osserva la baia alla ricerca di qualsiasi traccia. Non è necessario cercare molto: i fianchi della baia e soprattutto gli alberi mostrano qualcosa di strano. A bassa quota, vicino alla riva, non vi è più alcuna vegetazione e questo non è sorprendente in quanto gli alberi sono stati spazzati via dallo tsunami del 1958. Vi sono alberi solo da una quota di dieci-quindici metri, dove l'onda di piena non è arrivata. Ma a cento metri di altezza gli alberi appaiono improvvisamente più alti e di specie diversa; e ancora a duecento metri di altezza l'altezza della vegetazione cresce di nuovo bruscamente, come enormi siepi tagliate da un giardiniere folle.

È facile stabilire l'età di un albero sezionato in base al numero di cerchi di accrescimento. Lo fanno i ragazzi nelle loro prime escursioni naturalistiche e in realtà anche i naturalisti di professione. La fascia più bassa risulta composta di alberi giovani, nessuno più vecchio di 18 anni. Ne segue che gli alberi hanno cominciato a crescere nel 1936. Le fasce più alte corrispondono invece agli anni 1874 e al 1853. Se non fosse per il crollo del 1958, questa strana vegetazione in fasce di età parallele alla baia apparirebbe enigmatica. Ma unendo le osservazioni è facile giungere a una spiegazione semplice ma sorprendente. Le linee tra due fasce vegetazionali corrispondono alle cosiddette *trimline*, ovvero zone in cui un evento catastrofico ha eroso completamente la vegetazione preesistente. I colpevoli non possono essere che tsunami simili a quello del 1958. Non sono quindi eventi rari: anzi, forse quelli passati sono stati da record. Infatti il run-up

2. L'acqua degli Oceani 71

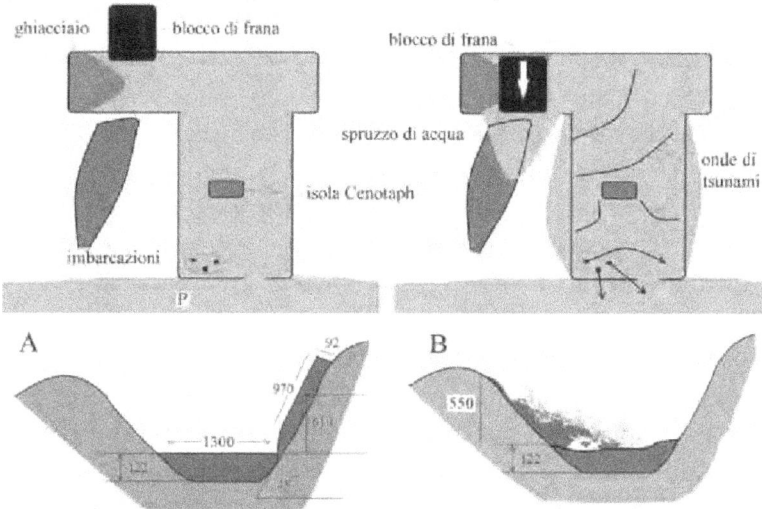

Fig. 2.20 Sopra: dinamica degli eventi a Lituya Bay. A sinistra la configurazione prima della frana. Il blocco di frana (nero) scese a grande velocità causando uno spruzzo di acqua dalla parte opposta alto 550 metri. L'onda di tsunami raggiunse le imbarcazioni in un paio di minuti. "P" è la posizione dalla quale è scattata la foto della figura che segue. Sotto: la sezione mostra in maniera approssimativa le lunghezze in gioco (espresse in metri)

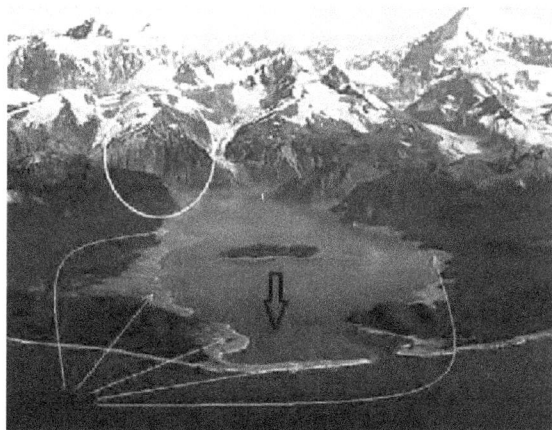

Fig. 2.21 Lituya Bay. Il cerchio evidenzia l'area di origine della frana, le frecce le zone di vegetazione asportata dall'onda di tsunami. La freccia nera indica la direzione di movimento delle onde di tsunami. Foto USGS

massimo del 1958 è stato sì di oltre 500 metri, ma solo nella zona antistante la frana; nella zona delle *trimline* l'altezza dell'onda scese a 15 metri soltanto, come abbiamo visto. Cosa può aver provocato un'onda che nella baia aveva ancora duecento metri di altezza?

Il mostro di Lituya Bay, che *insieme ai suoi schiavi afferra la superficie dell'acqua e la sbatte come fosse un lenzuolo, causando onde di marea e fagocitando gli incauti*, evidentemente si arrabbia spesso. I Tlingit lo sapevano bene e avevano evitato di averci a che fare.

Corso di sopravvivenza: i pericoli delle coste

Se si passa una vacanza in zone a rischio tsunami, è bene memorizzare i percorsi di evacuazione (Fig. 2.22) e prestare attenzione ai comunicati. Se non vi è un sistema di allerta antitsunami, può essere importante seguire le notizie su possibili terremoti, ma d'altra parte è difficile che questo venga fatto da molte persone. Stare comunque attenti a comportamenti anomali del mare, come un ritiro improvviso dell'acqua. Un albergo alto qualche metro e abbastanza lontano dalla spiaggia può essere sufficiente a mettersi al riparo dalla maggior parte degli tsunami. In caso sia giunta a riva una prima onda di tsunami seguita da un'apparente calma, non considerare il pericolo finito in quanto potrebbero giungere molte altre onde. Approfittare invece

Fig. 2.22 Nelle zone con pericolo di tsunami è importante memorizzare le migliori via di fuga e i punti di raccolta, indicati con cartelli nella lingua locale e spesso anche in inglese

per mettersi in salvo ad un'altezza possibilmente di una almeno una decina di metri d'altezza.

Catastrofi a parte, le coste e le spiagge marine possono essere un posto più pericoloso di quanto non si pensi. Molti bagnanti e surfisti sono uccisi ogni anno da onde più alte di quanto sperassero di poter domare. Ma almeno la violenza del mare è di solito evidente e dovrebbe almeno scoraggiare quanti lo sfidano senza appropriata preparazione. Più subdole sono le correnti di RIP, originate dal perpetuo gioco di correnti che si muovono parallelamente alla costa anche in condizioni di mare normale. L'acqua che, trasportata dalle onde, si muove parallelamente alla riva, deve poi uscire al largo. Lo fa spesso lungo stretti canali dove si formano correnti verso il largo di notevole velocità, le RIP appunto (Fig. 2.23). Nemmeno un campione olimpico riesce a vincere queste correnti. Per salvarsi occorre usare il

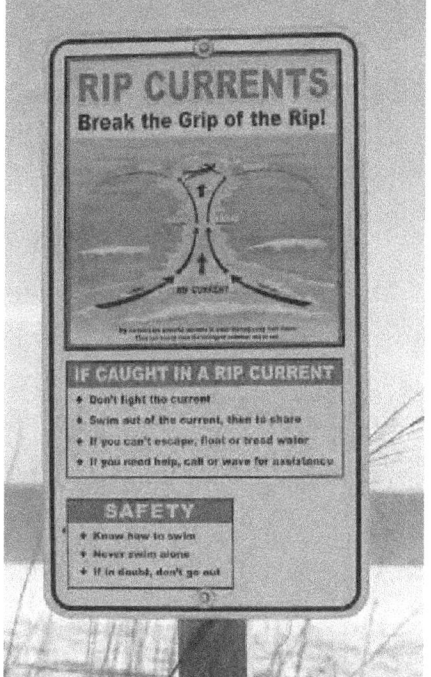

Fig. 2.23 Attenzione alle correnti di RIP, che mietono numerose vittime ogni anno. Il cartello ricorda di non nuotare controcorrente; muoversi invece perpendicolarmente alla direzione della corrente e poi, usciti da essa, tornare verso riva

cervello, non i muscoli o il fiato. Nuotare *lateralmente* di soli dieci metri anziché controcorrente può salvare la vita (Fig. 2.23). Così si esce dalla corrente e si può tornare verso riva. Si pensava che le RIP mantenessero sempre la stessa posizione. Si è scoperto di recente che esse tendono invece a migrare lungo la costa in maniera imprevedibile, rendendosi così ancora più pericolose.

3. Antichi diluvi e continenti scomparsi

3.1 Enormi fiumi scomparsi

Il mistero delle "Scabland"

Nel 1923, il professor J. Harlen Bretz lesse un lavoro al meeting annuale della società geologica americana. Riguardava le Scabland, strani terreni improduttivi dello stato di Washington noti e disprezzati già al tempo dei pionieri. Ma sotto l'occhio del geologo essi rivelavano qualcosa di incredibile. Dalle Scabland, Bretz aveva riportato numerose evidenze di importanti fenomeni di erosione fluviale causati dallo scioglimento dei ghiacciai durante il finire dell'ultima glaciazione. Le prove includevano massi erratici disposti a centinaia di metri di altezza dal fondovalle, letti ghiaiosi terrazzati, canali fluviali anastomizzati, cateratte. Tutte queste forme dovevano essere dovute a una forte corrente. Come spiegare altrimenti i solchi nel basalto, una roccia durissima, oppure i depositi di loess (una roccia leggera dovuta a deposizione da parte del vento e precedenti alla formazione delle Scabland), che apparivano modellati a goccia?

Fino a quando qui nulla di straordinario. Tutte queste forme di erosione erano ben note e nel caso delle Scabland sembravano soltanto a scala molto grande. Ma quando egli suggerì che l'erosione era avvenuta non lentamente e in tempi lunghi a causa di molti torrenti paralleli, ma rapidamente e a causa di un unico enorme fiume, l'uditorio sembrò quasi impazzito. Lo scienziato venne deriso dai colleghi che, come è accaduto spesso nella storia della geologia, non conoscevano nemmeno le aree in discussione in quanto non vi erano mai stati.

L'intero enorme territorio era secondo Bretz il fondo di un enorme canale fluviale. Enormi increspature furono riconosciute da uno dei pochi sostenitori di Bretz, Joseph Pardee, come dovute al movimento rapido dell'acqua nel canale, proprio come le increspature di sabbia che si formano lungo una corrente. Ma le increspature delle scabland raggiungevano i dieci metri di altezza, molto di più di quelle che si osservano sulla spiaggia o sul letto di un fiume sabbioso. La corrente che le aveva formate doveva davvero essere enorme. E qui sta il peccato capitale di Bretz: sostenere che le strutture fossero il prodotto di un fenomeno che oggi non si riscontra in nessun altro luogo della terra. Insomma, di qualcosa di *catastrofico*.

A partire dal Settecento, il dibattito geologico fu segnato dalla lotta tra due visioni geofilosofiche antitetiche: il catastrofismo e l'attualismo. L'attualismo sosteneva che i processi geologici hanno avuto sempre le stesse caratteristiche: i processi fluviali, glaciali, vulcanici del passato geologico devono essere molto simili a quelli in atto oggi. Nato inizialmente per contrastare la fede nel diluvio universale, l'attualismo (detto anche uniformitarianismo) finì per gettare via in toto qualsiasi teoria, ipotesi e osservazione anche solo in odore di catastrofismo. Secondo l'attualismo, solo fenomeni che hanno un riscontro attualistico possono essere avvenuti nel passato. Ecco perché le idee di Bretz fecero scandalo: dov'era un esempio attuale di questi enormi fiumi?

Bretz si era completamente disinteressato di una questione di base che lo rendeva anche più attaccabile. Da dove proveniva l'acqua necessaria? E quanta acqua era passata attraverso le channeled scabland? Anche su questo punto venne in aiuto Joseph Pardee (un po' in sordina però, dato che lavorando per il servizio geologico era tenuto a una certa "serietà" e poche teorizzazioni). Egli aveva da tempo dimostrato l'esistenza di un antico lago chiamato Missoula, formatosi per lo sbarramento da parte di una diga naturale di ghiaccio alta 600 metri. Fu lo svuotamento periodico di questo lago, grosso più dell'attuale lago Michigan, a fornire l'acqua necessaria per scavare le scabland. Non in un singolo episodio. Oggi sappiamo che dopo essersi svuotato catastroficamente, il lago si riformò dal ghiaccio per almeno quaranta volte. Durante un episodio di svuotamento, passava attraverso le scabland una quantità di acqua pari a dieci volte l'acqua di tutti i fiumi attuali del mondo, per gettarsi nel mare a una velocità di 100 chilometri orari!

È interessante che né il lago Missoula di Pardee né le forme di erosione documentate da Bretz erano di per sé scandalose. Entrambi avevano da tempo pubblicato ampi resoconti e ricevuto le lodi dei colleghi su questi due fenomeni che avevano, in fondo, esempi attualistici (il lago Missoula era delle dimensioni del lago Michigan, quindi aveva un omologo attuale). Ma il collegamento tra i due fenomeni, quello sì era qualcosa di indicibile. Oggi la teoria congiunta di Bretz e Pardee è pienamente accettata dalla comunità scientifica. Come ha suggellato la medaglia Penrose assegnata a Bretz nel 1979, massima onorificenza americana nel campo delle scienze geologiche. Anzi, lo svuotamento del Missoula forse non fu nemmeno il più vasto fenomeno di questo tipo; pare che in Siberia vi siano state portate idriche ancora più imponenti. Anche in Europa si formarono fenomeni di questo tipo nella più grande calotta glaciale formatasi durante le glaciazioni, quella scandinava. La Tavola 3 mostra una gola scavata da un fiume impetuoso in Norvegia meridionale quando il lago a monte si svuotò con una storia simile a quella del Missoula, ma a scala molto più piccola.

Lo svuotamento catastrofico di enormi bacini d'acqua non è un fenomeno solo terrestre. Per vedere canali che fanno apparire lo svuotamento del Missoula come un fiumiciattolo occorre andare su Marte. Il pianeta rosso ne ha lunghi migliaia di chilometri e larghi 40-80 chilometri (Fig. 3.2). Si pensa siano dovuti all'acqua che, oggi grande assente (o perlomeno rara) un tempo doveva essere abbondante sulla superficie del pianeta. Forse questi canali si formarono in maniera catastrofica quando il permafrost marziano si sciolse rapidamente a causa di processi vulcanici o di impatti meteoritici o per via dei rapidi cambiamenti climatici. Nei momenti di maggiore flusso idrico, ciascuno di questi canali poteva forse ospitare una por-

Fig. 3.1 A sinistra: le channeled Scabland. A destra: le famose cascate di Palouse (Washington, USA) fanno parte del canale fluviale che formò le Scabland

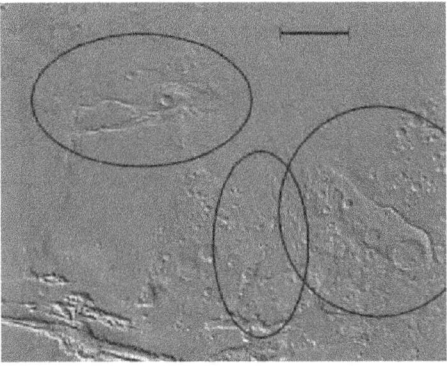

Fig. 3.2 Catastrofi extraterrestri: esempi di canali su Marte. Si notino gli isolotti modellati a goccia dall'immane flusso d'acqua, ben visibili ad esempio in Kasei Vallis (la valle più in alto delle tre cerchiate). La barra orizzontale rappresenta una lunghezza di 500 chilometri. Nord marziano in alto. Immagine altimetrica MOLA con effetto penombra (NASA)

tata fino a dieci milioni di metri cubi al secondo. Oggi l'atmosfera di Marte è così rarefatta che l'acqua non è stabile ed evapora rapidamente. È chiaro che le condizioni del pianeta devono essere cambiate moltissimo nel tempo.

Torniamo sulla Terra a dare uno sguardo alla più nota catastrofe di tutti i tempi.

Il Diluvio Universale scritto nei cocci

George Smith era un ragazzino fuori dal comune. Avviato a una professione alla zecca di stato, rimase folgorato quando i primi reperti

Assiri giunsero in Inghilterra verso la metà del XIX secolo. Al punto da frequentare il British Museum e diventare esperto di Assiriologia ancora in giovanissima età. All'epoca gli Assiri provocarono una vera e propria passione in Europa, tanto che alcuni artigiani copiarono perfino il taglio dei gioielli rinvenuti nelle tombe. Era un momento propizio per questo genere di ricerche, e George ricevette mille ghinee come borsa di studio.

Il 3 dicembre lesse il contributo più importante della sua breve vita e della storia dell'archeologia assira. Riguardava alcune tavolette trovati a Ninive che descrivevano un mito assiro, quello del Gilgamesh. La tavola undicesima descrive un'inondazione mandata dagli dèi per punizione:

> Uomo di Shuruppak, figlio di Ubara-Tuto, coi legni della tua casa costruisci una nave, lascia ciò che possiedi e cerca tutti gli esseri viventi... Carica ogni cosa, argento e oro. Tutti i semi, gli amici, i parenti. Carica tutti gli animali.

Segue la descrizione di un diluvio:

> Per sette notti e sei giorni venti e tempeste devastarono il mondo; al settimo giorno la tempesta che aveva lottato come una partoriente, scemò. Il mare si calmò, il vento anche. Tutti gli uomini erano diventati terra.

Il nocchiero, Ut-Napishtim, libera una colomba e poi una rondine e un corvo. I primi due uccelli ritornano ma non il corvo, segno che le acque si sono ritirate e il corvo ha trovato la Terra.

La lezione di Smith provocò grossa sorpresa in quanto era evidente che il racconto biblico di Noè si rifaceva a miti di origine pagana ben più antichi. Era la prima volta che la parola della Bibbia subiva un colpo così duro ed evidente.

La mitologia assira e quella ebraica non sono le sole a descrivere improvvise e gigantesche inondazioni. Anche i miti cinesi e indiani sono pieni di imponenti diluvi. Potrebbe esserci stato nel passato un evento straordinario, un'inondazione che rimase impressa per millenni nei miti e nella memoria dei popoli? Forse alcune delle inondazioni, sempre presenti nella storia di un'umanità dipendente dall'acqua, sono state percepite come catastrofi globali? Dopotutto è solo da qualche secolo che abbiamo ben presente le dimensioni del nostro pianeta. Per un assiro o per un ebreo o qualsiasi uomo medio dell'antichità il mondo finiva al di là della collina, dove il sole si nasconde al tramonto. Un'inondazione di centinaia di chilometri quadrati doveva apparire come un diluvio universale.

Vi è però una seconda possibilità suggerita nel 1997 da due geologi, William Ryan e Walter Pitman. Durante l'ultima avanzata glaciale, il Mar Nero rimase completamente isolato dal Mediterraneo. Era quindi alimentato da acque dolci e il suo livello era di 150 metri più basso dell'attuale. Una fertile area di circa 100.000 chilometri quadrati si rese disponibile agli antichi abitanti, i quali catturavano gli immissari del Mar Nero (anzi, Lago piuttosto che Mare) per irrigare le pianure (Tavola 4). Ma con lo scioglimento dei ghiacciai la situazione cambiò: l'acqua del Mediterraneo, aumentata di volume, precipitò nel Mar Nero con una cascata di cinquanta chilometri cubi di acqua al giorno. Il fenomeno durò solo trent'anni. Ma dovette apparire a quegli abitanti, costretti ad abbandonare tutte le loro coltivazioni in fretta e furia e a migrare in Europa, Africa e Mesopotamia, come una vera e propria catastrofe. Fu quello il Diluvio Universale descritto dai miti?

3.2 Eruzioni e tsunami

Il mito di Atlantide
Il mito di Atlantide, la civiltà oltre le Colonne d'Ercole che dominava l'intero mondo conosciuto e sprofondata negli abissi dell'Atlantico durante un'immensa catastrofe naturale, affonda le radici nei due dialoghi di Platone il *Timeo* e il *Crizia*. Da allora filosofi, archeologi, storici e scienziati hanno oscillato nell'interpretare questa strana storia. Alcuni l'hanno considerata pura invenzione, altri una storiella con

qualche fondo di verità; e perfino un resoconto dettagliato su un continente veramente esistito. Aristotele la considerò un mito platonico simile a quello delle ombre; una storia con uno scopo morale, una terra fatta sprofondare da Platone per motivi di drammaticità. Altri, come l'editore greco che pubblicò i dialoghi platonici, la presero per oro colato. Ma esistette veramente Atlantide?

Leggiamo le parole di Platone come riportato nel *Timeo*. A parlare è Crizia:

> Ascolta dunque, Socrate, uno racconto strano ma assolutamente vero, come disse il più sapiente dei Sette... Allora Solone, prima della distruzione dovuta alle acque (novemila anni fa), la città che ora si chiama Atene era avanzata nelle armi e in tutto il resto, e ben governata... Dicono infatti i testi che la vostra città fermò un grande esercito che stava avanzando contro l'Europa e l'Asia insieme. Proveniva dal mare Atlantico, a quell'epoca navigabile per la presenza di un'isola davanti allo stretto chiamato Colonne d'Eracle [d'Ercole, ovvero lo stretto di Gibilterra]. Isola più ampia di Libia e Asia messe insieme; da essa i naviganti potevano passare sulle altre isole, e da esse su tutto il continente opposto intorno a quello che allora era un vero e proprio mare. Infatti "al di là delle colonne d'Eracle, ovvero nell'Atlantico"... c'è il mare, e la terra intorno si potrebbe considerare un continente. In quest'isola di Atlantide si era formata una grande monarchia, che dominava tutta l'isola e anche molte altre isole e regioni del continente; inoltre governava, da questa parte dello stretto, la Libia fino all'Egitto, e l'Europa fino alla Tirrenia. Questa potenza dunque, cercò di asservire le nostre terre e tutta la regione al di qua dello stretto. Proprio in quel tempo la potenza della vostra città divenne famosa fra tutti gli uomini per valore e forza... Ma in seguito si verificarono immensi terremoti e cataclismi, al sopraggiungere di un sol giorno e di una sola notte terribili, in cui il vostro esercito fu inghiottito tutto quanto dalla terra, e anche l'isola di Atlantide s'inabissò nel mare e sparì: ecco perché, anche ora, quel mare risulta ormai inaccessibile e inesplorabile, essendoci l'ostacolo del fango dei bassifondi che l'isola depositò inabissandosi.

La civiltà minoica – termine coniato da archeologi moderni in quanto non conosciamo la fonetica di quei popoli – dominò l'Egeo a partire dal 2700 a.C. I Minoici erano coltivatori, artisti e navigatori eccellenti, al punto da controllare i traffici navali nel Mediterraneo. Ma verso il 1450 a.C. scomparvero misteriosamente, lasciando che la cultura Micenea prendesse il sopravvento.

Lo Schliemann di Atlantide è stato il professor Spyridon Marinatos, direttore del Servizio Archeologico Greco. Nel 1939 Marinatos sostenne una strana teoria per la scomparsa della civiltà Minoica: sarebbe stata annichilata dall'esplosione di Santorini, un vulcano circa 100 chilometri a nord (Fig. 3.3 e Tavola 5). L'esplosione è stata ben documentata sia dai vulcanologi sia dagli archeologi ed è datata intorno al 1628 a.C. I due siti di maggior interesse, fiorenti centri minoici al tempo del disatro, si trovano uno ad Akrotiri sui fianchi del vulcano esploso, oggi isola di Thera (isola cerchiata in Fig. 3.3, Tavola 5); l'altro a Cnosso, sull'isola di Creta proprio dirimpetto Santorini (Fig. 3.4). Entrambi i siti erano fra i centri più importanti della civiltà Minoica. Akrotiri ha restituito magnifiche, colorate opere d'arte che dimostrano l'altissimo livello di vita raggiunto da quella civiltà. Ma Akrotiri era solo un piccolo insediamento; Creta era di gran lunga più importante. Il palazzo di Cnosso, abitato dal mitico re Minosse, diede origine alla leggenda del minotauro (i tori erano sacri per i cretesi). Probabilmente il palazzo, progettato da Dedalo, era così complesso da dare origine alla leggenda del labirinto.

La stratigrafia archeologica ad Akrotiri mostra come dapprima vi fu una deposizione di pomice, che prova una fase di eruzione sopra il livello del mare. Le immani esplosioni portarono a nudo la camera magmatica; ecco perché il secondo livello di Akrotiri mostra strutture dovute ad acqua bollente: l'acqua del mare, a contatto col magma, generò esplosioni freatiche nella camera magmatica. Seguirono materiali piroclastici sempre più fini. Non sono stati ritrovati scheletri ad Akrotiri, segno che la popolazione riuscì a salvarsi per intero, avvertita dalla crescente attività del vulcano. Diverso fu il destino di Cnosso e delle altre città sul lato nord di Creta. L'esplosione

3. Antichi diluvi e continenti scomparsi

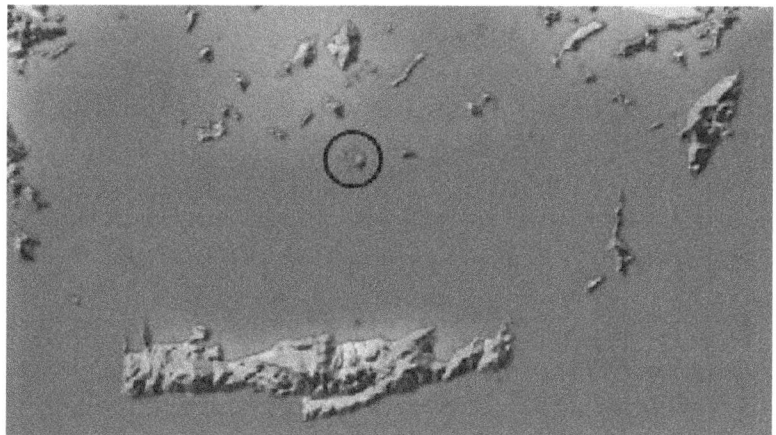

Fig. 3.3 Il Vulcano di Santorini (cerchiato) fu probabilmente responsabile del devastante tsunami che distrusse la civiltà Minoica a Creta, la grande isola in basso

Fig. 3.4 Rovine del palazzo di Cnosso

di Santorini fu infatti di alta esplosività – si calcola a VEI 6 o 7 – per un volume da 50 a 100 chilometri cubi di materiale eruttato. Creò molto probabilmente un gigantesco tsunami forse con onde più alte di cento metri, che distrusse Creta.

Un cataclisma di questo tipo deve aver avuto uno strascico di leggende; sconvolse la più avanzata civiltà dell'epoca in maniera rapida, e per l'epoca impossibile a credersi. Secondo Marinatos e anche altri studiosi prima e dopo di lui, Atlantide non era altro che la civiltà Minoica. Distrutta quindi non al di là, ma entro le Colonne d'Ercole. I Cretesi mantenevano commerci molto intensi con gli Egizi, come anche testimoniato dallo stile egizio degli affreschi a Cnosso, in cui i personaggi sono ritratti di fianco. La leggenda fu quindi tramandata in Egitto, dove si svolge il dialogo del *Timeo*.

Può un'esplosione vulcanica provocare uno tsunami e annichilare un'intera civiltà? Dopotutto l'evento di Santorini avvenne millenni fa e possono sorgere dubbi sull'entità della distruzione sull'isola di Creta. Esistono eventi più moderni e storicamente documentati in cui un'esplosione vulcanica ha creato uno tsunami di pari capacità devastante?

L'esplosione del Krakatau

Poiché molte isole sono di natura vulcanica, sorge la domanda di cosa accada quando il vulcano di un'isola erutta esplosivamente. Se il materiale asportato dall'esplosione rimane sopra il livello dell'acqua come nell'eruzione del monte Pelée, la superficie del mare non viene perturbata molto, eccetto che per l'azione delle nubi ardenti. Ma in alcuni casi l'esplosione è di tale violenza da distruggere gran parte dell'isola, anche quella al di sotto del livello del mare. Allora si forma un cratere sottomarino. L'acqua viene prima proiettata lontano dall'esplosione per poi ripiombare nel vuoto formatosi. Il drammatico spostamento dell'acqua provoca una perturbazione che si muove verso le coste limitrofe: uno tsunami.

Con 130 vulcani che hanno eruttato negli ultimi 10.000 anni, l'Indonesia è una delle regioni vulcaniche più attive e pericolose della

Terra. Da sud, le placche indiana e australiana premono contro quelle indonesiana ed eurasiatica. Il risultato di milioni di anni di tensioni è stato la subduzione della litosfera oceanica sotto Sumatra e Borneo, la formazione dell'arco insulare delle Sonda, e l'instaurarsi delle linee di vulcani andesitici lungo la linea Sumatra-Giava-Timor. Molti di questi vulcani sono vere e proprie *star* della vulcanologia. Eccone solo alcuni in ordine di comparsa da est verso ovest: Tambora, Semeru, Merapi, Galunggung. E, per finire, il Krakatau.

Nel 1883 l'isola vulcanica di Krakatau nello stretto della Sonda era disabitata ma non perché ritenuta pericolosa. Si sapeva anche della natura vulcanica dell'isola, formata da ben tre edifici vulcanici principali e altri più piccoli. Ma Krakatau non aveva mai eruttato a memoria d'uomo e sappiamo quanto è labile la memoria d'uomo nel valutare la possibilità di una catastrofe. Per la verità, sembra vi siano state eruzioni nel XVII secolo, ma non lasciarono la popolazione in stato di allerta. Già verso la fine degli anni settanta del XIX secolo cominciò uno sciame sismico, culminato con un terremoto molto forte che l'1 settembre 1880 distrusse la torre principale del faro. I terremoti sono abbastanza frequenti nell'area e forse un aumento della sismicità simile a quello che anticipò l'eruzione del Vesuvio del 79 d.C., avrebbe dovuto allarmare. Ancora sei mesi di terremoti. E poi, il 20 maggio 1883, il risveglio.

Il vulcano cominciò con esplosioni udibili a 150 chilometri di distanza. Si pensò inizialmente ai pirati che infestavano le acque. Si percepirono anche delle onde di pressione ad alta frequenza, inudibili per l'orecchio umano, ma capaci di distruggere vetri e finestre. Nello spettacolo non poteva mancare la parte visiva. Colonne di vapore e ceneri si stagliarono nel cielo per una decina di chilometri, per poi ridiscendere lentamente depositando materiale fine fino a 500 chilometri di distanza. Tutto notevole; ma più meraviglioso che allarmante. Si decise di approntare una visita diretta al Krakatau. Salpò la *Governeur Generaal Loudon*, un nome olandese dato che le isole avevano tale nazionalità. Non vi fu nulla di scientifico in questa visita iniziale. Un testimone, forse più avvezzo a festini che a vulcani, descrisse il rumore delle esplosioni come così intenso che un colpo di fucile era quasi inudibile nel trambusto dell'eruzione, proprio come lo stappo di una bottiglia durante una festa.

Ma la vera festa non era ancora cominciata. Dopo un breve periodo di relativa quiete, il 26 agosto all'una del pomeriggio le esplosioni ripresero. All'inizio percepibili a 150 chilometri di distanza, ben presto aumentarono di violenza. Entro le tre del pomeriggio si udirono fino a una distanza di 240 chilometri. Alcune navi si trovavano in quel momento vicino alla sorgente. I pochi sopravvissuti degli equipaggi raccontarono di piogge di ceneri calde sulla nave, difficoltà di respirazione, mentre scariche di elettricità, note come fuochi di sant'Elmo, terrorizzavano la ciurma. In quel momento la *Berouw* e la *Marie* stavano transitando lungo lo stretto, davanti alla costa di Sumatra. Un'onda gigantesca le spinse entrambe sulla terraferma, mentre una serie di altri tsunami devastarono Anjer e Merak sull'isola di Giava e Telok Betong situata a nord, sull'isola di Sumatra.

Questo era solo il preludio all'eruzione vera e propria. Il vulcano aspettò tutta la notte per l'esplosione finale. Prese ancora fiato dando l'impressione di volersi acquietare; poi una serie di eruzioni alle 5:30 e alle 6:44 del 27 agosto. Infine alle 10:02 la più tremenda, udita a oltre tremila chilometri di distanza. Tanto che nell'Oceano Indiano si pensò a una nave in difficoltà. Le onde d'urto nell'aria andarono ancora più lontano, anzi, alla massima distanza possibile sulla Terra. Infatti fecero il giro dell'intero globo in venti ore, raggiunsero il punto antipodale in Ecuador ove si riaprirono all'indietro, tornando infine nella regione di origine.

Per quanto spaventose, non furono certo le onde sonore a provocare vittime. Il volume di materiale piroclastico emesso fu di 30 chilometri cubi, un'enormità. La roccia polverizzata fu sparata dall'eruzione all'enorme altezza di venticinque chilometri, tant'è che l'eruzione è oggi ritenuta di classe VEI 6, una delle più severe per un'eruzione in tempi storici. Due terzi dell'isola scomparvero, lasciando al posto della vecchia una caldera oltre 250 metri sotto il mare.

Solo l'isola centrale di Rakata fu distrutta, mentre Panjang e Sertung, confinanti con Rakata, mantennero la stessa conformazione o addirittura crebbero un poco, alimentate da ceneri e pomici. Contrariamente all'eruzione del monte Pelée, che fece la maggior parte delle vittime proprio a causa delle nubi ardenti, le vittime di nubi ardenti furono una minoranza durante l'eruzione del Krakatau. Tuttavia vi furono comunque un migliaio di vittime delle nubi, e qui vi è una questione interessante. Una serie di nubi ardenti colpirono Kalimbang, ad una quarantina di chilometri dal centro dell'esplosione. Fu qui che circa mille abitanti bruciarono come nell'eruzione del Pelée (← vol. 1), con un'importante differenza: poiché Kalinbang si trova sulla costa di Sumatra, le nubi devono aver viaggiato per quaranta chilometri sull'acqua con solo modesti effetti di smorzamento della temperatura e del potenziale distruttivo.

Ma la vero protagonista della distruzione fu l'acqua. L'esplosione e il successivo collasso generarono un enorme tsunami. La *Berouw*, colpita dalla prima serie di tsunami, aspettava stupefatta sulla terraferma di Telok Betong. Venne trascinata ancora più dentro nella terraferma dall'onda collegata all'esplosione principale delle 10:02 (Fig. 3.6). Pezzi della nave erano ancora visibili fino a pochi anni orsono. I trenta uomini dell'equipaggio furono solo una piccolissima frazione delle vittime. Le città intorno al Krakatau furono rase al suolo, mentre più di 10.000 persone furono uccise a Anje e Merak. Le baie a imbuto funzionano come lenti convergenti per le onde di tsunami; ebbene, questa conformazione era proprio quella nella quale si trovavano sia Merak sia Telok Betong. E fu proprio a Merak che venne registrato il maggior *run-up* di ben 40 metri.

Tutti questi centri antistanti il vulcano furono raggiunti dallo tsunami in meno di un'ora dall'esplosione. Ma l'onda continuò il viaggio lungo l'oceano Indiano, attenuata solo di un po' dall'effetto di schermatura di Giava e Sumatra. Era ormai sera quando lo tsunami arrivò in India meridionale e a Ceylon (oggi Sri Lanka), dove si contarono le ultime vittime. Lo tsunami doppiò addirittura il sud dell'Africa; le onde diffratte giunsero perfino nell'Atlantico dove furono misurate dai mareografi.

Il numero totale di morti in quell'agosto 1883 non fu mai stabilito esattamente, ma di certo fu superiore alle quarantamila unità. Il giornale principale di Batavia (oggi Giacarta), la capitale dell'Indonesia, riportò che:

> Migliaia di corpi di uomini e carcasse di animali aspettano ancora la sepoltura, palesandosi anche per un odore insopportabile. Giacciono aggrovigliati in masse nodose impossibili da sbrogliare, spesso in mezzo a rami di cocco e materiali domestici.

Dopo l'esplosione è ricresciuto un conetto fra le tre isole, chiamato col nome appropriato di Anak Krakatoa, figlio di Krakatoa (area tratteggiata in Fig. 3.5 e Fig. 3.6). Sarà forse lui a esplodere nella prossima grande eruzione?

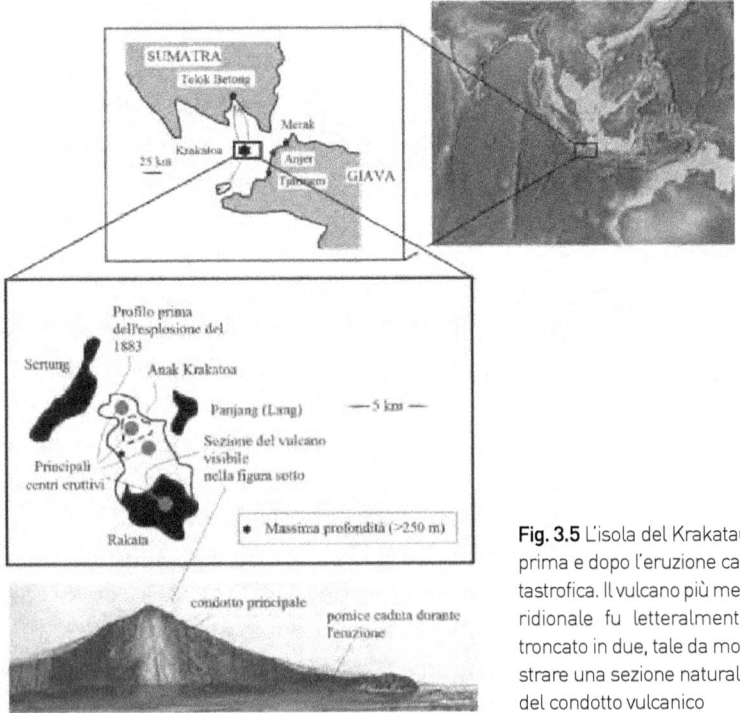

Fig. 3.5 L'isola del Krakatau prima e dopo l'eruzione catastrofica. Il vulcano più meridionale fu letteralmente troncato in due, tale da mostrare una sezione naturale del condotto vulcanico

3. Antichi diluvi e continenti scomparsi 89

Fig. 3.6 Sopra: la Berouw fu trascinata dalla forza di ben due tsunami in successione per due chilometri lungo l'entroterra di Telok Betong e appoggiata dalle onde sul greto di un fiume senza grossi danni. Ma dell'equipaggio nessuno sopravvisse. Sotto: il figlio di Krakatoa, Anak Krakatoa, nell'eruzione del 2008

Parte Seconda

Aria

Immagine di un uragano nel Pacifico del sud

4. La parte leggera del pianeta

4.1 L'atmosfera: essenziale ma a volte pericolosa

L'aria sopra le nostre teste non è solo l'essenziale serbatoio di ossigeno. Protegge anche dai pericolosi raggi solari e dalla caduta di piccoli meteoriti. Ridistribuendo il calore solare, evita gli enormi sbalzi di temperatura, come invece accade sulla Luna. Senza lo strato d'aria, la temperatura alla superficie terrestre scenderebbe a trenta gradi sotto zero. Atmosfera è il nome che abbiamo dato alla sottile ma complessa componente leggera del pianeta. Senza atmosfera non si sarebbe evoluta la vita sulla Terra; anzi la vita stessa sarebbe forse stata impossibile.

Al livello del mare, l'aria è composta dal 20% di ossigeno e dal 78% di azoto (in volume), un gas che rimane inerte durante il processo di respirazione. Seguono argon (1%), anidride carbonica (o diossido di carbonio, 0,04%) e tracce di altri gas. La presenza di così tanto ossigeno è in un certo senso una stranezza. I pianeti del sistema solare dotati di atmosfera sono semmai ricchi di anidride carbonica. L'ossigeno è infatti un sottoprodotto della fotosintesi e si è quindi formato quando il nostro pianeta era già di mezz'età.

Le masse d'aria nella parte inferiore dell'atmosfera, la troposfera, si muovono continuamente a causa del riscaldamento del Sole e del movimento terrestre. L'aria troposferica risente della presenza dei continenti e degli oceani, si gonfia come una spugna trasportando immani quantità di acqua fra parti diverse del pianeta, alimentando fiumi, riempiendo laghi. È a questi movimenti di venti e acqua che dobbiamo l'agricoltura, il cibo, la vita.

Ma a volte qualcosa non va nel verso giusto, almeno secondo i parametri umani. L'energia che l'aria assorbe direttamente dal Sole oppure dal mare aumenta troppo e non viene dissipata rapidamente; si accumula per essere rilasciata in forma di fortissimi venti, immani precipitazioni, o scariche elettriche ad altissimo voltaggio. L'aria protettrice si trasforma in assassina.

Il ciclone del novembre 1970

È l'11 novembre 1970. Un ciclone staziona a 800 chilometri da Chittagong, lungo le coste del Bangladesh orientale. In quel paese già povero e politicamente instabile, gli elementi non hanno mai risparmiato pesanti tributi di distruzione, soprattutto per quanto riguarda le catastrofi dell'aria. Nell'oceano indiano le perturbazioni più violente prendono il nome di cicloni. Si tratta di enormi aree di bassa pressione che nell'emisfero nord la rotazione della Terra fa girare in senso antiorario. La perturbazione si muove verso ovest mentre le velocità dei venti aumentano fino a raggiungere i cento chilometri orari. Il 13 novembre il ciclone invade la regione del delta del Gange mentre i venti aumentano ancora di velocità. La forza del vento porta notevole distruzione, ma non è questa la causa principale di morte. Presso le coste, la terra si eleva di pochi metri dal livello del mare. In presenza di un'area di bassa pressione atmosferica, l'acqua rubata all'oceano viene risucchiata e spinta verso l'entroterra con estrema facilità allagando, seppellendo cose e persone, distruggendo i raccolti in un'area di oltre un milione di ettari. La desolazione è totale: le case sono rase al suolo; persone e animali vengono spazzate via. Gli abitanti delle piccole isole, le comunità più fragili durante questo tipo di calamità, non esistono più. Forse più di un milione di persone rimangono uccise.

Il Bangladesh è all'epoca ancora parte del Pakistan orientale ma lo sarà ancora per poco: l'anno seguente con l'aiuto dell'India ottiene l'indipendenza, anche a causa del risentimento contro le autorità pakistane, lente e parche negli aiuti. Viene da porsi la domanda: perché occupare una regione così instabile e chiaramente afflitta da catastrofi periodiche? La risposta è semplice: si tratta di una regione fertile che fornisce un carico alimentare indispensabile per l'economia di un'intera nazione.

4. La parte leggera del pianeta

Per comprendere la formazione dei cicloni e di altre catastrofi dell'aria occorre esaminare brevemente il comportamento fisico della nostra atmosfera.

Quando l'aria si riscalda

La prima volta che l'uomo riuscì a sollevarsi da terra fu grazie alle mongolfiere, grossi palloni riempiti di aria calda (Fig. 4.1). L'aria calda ha tendenza a muoversi verso l'alto, come mostra il semplice fumo di una sigaretta. Questo perché l'aria riscaldata si espande, diviene più rarefatta e risale attraverso l'aria circostante più fredda e densa.

Fig. 4.1 La mongolfiera in una vecchia illustrazione

Questo fenomeno, detto convezione, è fondamentale in meteorologia perché regola i grandi movimenti globali di masse atmosferiche, ed è lo stesso che agisce nelle profondità del mantello terrestre. Anche le brezze più modeste sono spesso regolate dalla convezione locale delle masse d'aria. In una giornata estiva e assolata sulle spiagge mediterranee, il terreno viene riscaldato molto dal Sole. Nel pomeriggio il calore accumulato è ceduto all'aria che risale, mentre un effetto opposto avviene sulla superficie del mare. Si genera così una brezza di mare, diretta dal mare verso la terra. Ma l'acqua mantiene il calore per un tempo più lungo. Quindi durante la notte il calore viene ceduto dal mare all'aria. La cella s'inverte e durante la sera la brezza spira dalla terra al mare.

Il calore proviene dal Sole; assorbito dalla terra e trasmesso all'aria, viene così scambiato tra diverse parti dell'atmosfera.

La pressione atmosferica

Fu il matematico e fisico Evangelista Torricelli, grande ammiratore di Galileo Galilei, a risvegliare l'interesse della meteorologia sopito ormai da millenni. Torricelli stava studiando per conto dell'accademia fiorentina del Cimento un problema apparentemente scollegato con la meteorologia: l'esistenza o meno del vuoto. Per secoli i filosofi dell'antichità e del Medioevo presero per valida la teoria aristotelica dell'*horror vacui*, secondo la quale il vuoto non poteva esistere. Tutto il mondo che ci circonda è riempito di materia nella forma di uno dei quattro elementi: aria, acqua, terra e fuoco. Intorno al 1644, Torricelli fu il primo a creare il vuoto in modo evidente. Prese una bacinella piena di "argento vivo" (mercurio), sospese una cannuccia verticalmente che pure riempì di mercurio e sigillò alla sommità.

Torricelli notò che il mercurio si abbassava fino a raggiungere un'altezza di circa settantasei centimetri. È evidente che nel volume della cannuccia compreso tra il sigillo e la superficie di mercurio si era creato il vuoto. Ma cosa manteneva il mercurio sospeso nella cannuccia? Secondo Torricelli viviamo sul fondo di un oceano "elementare", un oceano non di acqua ma di aria. È il peso dell'aria sul mercurio della bacinella a impedire lo svuotamento della cannuccia. Usando la terminologia moderna, la pressione dell'aria.

Torricelli non solo aveva dimostrato la vacuità della teoria dell'horror vacui. Aveva anche inventato il barometro, che consente di rivelare la pressione atmosferica e anche di misurarla, dato che i famosi settantasei centimetri variano a seconda della pressione atmosferica. Oggi la pressione atmosferica è uno dei parametri più importanti della ricerca e della previsione meteorologica. La pressione dell'aria e le sue variazioni sono misurate in *millibar*. Un millibar è equivalente a un *ettopascal*. La pressione normale dell'aria, corrispondente a settantasei centimetri di mercurio, è di circa 1.000 ettopascal (per l'esattezza di 1013,25). Equivale circa alla forza esercitata da un chilo sulla superficie di un centimetro quadrato. Come abbiamo detto, la pressione varia nello spazio e nel tempo. Nelle zone di bassa pressione, dette cicloniche, la pressione si abbassa di solito a 990-980 ettopascal. Nelle zone anticicloniche di alta pressione si alza a 1020-1030 ettopascal. La bassa pressione è di solito associata al cattivo tempo e alla tempesta, l'alta pressione a condizioni di bel tempo. La pressione più bassa mai misurata è stata di 870 ettopascal all'interno di un tifone del Pacifico nel 1979. La più alta (1092 ettopascal) fu rilevata nel 2004 nel mezzo della Mongolia.

La pressione diminuisce con l'altezza in quanto decresce la colonna d'aria che pesa su ogni centimetro quadrato. In maniera approssimativa, ogni cinque chilometri e mezzo la pressione decresce del 50%.

L'atmosfera ideale

Un'idea di come sarebbe un pianeta privo di atmosfera ce l'abbiamo già. Basta guardare la superficie della luna per accorgersi di come tutto sia così diverso rispetto alla Terra. Quando sulla luna è notte, le temperature si abbassano ben al di sotto delle più basse temperature terrestri. Ma quando viene il giorno, il terreno lunare assorbe il calore del sole e lo riemette a temperature più basse, raggiungendo un equilibrio termico. Le temperature giornaliere raggiungono valori da forno. L'escursione termica massima tra il giorno e la notte è così di circa trecento gradi. Il terminatore, cioè la linea che separa il giorno dalla notte, deve essere un luogo molto particolare sulla luna, dove le temperature cambiano di centinaia di gradi in breve tempo.

L'atmosfera gioca un ruolo essenziale nel ridistribuire le temperature sulla Terra. Se la Terra non ruotasse, si formerebbero delle celle di convezione in cui l'aria viene riscaldata maggiormente all'equatore che ai poli. L'aria risalirebbe all'equatore per ridiscendere ai poli. Ma a causa della rotazione terrestre, l'aria che risale all'equatore viene in realtà deviata, chiudendo la cella di convezione a una latitudine di 30 gradi, dove si forma una zona di alta pressione. È a queste latitudini che si forma l'anticiclone delle Azzorre, di importanza fondamentale nel mantenere l'alta pressione nell'area mediterranea.

4.2 Struttura dell'atmosfera

La troposfera e la stratosfera

È l'autunno 1804 e il famoso chimico francese Gay-Lussac si appresta a partire per un'esplorazione scientifica molto particolare. Allo scopo di studiare i primi chilometri di atmosfera, la repubblica francese ha allestito per lui un volo verticale in mongolfiera. Le mongolfiere esistono da parecchi decenni, ma è solo all'inizio del XIX secolo che vengono usate per studi scientifici. Possiamo solo immaginare l'eccitazione del momento. Quei pochi chilometri di distanza rappresentano un tassello importante nelle conoscenze scientifiche dell'epoca. Si favoleggiava della decrescita del campo magnetico terrestre fino alla sua scomparsa. Uno scienziato dilettante pensava che i fenomeni elettrici, allora in pieno studio, diminuissero di intensità con l'altezza nell'atmosfera. Ma ancora più importante per Gay-Lussac, chimico di professione, era studiare le proprietà del gas che ci permette la vita. Cambia forse di composizione a qualche chilometro sopra le nostre teste?

La mongolfiera sale fino a circa sette chilometri, raccogliendo molti dati interessanti. Ma la spedizione finisce quasi tragicamente. Gay-Lussac trova con stupore che la temperatura diminuisce in maniera drammatica con l'altezza. Quando torna a terra ha sfiorato la morte per assideramento.

L'atmosfera avvolge la Terra in un manto protettivo alto fino a mille chilometri. Ma è nei primi dieci, in quello strato più denso chiamato troposfera, che avvengono i fenomeni meteorologici. Per la precisione, la troposfera è alta circa otto chilometri ai poli, ma cresce fino a quasi venti nelle zone equatoriali. Questo differenza è dovuta sia all'accelerazione centrifuga presente all'equatore (conseguenza della rotazione terrestre), sia al maggiore riscaldamento del sole, il quale genera imponenti movimenti verticali delle masse d'aria. La Fig. 4.2 mostra l'an-

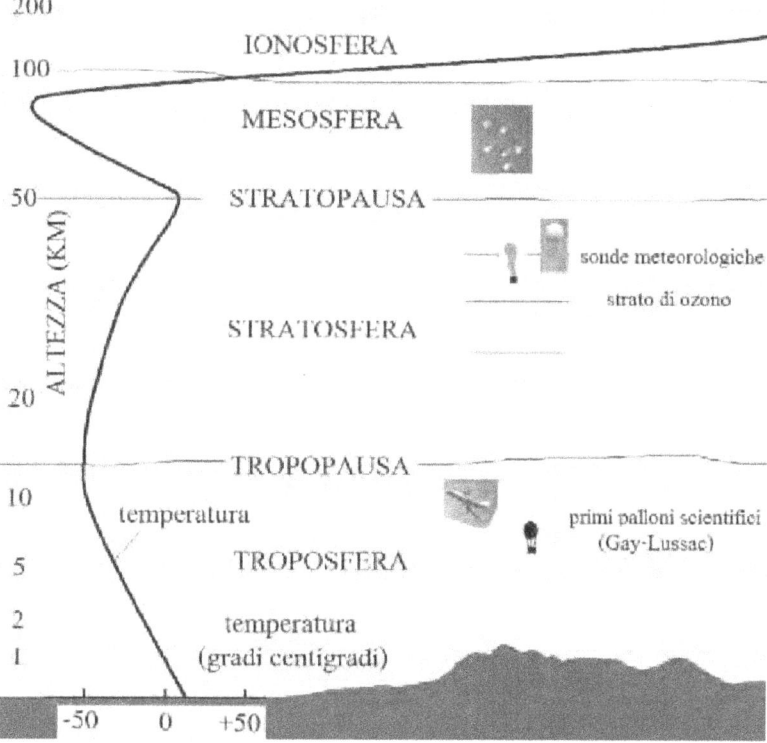

Fig. 4.2 Struttura verticale dell'atmosfera. La linea scura diretta dal basso verso l'alto mostra la temperatura (la scala delle temperature è riportata in basso). I palloni sonda, riempiti di gas leggeri come l'elio, giungono fino ad altezze di 40 chilometri. Assai più in alto dei vecchi palloni aerostatici alla Gay-Lussac i quali, essendo riempiti di aria calda, non erano in grado di superare la tropopausa, lo strato di inversione termica tra troposfera e stratosfera

damento della temperatura media atmosferica con l'altezza. Come Gay-Lussac apprese in maniera brutale, la temperatura diminuisce con l'altezza nello strato inferiore a confine col suolo a un ritmo di circa sei gradi e mezzo per chilometro. Questo accade perché una gran parte del calore assorbito dall'aria viene ceduto direttamente dal suolo. È questo il motivo principale per cui in montagna fa più freddo che in pianura. Il gradiente di temperatura può anche cambiare da un giorno all'altro a seconda delle condizioni atmosferiche locali. Ad esempio, nel corso di una nottata senza nuvole il suolo cede moltissima energia all'aria, raffreddandosi. La mattina potrà essere molto fredda. Se invece il cielo rimane coperto durante la notte il raffreddamento del suolo ne è ritardato, e le temperature mattutine saranno maggiori. In caso di forte raffreddamento del suolo, le prime centinaia di metri di aria sviluppano un'inversione termica in cui la temperatura aumenta anziché diminuire con l'altezza. I movimenti convettivi divengono impossibili così come lo sarebbe il volo di una mongolfiera (perché l'aria calda vada verso l'alto è necessario che essa incontri strati più freddi e quindi più densi, e non viceversa).

La presenza di un forte riscaldamento alla base è responsabile dei grandi movimenti verticali che avvengono solo nella troposfera. Questi movimenti, che generano i temporali, sono importanti anche nel disperdere le particelle solide e liquide, gli aerosol. La troposfera contiene quasi tutta l'acqua atmosferica della Terra per un totale di qualche chilometro cubo. È anche a causa della presenza di acqua, che la troposfera è uno strato assai attivo.

La fine della troposfera è contraddistinta da un livello spesso una decina di chilometri nel quale la temperatura non diminuisce più, ma rimane uguale a circa cinquanta gradi sotto zero. Comincia così la stratosfera.

Da gas noto solo agli specialisti dell'alta atmosfera, l'ozono è divenuto uno dei protagonisti della discussione ambientale degli ultimi trent'anni. La molecola è formata da tre atomi di ossigeno anziché due come il normale ossigeno molecolare. L'ozono si forma quando le radiazioni ultraviolette di alta energia provenienti dal Sole spezzano la molecola classica di ossigeno in due atomi, uno dei quali si ricombina con una molecola di ossigeno. L'ozono è importante in quanto capace di schermare i raggi ultravioletti più energetici e più pericolosi per gli esseri viventi. A un'altezza compresa tra 20 e 50 chilometri, l'assorbimento di radiazione ultravioletta riscalda l'aria. Di conseguenza, nell'alta stratosfera la temperatura aumenta e non diminuisce con l'altezza, fino a raggiungere un massimo di circa zero gradi al limite tra la stratosfera e lo strato successivo, la mesosfera, dove l'ossigeno comincia a scarseggiare e l'aria torna a raffreddarsi. L'inversione termica dell'alta stratosfera ha importanti conseguenze. L'aria calda va verso alto solo se la temperatura diminuisce con l'altezza, come accade nella troposfera. Se invece la temperatura aumenta e non diminuisce con l'altezza, una porzione di aria riscaldata non riesce a sollevarsi. Il rimescolamento verticale dell'aria, così tipico della troposfera, sparisce nella stratosfera, il cui nome indica proprio la marcata tendenza alla stratificazione orizzontale. A causa dell'inversione termica, una cella d'aria calda in movimento verso l'alto non riesce a penetrare la stratosfera. Si espande quindi lateralmente dando origine a una struttura a incudine. Anche la forma di un fungo atomico o di una nube di cenere di un'eruzione vulcanica esplosiva ha la stessa origine.

Secco e umido, caldo e freddo: la fisica dell'aria

Che sia in forma solida (ghiaccio), liquida, o gassosa (vapore), l'acqua nell'aria ha un'importanza fondamentale. La presenza di acqua liquida nell'atmosfera è tradita dalla presenza delle nuvole, composte di piccole gocce. Il vapore è invece invisibile; lo percepiamo fisicamente nelle giornate afose in cui l'igrometro sale sopra l'80%. Possiamo facilmente creare il vapore facendo bollire una pentola piena d'acqua. L'acqua passa allora dallo stato liquido a quello gassoso, rendendo così l'aria più umida. Se l'ebollizione avviene in una stanza chiusa senza ricambio di aria, esiste un limite alla quantità di vapore che l'aria può contenere. Ad esempio, in una cucina grande venticinque metri cubi e a temperatura ambiente potremmo al massimo farci stare mezzo litro d'acqua. Raggiunto questo limite, l'ambiente è divenuto saturo e l'umidità ha raggiunto il 100%. Un'ulteriore evaporazione di acqua dalla pentola deve portare a condensazione di acqua all'interno della cucina. Il bagno turco è un altro esempio di ambiente dove il vapore satura l'aria completamente.

La quantità di acqua che può contenere un metro cubo di aria non è sempre la stessa, ma come illustra il grafico in Fig. 4.3, dipende in maniera drammatica dalla temperatura. A venti gradi sotto zero un metro cubo d'aria può contenere al massimo due grammi di acqua sottoforma di vapore. A zero gradi c'è spazio per quattro grammi d'acqua e a quaranta gradi per cinquanta grammi. In altre parole, ad alte temperature l'aria ha la capacità di assorbire l'acqua come una spugna, qualità di grande importanza in meteorologia. Nel processi industriali, per far condensare l'acqua in un certo ambiente possiamo quindi ricorrere a due sistemi. O aumentiamo la quantità di vapore presente, oppure abbassiamo la temperatura. Ecco perché le condense si formano soprattutto sui vetri esterni della cucina e sui parabrezza delle auto, di solito a temperatura più bassa. Un metro cubo di acqua pieno di vapore pesa meno, e non di più di un metro cubo di aria secca. Questo perché la molecola di acqua è un po' più leggera della molecola media di aria.

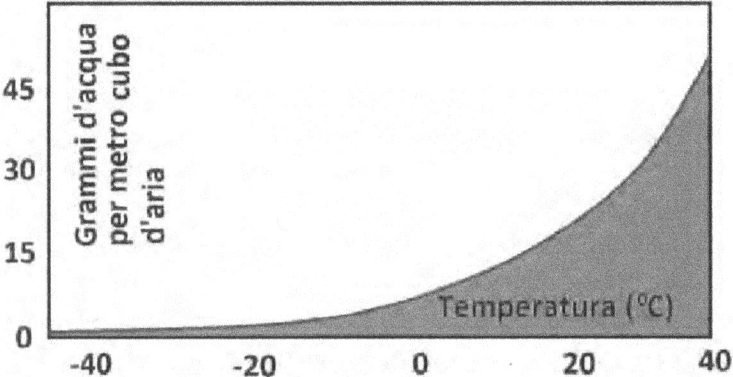

Fig. 4.3 A venti gradi sotto zero un metro cubo d'acqua può contenere al massimo due grammi di acqua sottoforma di vapore. A zero gradi c'è spazio per quattro grammi d'acqua e a quaranta gradi per cinquanta grammi

Formazione delle nuvole

Le nuvole orografiche stazionano spesso tra i crinali delle montagne sottovento, hanno spesso forma lenticolare e ogni anno molti escursionisti le scambiano per UFO. Consideriamo una certa quantità di aria a temperatura di 32^0 e contenuto d'acqua di 16 grammi di acqua per metro cubo. Aria così calda si è formata per esempio in una conca valliva durante una giornata soleggiata. Nel grafico di Fig. 4.4, la bolla di aria è rappresentata dal quadrato sulla destra. Poiché il quadrato sta al di sotto della curva di saturazione, l'acqua è in forma di vapore (sottosaturazione). Supponiamo che l'aria venga spinta verso la montagna dalla presenza di una perturbazione, e costretta dalla catena montuosa a muoversi verso l'alto. L'aria in ascesa si raffredda in quanto compie lavoro contro l'aria circostante (in pratica, deve usare energia per espandersi), un fenomeno noto come decompressione adiabatica. Quindi il quadrato che rappresenta l'aria si muove verso sinistra nel grafico della figura, fino a raggiungere prima o poi la curva di saturazione. A questo punto l'aria diviene soprassatura; il vapore all'interno preme per passare allo stato liquido.

Ma la transizione non è così semplice. Appena l'aria giunge al punto di saturazione, non avviene alcuna condensazione. Perché si formi acqua in forma liquida è infatti necessario che la temperatura sia molto al di sotto del punto di saturazione. A quel punto avviene la forma-

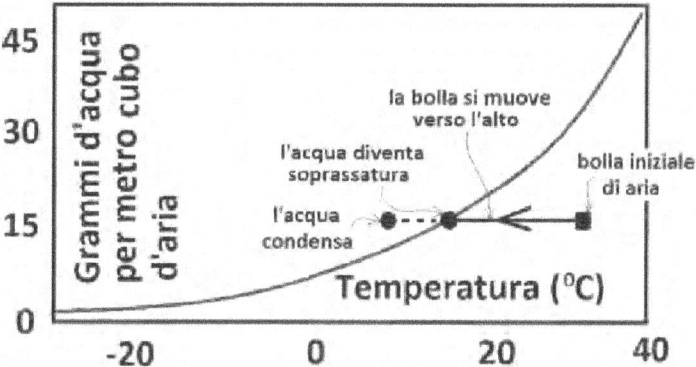

Fig. 4.4 Traiettoria della bolla d'aria descritta nel testo

zione di goccioline molto piccole, del diametro di qualche millesimo di millimetro. La condensazione è favorita da impurità solide presenti nell'aria. Anche se l'acqua è molto più pesante dell'aria, le goccioline non cadono ma rimangono sospese. Infatti sono soggette alla resistenza dell'aria, una forza grande rispetto alla gravità per le gocce più piccole. Solo le gocce più grandi possono vincere la resistenza dell'aria e cadere sottoforma di pioggia. È così che le nuvole, pur essendo composte di acqua liquida, se ne stanno su nel cielo. Bianchissime in quanto composte di goccioline di qualche centinaio di micron.

Abbiamo visto (← vol. 1) come i terremoti abbiano spesso mutato il corso della storia, abbattendo città prosperose e cancellando dalla storia intere civiltà. Ma è il tempo meteorologico che forse più di tutti gli eventi calamitosi ha condizionato la storia dell'uomo durante episodi particolarmente critici. Gli eventi meteorologici, perfino se non catastrofici, hanno una diretta conseguenza nella vita di ogni giorno.

4.3 Temporali e tempeste

Le legioni perdute di Varo
Per quanto violento, un temporale d'autunno non è di per sé un evento raro né calamitoso. Ma se avviene in un momento critico può modificare il corso della storia.

All'inizio di settembre dell'anno 9 d.C., la settima, l'ottava, e la nona legione romana insieme a coorti di ausiliari e di cavalleria pesante campeggiavano nella zona tra i fiumi Weser e Elm, nei pressi dell'attuale Bielefeld. Erano guidati dal tribuno Varo. L'Alemannia era una terra molto difficile, popolata da genti indomabili e rozze agli occhi dei Romani del primo Impero. Anche se politicamente poco organizzati e militarmente dilettanti se paragonati alle legioni romane, i guerrieri germanici erano però forti e coraggiosi. E ovviamente conoscevano alla perfezione il loro territorio.

L'accozzaglia di tribù germaniche, composta soprattutto dai cherusci, era guidata da un uomo intelligente. Arminio aveva fatto il militare ausiliario nelle file romane proprio sotto il comando di Varo, ma in cuor suo avrebbe voluto riunire i popoli germanici contro Roma. Arminio era dunque in una posizione privilegiata; non solo suscitava rispetto presso le tribù germaniche, ma conosceva bene la strategia militare romana. Sembrava però difficile aver ragione di tre legioni. Nel campo aperto delle radure, là dove la tecnica e la disciplina avevano la meglio sulla sorpresa e l'audacia, gli arcieri romani potevano fare strage. Solo tra i mille anfratti della selva e le ombre degli alberi, i germani sarebbero stati favoriti da tecniche di attacco ravvicinato, di guerriglia diremmo oggi.

Nello scacchiere politico dell'epoca, l'Alemannia era la regione più calda. Giulio Cesare aveva tentato anni prima di assoggettare queste genti e aveva compreso che Roma ne avrebbe avuto ragione solo mettendole le une contro le altre. Ma Cesare era morto e suo nipote Ottaviano Augusto, primo imperatore di Roma, era da anni alle prese con trambusti e rivolte in Germania del Nord. Aveva così pensato di mandare un valido tribuno, Tiberio, a soffocare la rivolta dei Cherusci e poi dei Longobardi (che restituiranno la visita in Nord Italia cinque secoli più tardi) e infine dei Marcomanni in Boemia. Ma anche la Pannonia era in rivolta e Tiberio aveva dovuto lasciare la campagna Germanica in mano a qualcun altro: Varo, appunto. Il nuovo legato si rivelò presto arrogante come politico e incapace come militare. Anche se i romani apparivano invincibili come soldati pronti e disciplinati, soltanto uno sprovveduto avrebbe preso sotto gamba la situazione in Alemannia. Varo non aveva tenuto fede alle voci di un possibile agguato e pensava che Arminio non avrebbe attaccato in virtù dei suoi passati legami con l'esercito romano. Si sentiva tanto sicuro da non mandare avanscoperte, né partecipava attivamente alle manovre.

Era l'11 settembre e i romani si dirigevano verso la fortezza sul Reno. Le truppe marciavano in maniera ordinata, ostentando sicurezza. Ma i barbari non li avevano mai persi d'occhio. Arminio sapeva che le legioni dovevano affrontare il "Saltus teutoburgiensis", una gola stretta e ripida contornata da fitta foresta dove il combattimento in campo aperto è impossibile. Arminio piazzò i suoi uomini sui due lati della gola: la trappola era pronta. Ma ancora prima di dare l'ordine, avvenne qualcosa di inaspettato. Nelle parole di Svetonio:

> I romani avevano con sé carri di animali come avrebbero avuto in periodo di pace... Improvvisamente si sviluppò un violento nubifragio e una tempesta causò ulteriore impedimento alla colonna militare... il terreno intorno le radici degli alberi e gli alberi abbattuti divennero un fiume scivoloso rendendo ogni movimento pericoloso e gli alberi caddero addosso ai romani... mentre i romani lottavano contro gli elementi, i barbari li circondarono improvvisamente, riempiendo ogni anfratto (fra gli alberi) in quel territorio a loro così familiare... i romani furono sopraffatti, subirono molte perdite ed erano incapaci di contrattaccare.

La battaglia durò tre giorni durante i quali i romani, sempre più stanchi e scoraggiati, bagnati e con le armi appesantite dal fango, furono uccisi a migliaia e le tre legioni annientate. Augusto per giorni non seppe darsi pace per la sconfitta e non era solo una questione di onore militare: Arminio aveva ora la forza per marciare su Roma. E forse l'avrebbe fatto se fosse riuscito ad allearsi ai Marcomanni, che però preferirono rimanere fedeli all'impero. Roma non fu attaccata, ma dovette rinunciare per sempre ai territori a nord del Reno. Se Varo non avesse perso le legioni, la storia d'Europa avrebbe preso un'altra direzione in quanto Germania e Gallia si sarebbero probabilmente latinizzate. Forse oggi il mondo sarebbe radicalmente diverso senza un violento temporale avvenuto quell'undici settembre di duemila anni fa.

L'origine dei temporali: le termiche
Ogni giorno hanno luogo circa quarantamila temporali sulla superficie terrestre. All'origine del temporale vi è sempre un movimento verso l'alto di aria ricca di acqua. Quattro sono le possibili cause del moto ascensionale. La prima è la presenza di un *fronte freddo*. Se apriamo la porta di un freezer o di un frigorifero durante una gior-

nata calda, creiamo un piccolo flusso di aria fredda e pesante che scende verso il basso. In maniera analoga, l'aria fredda tende a muoversi orizzontalmente rimanendo in contatto col suolo. Il fronte freddo agisce quindi come un cuneo nei confronti dell'aria circostante più calda, costretta così a muoversi verso l'alto. Se è invece un *fronte caldo* a incontrare dell'aria più fredda, deve muoversi al di sopra. Durante le giornate molto soleggiate, si creano al suolo *isole di calore*, vere e proprie bolle di aria calda inizialmente delle dimensioni di centinaia di metri. Le bolle crescono e muovendosi verso l'alto trascinano altre porzioni di aria, senza scambiare calore. Infine, la quarta possibile causa del moto ascensionale ha a che fare con le montagne. Quando l'aria in moto orizzontale incontra una catena montuosa, è costretta a spostarsi verso l'alto, e ricadendo produce un vento caldo e secco come il fohn. In effetti questi fenomeni sono spesso notati proprio in montagna, dove gli escursionisti sanno ben riconoscere le tipiche nubi associate alle correnti ascensionali. Gli appassionati di volo a vela e parapendio sono a caccia di queste correnti chiamate anche *termiche*, che consentono una rapida ascesa senza fatica. Naturalmente l'aquila ci ha pensato prima dell'uomo, e prima ancora anche i grandi rettili volanti dell'era dei dinosauri, dotati di apertura alare così esagerata da non essere in grado di battere le ali.

Una volta che il movimento verticale dell'aria è iniziato occorre che si amplifichi: la spinta iniziale in genere non basta perché si generi un temporale. Se l'isola di calore è molto grande (un'intera città, una pianura calda, o addirittura un oceano) e se la temperatura al suolo è molto elevata, come sopra una delle nostre città di cemento durante i mesi di luglio e agosto, la quantità di aria sarà estesa. Ecco perché i temporali si sviluppano sempre più di frequente nelle grandi città. Ma anche questo spesso non basta. È ancora l'acqua il motore supplementare che permette alla cellula temporalesca di formarsi. Abbiamo visto che quando l'aria calda si muove verso l'alto, ha la tendenza a raffreddarsi per il fenomeno della decompressione adiabatica. Se l'aria è secca, il raffreddamento è di ben un grado per ogni cento metri di ascensione. Quasi il doppio del gradiente di temperatura dell'aria circostante, che è di circa 0,65 gradi per ogni cento metri. In altre parole, l'aspirante cella temporalesca diminuisce di quasi mezzo grado di temperatura rispetto all'aria circostante per ogni cento metri di ascensione. Troppo rapidamente perché si generi una cella temporalesca, che richiede un'estensione verticale pari all'intera troposfera.

Ma quando è presente del vapore all'interno dell'aria, le cose finiscono diversamente. Supponiamo che per ogni metro cubo dell'aria in ascensione siano presenti anche soli tre grammi di acqua in forma di invisibile vapore. Mano a mano che l'aria sale e la temperatura diminuisce, viene raggiunto il punto di saturazione e l'acqua comincia a condensare. Se tutti e tre i grammi di vapore si trasformano in acqua, riescono ad aumentare la temperatura dell'aria di ben due gradi cedendo il cosiddetto *calore latente di condensazione* e regalando un surplus ascensionale di circa quattrocento metri. A questo punto la nuvola è alta qualche chilometro e prende il nome di *Cumulus congestus*. Per poter trasformarsi in un cumulonembo temporalesco è necessario che la nube si muova ancora più in alto. La spinta addizionale viene fornita dalla caduta di pressione all'interno della parte alta della nuvola. Si genera così un risucchio di aria e una circolazione di raffiche che spingono l'aria dalla terra verso la nube. Grazie a questo effetto, la nube riesce a raggiungere la parte alta della troposfera. Incontrata la tropopausa, il moto ascensionale si blocca e la nube si apre a forma a incudine. Il temporale è in pieno sviluppo.

Mentre la nube sale, le goccioline cozzano tra loro, finendo così per unirsi e crescere. Divengono sempre più pesanti, ma all'inizio le correnti ascensionali non permettono loro di cadere. Se la temperatura dentro la nube è dappertutto sopra lo zero, alcune delle gocce più grandi non sono più sostenute e cadono nel campo di gravità. Così facendo rastrellano altre gocce più piccole lungo il tragitto, crescono di dimensioni e cadono sottoforma di pioggia. Se invece la parte alta della nube è a temperatura sottozero (come può accadere alle medie e alte latitudini), il processo è più complesso perché passa attraverso la formazione di ghiaccio.

L'enorme potenza delle termiche temporalesche

È la domenica pomeriggio del 26 luglio 1959. Per l'esperto tenente colonnello William Rankin, il volo da South Weymouth nel Massachusetts a Beaufort nella North Carolina è di routine. Sorvolata una tempesta prevista vicino Norfolk, il motore del suo F8U si rompe in modo irrimediabile e Rankin deve abbandonare l'aereo. Possiamo solo immaginare la paura che perfino un veterano della guerra di Corea dovette provare nel saltare col paracadute proprio nel mezzo di una tempesta in pieno sviluppo. Ma Rankin non immagina che le cattive sorprese sarebbero state anche maggiori del previsto. All'altezza del lancio di 14.000 metri la temperatura è di quasi sessanta gradi sotto zero e Rankin è poco protetto dalla leggera tuta estiva. Sente sulla pelle l'effetto della bassa pressione all'interno di una cella temporalesca, quando ha l'impressione che il suo corpo esploda e gli occhi escano dalle orbite. Azionato da un altimetro, il paracadute automatico si apre a tremila metri di altitudine. Almeno così crede Rankin sul momento. Ma l'altimetro non è altro che un barometro tarato per le condizioni di bel tempo, e chissà a quale altezza si è aperto, disturbato dalle notevoli variazioni di pressione.

> Fui come issato su e giù, ogni volta di duemila metri (effetto delle correnti ascendenti). Durò un tempo molto lungo... quando sentii uno scoppio violento appiccicarmi conto il nylon del paracadute, ebbi la certezza che non si sarebbe più riaperto. Ma per qualche miracolo ricaddi (prima che il paracadute lo avvolgesse completamente) e il paracadute si aprì di nuovo... La prima esplosione di temporale la sentii nei denti. Fu un'insopportabile sensazione fisica. Se non avessi avuto l'elmetto, l'esplosione mi avrebbe distrutto i timpani... Vidi i fulmini attorno in ogni foggia immaginabile... quando molto vicini, apparivano come fogli bluastri spessi qualche metro, a volte attaccati a me in coppie, come le lame di un paio di forbici, ed ebbi l'impressione che prima o poi mi avrebbero segato in due. Era così umido che temevo di annegare... pensavo quanto sarebbe stato ironico, ti troveranno a penzolare da qualche albero coi polmoni pieni di acqua, chiedendosi come diavolo hai fatto ad annegare.

A un certo punto Rankin nota diminuire la turbolenza; vede sotto di sé un mare verde di alberi. Il suolo, la salvezza. Sono passati quarantacinque minuti dall'avaria dell'aereo.

L'esperienza del pilota ci mostra l'importanza delle correnti ascensionali in una cella temporalesca. Si tratta di correnti di enorme potenza, capaci di ridistribuire l'aria nelle celle temporalesche e di far andare su e giù un uomo come fosse uno jo-jo.

I fenomeni elettrici atmosferici

Chi non ha mai subito il fascino sinistro del fulmine, una scarica elettrica attraverso l'aria di milioni volt, il più evidente, spaventoso e pericoloso dei prodotti dei temporali? Non sono un fenomeno raro: ogni giorno si formano circa quarantamila temporali in tutto il globo e in ciascuno di essi si scaricano decine di fulmini. Se si potesse imbrigliare questa energia avremmo a disposizione una potenza di quattro milioni di Megawatt. La quantità di calore rilasciato da un fulmine lascia esterrefatti. Si pensi che l'aria viene riscaldata a una temperatura di 27.500 gradi, cinque volte la temperatura del Sole!

L'atmosfera si comporta come un condensatore in cui la superficie terrestre è l'armatura negativa, mentre quella positiva si trova a qualche decina di chilometri d'altezza. Si stabilisce così una differenza di potenziale di circa 100 volt per ogni metro verticale. Contrariamente a quanto spesso si pensa, i fulmini non scaricano il condensatore atmosferico, ma lo caricano continuamente. Se non fosse per i fulmini, la differenza di potenziale nell'atmosfera si annullerebbe entro poche decine di minuti a causa di particelle cariche (ioni).

Per capire come si generano i fulmini, occorre per prima cosa spiegare la separazione di cariche durante il temporale. In teoria, nulla è più facile che separare le cariche elettriche. L'elettricità stessa fu inizialmente studiata mediante il semplice strofinio di bacchette d'ambra con un panno di lana ("elektron" significa appunto "ambra" in greco). Lo strofinio causa la separazione di alcuni elettroni (carichi negativamente) dai loro nuclei, carichi positivamente. Eppure i fulmini restano ancora un mistero. Capire come avviene la separazione di cariche nell'atmosfera è risultato infatti più difficile del previsto. Vediamo una delle teorie più accreditate.

Abbiamo visto che all'interno delle nubi temporalesche solo le gocce e i cristalli di ghiaccio più piccoli vengono trasportati verso l'alto dalle correnti ascendenti. Quelli più grossi sono troppo pesanti e finiscono per cadere nel campo di gravità. Se un corpo conduttore viene posto vicino ad una carica esterna negativa Q, la parte del conduttore vicina a Q si carica positivamente, mentre la parte lontana si carica negativamente. Questo fenomeno prende il nome di induzione elettrostatica. Poiché la Terra è carica negativamente, per induzione elettrostatica una goccia in caduta assume carica positiva nella parte in basso, e negativa nella parte in alto. Ma il fronte della goccia in caduta intercetta un mare di gocce più piccole e così facendo cede loro parte della loro carica positiva. Inoltre la nuvola è ricca di ioni. Gli ioni positivi si allontanano dal fronte della goccia mentre quelli negativi ne sono attratti. Quindi la goccia in caduta finisce per caricarsi negativamente e cadendo verso la base di una nuvola temporalesca la carica negativamente. Per induzione, il suolo alla base della nuvola si carica perciò positivamente. Si è così formata una differenza di potenziale tra nuvola e terra che può raggiungere le centinaia di milioni di volt. Il campo elettrico è ora molto più forte dei 100 volt per metro presenti durante il bel tempo, tanto che l'aria non riesce a mantenersi integra.

I fulmini

Se i poli opposti di due batterie per auto son fatti avvicinare, scocca a un certo punto una scintilla, manifestazione della capacità limitata dell'aria di sopportare un campo elettrico troppo intenso. Il fulmine è una scintilla di dimensioni assai maggiori.

La fisica del fulmine è complessa e non ancora del tutto capita. A prima vista un fulmine ci appare come un unico, rapidissimo evento. Ma se potessimo osservarlo diecimila volte più lentamente, saremmo sorpresi dalla complessità del fenomeno e dal movimento delle cariche elettriche, che cambia direzione molte volte. Tutto comincia con la *scarica guida* (Fig. 4.5). Parte dalla nuvola verso la terra, ed è composta da cariche negative. La scarica guida procede a balzi, ciascuno della lunghezza di un centinaio di metri e della durata di qualche milionesimo di secondo. Si muove a circa un sesto della velocità della luce, ma terminato un balzo si arresta per circa un decimillesimo di secondo. La scarica guida segue spesso un cammino tortuoso lungo fino a parecchi chilometri di lunghezza, ma è larga solo pochi millimetri. Quando si avvicina troppo al suolo, il campo elettrico tra il fronte della scarica guida e il suolo diviene troppo elevato; avviene così una scarica dalla terra fino al fronte della scarica guida, ancora sospesa a mezz'aria, il *lampo principale* (Fig. 4.5). Viaggia a un quarto della velocità della luce e una volta raggiunto il fronte della scarica guida, ne sfrutta il canale da lei creato raggiungendo la base della nube. A questo punto parte un'altra scarica dalla nube verso la terra

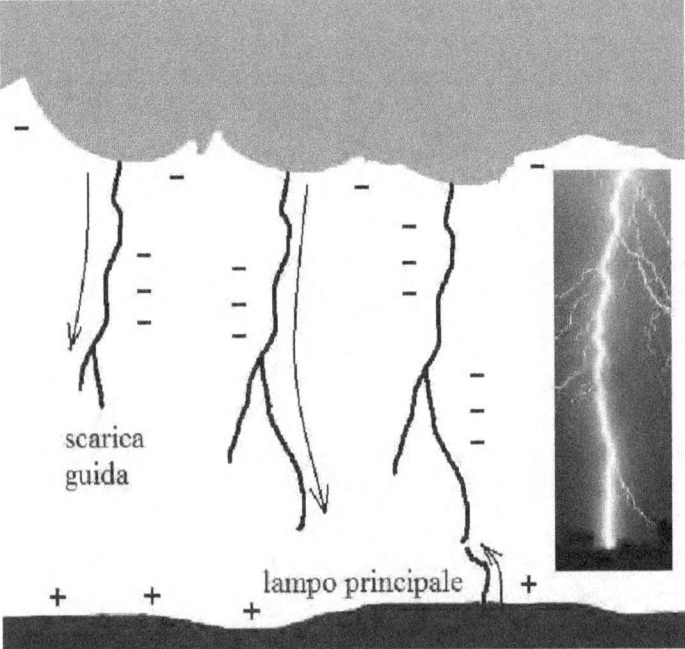

Fig. 4.5 Scarica guida e lampo principale durante il fulmine

a sfruttare lo stesso cammino, e poi di nuovo altre scariche via via meno luminose dalla terra alla nube. Il tutto si ripete più volte per la durata totale di qualche centesimo di secondo; il fulmine vero e proprio è quindi la risultante di moltissimi "flash" rapidissimi (Fig. 4.6). Quando il fulmine colpisce il suolo, dal punto di contatto si ramificano parallelamente al suolo una serie di canali di scarica. Se la scarica avviene su un terreno non consolidato (ad esempio una spiaggia) i granuli fondono formando così una roccia, la folgorite (Fig. 4.6).

Associato al fulmine è il tuono, causato dalla frustata che il movimento degli ioni ad altissima velocità impartisce all'aria. Si è scoperto di recente che i fulmini emettono perfino raggi gamma, anche se non di intensità tale da rappresentare un pericolo.

Qualche numero per finire: la corrente trasportata in un fulmine può raggiungere 300.000 ampere, per una carica totale di una ventina di coulomb. In un temporale si possono produrre da centinaia a migliaia di fulmini, ma in circostanze da record anche decine di migliaia. Durante il "temporale del secolo" del 12-15 marzo 1993, vennero prodotti un totale di quasi sessantamila fulmini. Al picco si scaricarono ben cinquemila fulmini all'ora.

Fig. 4.6 A sinistra: un fulmine. A destra: quando un fulmine colpisce la sabbia, i canali di propagazione della scarica si saldano a formare una roccia, la folgorite

Il pericolo dei fulmini

Tra gli dèi, Giove non è l'unico a lanciare fulmini punitivi; il dio nordico Thor usa il suo enorme martello, e lo spirito giapponese Raijin un anello di tamburi. Le divinità del temporale o del tuono in molte religioni e culture indicano la paura dell'uomo per i fenomeni elettrici atmosferici. Nell'antichità, gli uomini devono aver notato incendi e distruzioni causate dai fulmini e la morte di persone o animali colpiti direttamente dalla scarica.

Infatti il fulmine è tutt'altro che un fenomeno innocuo. Un migliaio di persone muoiono ogni anno a causa dei fulmini e molte altre subiscono lesioni permanenti. Una vittima famosa (almeno in America) fu il giocatore di golf Lee Trevino, colpito ma non ucciso durante una partita a Chicago nel 1975. Anche i calciatori, in campo aperto durante i temporali, sono tra gli sportivi più colpiti.

Il fulmine cerca di seguire il percorso di minor resistenza elettrica. L'aria ha una resistenza molto elevata, assai maggiore di un albero, di un corpo umano, o di un palo della luce. Ecco perché il fulmine tende a colpire qualsiasi cosa che si erga dal terreno. I bersagli preferiti sono quindi strutture alte in mezzo a zone più basse. Edifici alti come grattacieli o torri in mezzo a edifici molto più bassi saranno nettamente favoriti. Anche oggetti assai più bassi vengono colpiti di preferenza se si ergono da una zona piatta. Alberi o pali nel bel mezzo a una radura, ad esempio: in alcune zone battute da temporali ricorrenti, la mortalità degli alberi causata dai fulmini può raggiungere l'1% annuo. I fulmini colpiscono quindi di preferenza persone che si trovano su aree piatte come spiagge o radure. I gruppi di animali (pecore, mandrie), aumentano il rischio anche perché il calore corporeo forma una colonna d'aria che favorisce l'incanalamento della scarica elettrica. Così molti animali sono stati uccisi da un unico fulmine. Ma i fulmini possono colpire anche in casa, a volte un luogo tutt'altro che sicuro. Viaggiando di preferenza attraverso i cavi e le linee telefoniche, le scariche atmosferiche possono uccidere persone ignare al telefono.

Corso di sopravvivenza: fulmini

La prima cosa da fare se ci si trova all'aperto o lontano da casa è cercar di prevedere la possibile evoluzione del tempo. È estate e il tempo è instabile. Se è umido e ha fatto molto caldo, possono essersi formate le celle temporalesche. Sarebbe meglio trovar riparo prima dell'inizio del temporale. La maggior parte delle vittime sono colpite all'aperto, intente a cercare un rifugio. Se invece si è sorpresi dal temporale all'aperto, evitare di stazionare in una zona piatta, soprattutto se il nostro corpo è l'oggetto più alto della zona. E naturalmente, uscire dall'acqua. I capelli che si drizzano sulla testa possono indicare un'imminente scarica nelle vicinanze. Fra i libri di meteorologia circola la foto di due ragazzi americani, Sean e Michael, sorridenti e divertiti in posa coi loro capelli alzati davanti a un fotografo. I due fratelli erano in escursione al Sequoia National Park, in California. Pochi istanti dopo la foto i ragazzi furono investiti da un fulmine. Un altro turista morì e Sean perse conoscenza. Se si sospetta l'immediata caduta di un fulmine nelle vicinanze, conviene accovacciarsi con i piedi uniti, riducendo al massimo il contatto col suolo.

In casa evitare di stare vicino alle finestre e ai cavi. Mai usare il telefono col cavo. Staccare le televisioni e i computer. Il fulmine può anche seguire le tubature dell'acqua: è proprio necessario fare la doccia durante il temporale? Non sostare davanti all'uscio di casa, uno dei posti più pericolosi in quanto in assenza di cavi da seguire, la corrente elettrica cerca di muoversi lungo la superficie dell'edificio, investendo in pieno lo spazio aperto di finestre e porte.

Stare all'interno di un'auto fornisce una buona protezione perché il campo elettrico all'interno di un conduttore cavo (com'è in effetti un'auto) rimane molto piccolo. Il fulmine che colpisce l'auto tenderà quindi a passare tutt'intorno la carrozzeria dell'auto per poi scaricarsi da una delle gomme. Ma evitare di toccare le parti metalliche dell'auto.

Cosa fare se il fulmine ha colpito una persona? Secondo una diceria, l'elettricità "rimane" all'interno della persona colpita da un fulmine, cosicché il soccorritore potrebbe egli stesso rimanere fulminato.

È possibile che molta gente sia stata soccorsa in ritardo a causa di questa idea falsa. Quando colpisce una persona, una scarica così violenta viaggia attraverso le vene e il fluido cerebro spinale, uscendo spesso dai piedi. La maggior parte delle mortalità deriva dall'arresto cardiaco e dall'insufficienza respiratoria: in pratica la vittima non riesce più a respirare e soffoca.

Quindi se il fulmine ha leso organi vitali in maniera permanente, purtroppo c'è poco da fare. Ma se ha risparmiato il cuore e il cervello, la vita della vittima può dipendere dall'azione dei soccorritori in quei brevi istanti. Prestare immediatamente soccorso e controllare il cuore e la respirazione, praticando se necessario il massaggio cardiaco e la respirazione bocca a bocca.

Quel giorno al Sequoia National Park fu solo l'intervento di Michael e la sua rapida respirazione artificiale a salvare Sean.

5. Catastrofi dell'aria

5.1 I tornado

Il tornado dei tre stati
Ellington, Missouri, 1 marzo 1925. Il primo pomeriggio ha ereditato 21 gradi da un mite sole del mattino e la gente si appresta a godersi il resto della giornata. Verso le tredici un grosso sistema nuvoloso oscura il sole; il tempo sta per cambiare rapidamente ma nessuno può immaginare quanto sta per accadere.

Dalle nuvole nere si sviluppa un vortice di venti impetuosi: è un tornado e fin dall'inizio esibisce un'enorme potenza distruttiva. Comincia la sua devastazione proprio a Ellington, dove uccide un contadino. Continuando il percorso di morte, il tornado si sposta nell'Illinois, devastando la cittadina di Gorham e uccidendo trentaquattro persone. Ma è a Murphysboro che il mostro rotante dà il peggio di sé: soltanto qui 234 persone perdono la vita, un'enormità per una piccola cittadina. Dopo aver devastato l'Illinois e reclamato la vita di 600 persone, il tornado non vuol saperne di annichilarsi: al contrario, cresce di larghezza fino a due chilometri. Viaggiando a cento chilometri all'ora lungo un percorso imprevedibile, non lascia scampo a chi si trova lungo la traiettoria. E prima di placarsi fa ancora in tempo a devastare l'Indiana. Il bilancio non ha eguali negli Stati Uniti per un tornado: 695 persone uccise, 15.000 case distrutte, tre stati devastati lungo un percorso di 352 chilometri.

Un ciclone in miniatura
Un ciclone tropicale o un uragano possono colpire aree enormi. Un

tornado è molto più piccolo: ha diametro di un centinaio di metri o poco più. Può muoversi per parecchie decine di chilometri, ma solitamente non supera qualche chilometro di percorso orizzontale. Eppure è nel cuore di un tornado che si misurano le velocità massime mai registrate in una catastrofe dell'aria: 500 km all'ora, paragonabile alla velocità di un jumbo jet.

A questa velocità, l'aria può trascinare con sé persone, animali, perfino case e automobili. Il motivo ha a che fare con la forza di portanza, la stessa che fa salire un aeroplano. Perché un oggetto di un certo peso venga sollevato, la forza di portanza deve essere maggiore della forza peso. La portanza aumenta col quadrato della velocità del vento: se la velocità dell'aria raddoppia, la forza di portanza diventa quadrupla. Ecco perché durante un tornado oggetti pesanti sono sollevati come pagliuzze. Alcune persone sono state trasportate per centinaia di metri e alcune sono perfino sopravvissute. Le case leggere sono sollevate con facilità. Ma perfino abitazioni con le fondamenta solide non sono immuni dalla violenza del vento. Infatti anche se rimangono piantate per terra, subiscono gli effetti secondari del tornado: gli oggetti pesanti si trasformano in proiettili.

Poche catastrofi sono così selettive, chirurgiche come un tornado. Immaginiamoci di tagliare una cartina geografica col coltello. Esattamente lungo la linea di taglio la distruzione è grande ma a poca distanza – anche solo cento o duecento metri – il tornado avrà lasciato il segno solo come uno spettacolo terrificante, ma senza aver prodotto danni.

Un tornado è un po' come un ciclone in miniatura (Fig. 5.1). Come in un ciclone, l'aria si muove circolarmente formando un vortice con venti ad alta velocità. Anche all'interno di un tornado vi è una zona di pressione molto bassa. Il gradiente di pressione è essenziale per mantenere il vortice. Infatti la forza di pressione, che agisce cercando di risucchiare l'aria verso l'interno, è in equilibrio con la forza centrifuga diretta in direzione opposta, verso l'esterno del vortice. Diminuzione di pressione e alta velocità dell'aria sono dunque legate: ecco perché a velocità rotazionali elevate corrispondono pres-

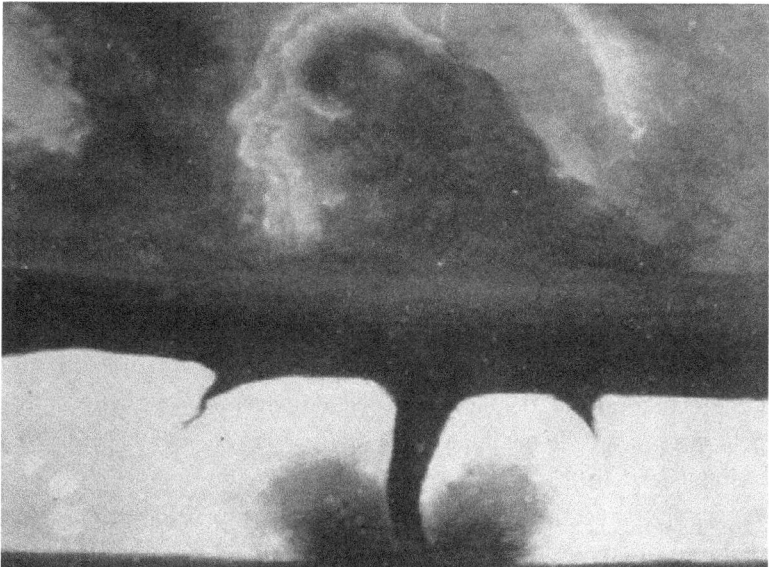

Fig. 5.1 La prima foto nota di un tornado fu presa il 28 agosto 1884 nel South Dakota (immagine NOAA)

sioni molto basse. A velocità del vento di 100 metri al secondo (360 chilometri all'ora) corrispondono così differenze di pressione tra l'interno e l'esterno del tornado di 100-150 ettopascal. Agendo lungo distanze di poche centinaia di metri, questi sbalzi di pressione possono distruggere le case non solo per l'enorme velocità dei venti, ma anche per l'effetto di diminuzione di pressione, che costringe l'aria all'interno degli edifici a fluire verso l'esterno.

Ricetta per un tornado

Circa il 70% di tutti i tornado mondiali si formano in Nord America; zone predilette sono gli Stati Uniti orientali (soprattutto Oklahoma, Texas fino alla Georgia e Florida, e più a Nord dal Nebraska fino alla Virginia). Fuori dagli Stati Uniti sono particolarmente colpiti il Bangladesh e in misura minore l'Europa del Nord. Sono completamente assenti dalla lista nera il Brasile, l'Asia centrale l'Africa (Sudafrica a parte). Per capire il motivo di questa netta distribuzione geografica, è necessario comprendere come si formano questi vortici disastrosi.

La ricetta per un tornado comprende: 1) una grande quantità di aria calda e possibilmente ricca di acqua, necessaria a formare le nubi temporalesche da cui si originano i temporali e quindi anche i tornado. Negli Stati Uniti, questa è assicurata dall'oceano Atlantico che bagna gli stati dell'est, resa ancora più calda dalla corrente del Golfo; 2) possibilmente queste masse di aria calda dovrebbero essere guidate verso l'entroterra, altrimenti formeranno delle trombe marine, assai meno distruttive; anche il terreno dovrebbe essere caldo durante l'estate, in modo da formare delle celle temporalesche violente. È proprio quanto accade negli USA orientali; 3) la presenza di una piana vasta e senza interruzioni topografiche come montagne, affinché i venti si possano muovere indisturbati. Gli Stati Uniti dell'est non hanno montagne elevate per migliaia di chilometri; 4) la possibilità di venti freddi e ad alta velocità che si possano mischiare con i venti caldi provenienti da una direzione diversa. Lo scontro tra i venti causa il *wind shear*, che dà al tornado una componente rotatoria, come quando si fornisce la rotazioni iniziale a una trottola.

Anche questo ingrediente è presente negli Stati Uniti: i venti freddi dal Canada o quelli che da ovest risalgono le Montagne Rocciose sembrano proprio fatti apposta.

Ecco perché gli Stati Uniti orientali sono così afflitti dai tornado: non vi sono molti altri luoghi al mondo dove tutte queste concause sono presenti col giusto peso. In Bangladesh, ad esempio, i tornado sono di origine monsonica. L'immane forza del vento riesce allora a supplire alla mancanza di alcune delle condizioni. E infatti i tornado asiatici sono assai meno energetici di quelli americani.

I meccanismi di formazione di un tornado non sono ben compresi. Si sa che un tornado viene favorito dallo scontro di aria calda contro aria fredda, processo che porta alla formazione di vortici d'aria. Se l'aria è umida come quella proveniente dall'oceano Atlantico, vi è un'ulteriore sorgente di energia pronta e essere rilasciata durante una tempesta: il calore latente di condensazione. La relazione tra tornado e nubi temporalesche è evidente dal fatto che i tornado sono spesso associati a nubi particolari e ancora misteriose, le cosiddette nubi *mammatus* (Fig. 5.2).

Ma per spiegare il tornado manca l'effetto più evidente: qualcosa che metta la massa d'aria in rapida rotazione. L'accelerazione di Coriolis dovuta alla rotazione della terra spiega bene la rotazione degli uragani. Ma gli uragani sono molto più grandi; è difficile che la rotazione terrestre giochi un ruolo simile nel caso dei tornado, anche se si è notato che i tornado tendono ad avere moto ciclonico in America, proprio come gli uragani. Probabilmente la rotazione di un tornado è creata dalle veloci masse d'aria in moto in direzione opposta. Sappiamo infatti come lo scontro di due masse d'aria – una fredda e una calda – sia essenziale per un tornado. In maniera simile si formano i piccoli vortici primaverili che si osservano di tanto in tanto sulle strade e i *dust devils* (diavoletti di polvere) di qualche metro di altezza, comuni perfino su Marte. Piccoli tornado si formano anche

Fig. 5.2 Nubi di tipo "mammatus" denunciano spesso una situazione temporalesca particolarmente violenta detta a "supercella", foriera di tornado

nelle esplosioni atomiche e da forti incendi, prova ulteriore dell'importanza dei movimenti verticali di aria.

Per capire da un'altra angolazione la formazione di un tornado, basta osservare il comportamento dell'acqua di scolo in un lavandino. Come mai si forma un vortice quando l'acqua sembrava inizialmente in quiete? Un importante principio della fisica è noto come conservazione del momento angolare. Se una ballerina che rotea sulle punte si chiude, inizia a ruotare più velocemente. Nello stesso modo, l'acqua tenta di muoversi verso il foro di scolo del lavandino nel centro; così facendo il fluido è costretto ad aumentare la velocità di rotazione intorno ad esso, formando così un vortice. Quindi nel caso del lavandino il motore primo è il movimento verticale di acqua nello scolo. Anche nel caso dei tornado è essenziale un rapido moto verticale delle masse d'aria. E infatti all'interno dell'imbuto centrale del tornado l'aria si muove velocemente verso il basso. Questo crea una caduta di pressione e un risucchio che attira l'aria circostante. Per la conservazione del momento angolare, questa nel muoversi verso il centro del vortice è costretta ad aumentare di velocità angolare. Si crea così il vortice turbinoso di aria responsabile per la maggior parte della distruzione (Fig. 5.3).

Fig. 5.3 Coppia di tornado

L'"outbreak" del 3-4 aprile 1974

Fra le macerie di Hiroshima nell'agosto del 1945 si aggirava Tetsuya Fujita, un giovane fisico desideroso di capire la dinamica dell'esplosione fino allora più violenta fra quelle create dall'uomo. Trapiantato in America, Theodor (questo il suo nome americano) divenne il maggiore cacciatore, investigatore, sperimentatore dei tornado. A Chicago elaborò la scala che misura la forza e il potere di devastazione di un tornado (Tabella 5.1).

Molti tornado singoli sono stati responsabili di enormi devastazioni. Nell'aprile del 1969 circa 540 persone furono uccise e qualche migliaio ferite da un tornado che colpì la città di Dacca, in Pakistan. Il 27 maggio 1896, a Saint Louis, nel Missouri, il pomeriggio cominciò con un vento fortissimo, tanto che molti negozi furono chiusi. Mentre i venti aumentavano di violenza, iniziò un acquazzone con

Tabella 5.1 La scala di Fujita per la violenza dei tornado

Scala	Velocità del vento (Km/ora)	Descrizione (parziale)
F-0	64-116	Leggeri danni ai comignoli e ai rami degli alberi
F-1	117-180	Case mobili sollevate o ribaltate, auto in moto gettate fuori dalla strada, tetti parzialmente danneggiati
F-2	181-253	Tetti completamente divelti, case mobili completamente distrutte; la maggior parte degli alberi sradicati, oggetti lanciati come missili
F-3	254-331	Perfino i tetti e alcuni muri di case ben costruiti sono distrutti; treni ribaltati, la maggior parte egli alberi nelle foreste sradicati
F-4	332-418	Case ben costruite sono rase al suolo, strutture con fondamenta deboli sono trasportate a grande distanza, auto sollevate
F-5	419-512	Case con fondamenta solide e profonde sollevate e portate a notevole distanza per poi essere distrutte, oggetti del peso di un'automobile viaggiano come missili e sono sollevate ad almeno 100 metri di altezza, strutture di cemento armato fortemente danneggiate

numerosi fulmini. Il tornado fu annunciato da un sinistro colore verde delle nuvole. Passando sul lato sud della città, investì una scuola piena di bambini. Dopo aver distrutto quartieri residenziali, si accanì contro un ospedale, un manicomio e la casa dei poveri, prima di oltrepassare il fiume Mississippi. Fu il primo grosso tornado a colpire una città di grandi dimensioni; i morti furono circa 300.

A volte i tornado si formano in gruppo. Si muovono così in parallelo come una mandria impazzita, devastando aree enormi. È il 3 aprile del 1974 e gli stati americani dall'Illinois al West Virginia, dall'Alabama al Kentucky stanno per entrare in un incubo. Tutto comincia nel primo mattino, quando un fronte freddo ad alta velocità si muove dalle Montagne Rocciose. Procedendo da ovest verso est e spinto in quota dalle correnti a getto (correnti veloci ad alta quota), il fronte urta contro una massa di aria calda proveniente dall'Atlantico. La violenza dell'urto e la lunghezza del fronte producono la più prolifica fabbrica di tornado mai registrata. Una serie di tornado – ben 148 verranno contati alla fine, 30 dei quali di classe F4 e 6 di classe F5 – si materializza quasi contemporaneamente in luoghi lontani centinaia di chilometri. Rastrellando il territorio da sud-ovest verso nord-est, i tornado distruggono un'enorme quantità di piccole cittadine, risparmiando per fortuna i grossi centri. A Xenia, una cittadina dell'Ohio, ben tremila edifici sono rasi al suolo e 34 persone uccise, ma il bilancio sarebbe stato molto peggiore se il tornado avesse colpito la scuola poco prima, quando gli studenti erano ancora nell'edificio.

Trombe marine

E in Italia? Fra le tante catastrofi che affliggono l'Italia, il tornado sembrerebbe risparmiare il Bel Paese, almeno ai livelli di violenza e frequenza americani. Così infatti è stato per secoli, ma le cose sembrano essere cambiate. Piccoli tornado si formano sempre più di frequente nel Nord Italia e in Sicilia, anche se ancora non hanno le caratteristiche distruttive di quelli americani. Il 12 novembre 2004 si è sviluppato nel ragusano un tornado a vortice multiplo che ha forse raggiunto il grado F3. Il 7 luglio 2001 è toccato alla Brianza, dove un tornado F3 ha recato grossi danni a quasi duecento abitazioni. Nel Nord Italia, le condizioni che favoriscono i tornado (o "trombe d'aria" come sono chiamate da noi) sono le stesse che danno luogo ai temporali. Una base calda e umida (la Pianura Padana), possibilmente riscaldata da giorni (alta pressione dal Nord Africa) e venti freddi in quota (aria atlantica). Questa situazione assicura sia l'instabilità convettiva, per cui le masse d'aria si muovono rapidamente verso l'alto, sia il *wind shear*.

Cugini più piccoli dei tornado e più comuni nel Mediterraneo sono le trombe marine (Fig. 5.4). Si sviluppano su laghi o mari e come in un uragano sono alimentate dal movimento verso l'alto

Fig. 5.4 Trombe marine multiple apparse nel lago di Costanza nel XIX secolo. Disegno tratto da un libro dell'epoca

dell'aria riscaldata dell'acqua. Il vento laterale causa così la rotazione dell'aria. Le trombe marine si dissipano rapidamente e un vortice della durata di un quarto d'ora è già eccezionale. Se si muovono verso l'entroterra si trasformano in un tornado, ma più spesso si autodistruggono. Non sono in generale molto pericolose eccetto che per le imbarcazioni nei paraggi, anche perché è difficile in mare superare la velocità di 10-15 nodi di una tromba marina. Una curiosità: sia i tornado sia le trombe marine possono aspirare dalla base sia oggetti sia esseri viventi per poi rilasciarle da alta quota. Sono state così documentate strane piogge di rane, ragni, o pesci. Il 5 giugno 1805 un gigantesco tornado attraversò il Mississippi passando dal Missouri all'Illinois. Sebbene il tornado fu certamente fra i più distruttivi, all'epoca l'intera piana americana era scarsamente popolata e furono distrutte solo alcune fattorie. I giornali riportarono che:

> ... i pesci del fiume (il Mississippi) e dei laghi furono gettati sull'intera prateria... e un toro fu sollevato in aria, portato a notevole distanza, con le ossa completamente rotte.

5.2 Uragani

Katrina

È il 23 agosto 2005 e tra le calde acque delle Bahamas sta per formarsi uno degli uragani più distruttivi di tutti i tempi. Muovendosi verso ovest, Katrina è ancora di una modesta categoria 1 quando lambisce la Florida. Privato delle grandi riserve di acqua necessarie ad alimentare un uragano, si affievolisce sopra la terraferma. Ma passata la Florida giunge nel golfo del Messico, giusto in tempo per una ricarica. Acquista maggiore energie dalle acque calde del golfo messicano, e in sole nove ore sale alla categoria 5, il gradino più alto nella scala di Saffir-Simpson per la misura della distruttività di un uragano.

Ora muove decisamente verso Nord. Il *landfall*, il temutissimo momento in cui un uragano violento colpisce la terra, avviene la

5. Catastrofi dell'aria 127

Fig. 5.5 Una tromba marina sul Mar Nero

mattina del 29 agosto in Louisiana. Katrina ha a quel punto perso molta della sua energia, scendendo a livello 3. Ma il suo potenziale distruttivo è ancora enorme. Con venti di oltre 200 chilometri all'ora e pressioni centrali molto più basse del normale, devasta molte città della Louisiana, fino a giungere a New Orleans il giorno 29. Decine di argini fluviali vengono brecciati e l'acqua si riversa nella città (Fig. 5.6). Il bilancio finale è di quasi duemila morti e oltre 80 milioni di dollari di danni.

Fig. 5.6 Gli effetti dell'uragano Katrina su New Orleans

La fabbrica degli uragani

La condizione prima per la formazione di un uragano è la presenza di un vasto specchio d'acqua molto calda. Le calde tropicali fanno allo scopo e questo è il motivo per cui tutti gli uragani si originano vicino all'equatore. Se si forma una zona a bassa pressione al di sopra dell'oceano caldo, questa tende a rinforzarsi e i venti aumentano d'intensità. Le masse d'aria ricche di acqua in ascesa si espandono e quindi si raffreddano. Così facendo, rilasciano molto calore latente, generando al contempo delle tempeste. Il calore latente scalda ancora di più l'aria, facendola salire ulteriormente, come si è già visto per la formazione di una cella temporalesca. L'effetto della risalita dell'aria diviene così drammatico; si crea in breve una zona a bassa pressione alla base dell'oceano, che risucchia l'aria circostante anche da centinaia di chilometri di distanza.

Mano a mano che le velocità crescono, i venti si organizzano ruotando in senso antiorario (nell'emisfero Nord). Il motivo alla base di ciò è la *forza di Coriolis*, una forza apparente dovuta alla rotazione della

Terra. Le forze apparenti più note sono quelle centrifughe, le stesse che in una giostra in movimento fanno alzare i sedili verso l'esterno. La forza di Coriolis è un po' più complicata ed agisce solo sulle masse in movimento. Nell'emisfero Nord, una palla di cannone sparata verso nord viene deviata dalla forza di Coriolis verso est, una sparata verso sud viene deviata verso ovest. Anche le masse d'aria intorno a una zona di bassa pressione subiscono la stessa forza e a lungo andare tendono a roteare in senso antiorario nell'emisfero nord (Fig. 5.7).

Mentre i venti si muovono sempre più vorticosi intorno all'asse del nascente uragano, si crea una zona centrale di bassa pressione e diametro compreso tra i 3 e i 20 chilometri – l'occhio – dove i venti

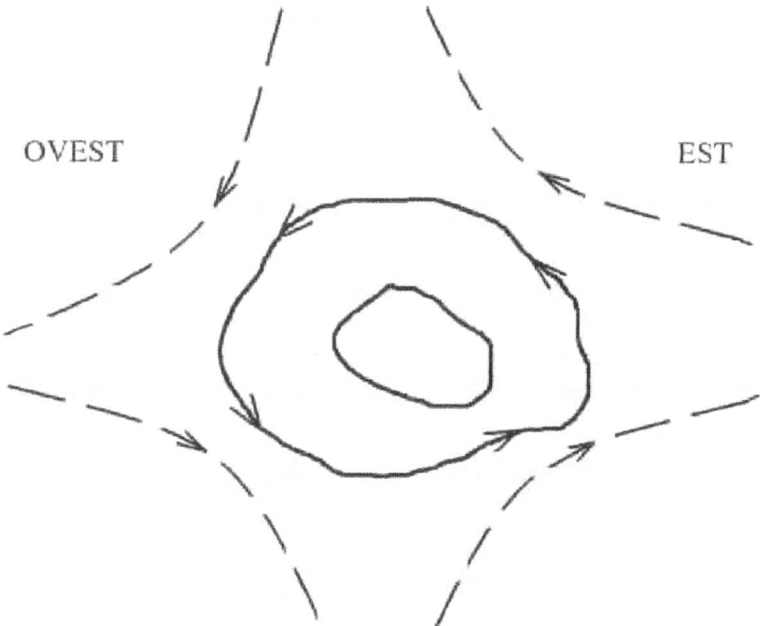

Fig. 5.7 La forza di Coriolis tende a deviare le masse d'aria nell'emisfero nord come mostrato dalle frecce sulle linee tratteggiate; si genera così un movimento rotatorio antiorario (ciclonico)

sono più calmi e diretti verso il basso. Nella zona più lontana dall'asse di rotazione, le nubi divengono altissime fino a raggiungere la tropopausa. A questo punto il processo diventa auto-rinforzante: più i venti si muovono impetuosi, più bassa la pressione all'interno dell'occhio; ma un maggior gradiente di pressione fa muovere i venti ancor più velocemente. Se il processo si autorinforza abbastanza al punto che i venti raggiungono i 120 chilometri all'ora, è nato un vero e proprio uragano, parola inizialmente usata dai popoli caraibici per indicare il dio delle tempeste. L'aria sale sviluppando delle strutture che ricordano i bracci delle galassie a spirale (Fig. 5.8).

Le armi di un uragano

Appena formatisi nelle calde acque equatoriali, gli uragani tendono a muoversi verso i continenti. Nell'Atlantico, gli uragani migrano verso l'America centrale e gli stati meridionali degli USA, nell'Oceano Indiano verso il subcontinente Indiano (dove prendono il nome di cicloni) e nel Pacifico verso l'Australia o la Corea e il Giappone (dove si chiamano tifoni, Fig. 5.9).

L'arma più ovvia a disposizione di un uragano è l'enorme velocità dei venti. La scala di Saffir-Simpson prevede una classificazione da 1 per venti fino a 42 metri al secondo, fino a un livello 5 quando le velocità del vento superano i 69 metri al secondo. Un uragano di classe 5 può distruggere completamente molte abitazioni e allagare le zone costiere a meno di 10 metri sul livello del mare. Ma anche un categoria 3 può distruggere alberi, radere al suolo le strutture in legno, allagare le strade.

Una seconda arma, spesso ancora più letale, è la bassa pressione al centro dell'uragano. Gli uragani provengono dal mare; a causa della bassa pressione nell'occhio, l'acqua che lo accompagna risale come risucchiata da una ventosa e viene trasportata nell'entroterra, un fenomeno chiamato *storm surge*. Ecco perché un uragano può causare inondazioni. A volte l'uragano risucchia le acque dei laghi. È quello che fece Katrina; coi suoi 902 millibar di pressione centrale, trasportò a New Orleans le acque del lago Pontchartrain, inondandola.

Fig. 5.8 Immagine di un uragano

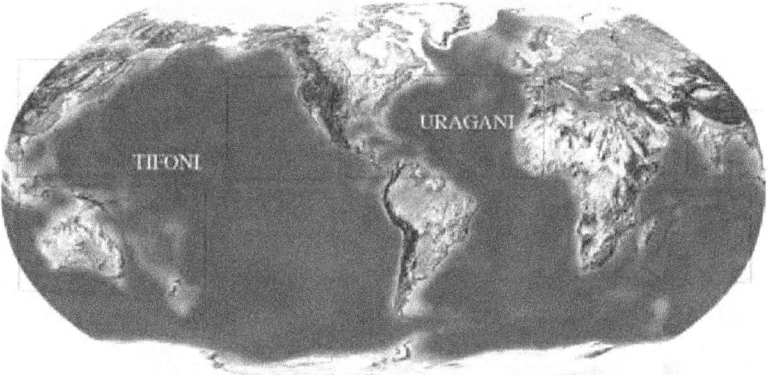

Fig. 5.9 Le zone preferenziali di formazione degli uragani

Corso di sopravvivenza: tornado e uragani

Poche catastrofi hanno prodotto false leggende come i tornado. Alcuni di questi miti vanno a interferire con le regole di base per la sicurezza. Ad esempio, poiché i tornado americani si muovono da sud-ovest verso nord-est, si è diffusa l'opinione che sia meglio aspettare il tornado nell'ala nord-est degli edifici. Questo è del tutto falso. Conviene posizionarsi invece nel luogo più robusto (strutture di cemento armato se possibile, non di legno); il luogo più riparato è quello centrale di una casa e più basso possibile (la cantina è meglio della mansarda). Un altro mito, sviluppatosi in una miriade di corollari, è che la bassa pressione all'interno del tornado generi un'esplosione delle case. L'effetto della bassa pressione è percepibile, ma è nulla al confronto all'effetto della velocità del vento. Ha così preso piede l'idea falsa che sia utile aprire le finestre per "riequilibrare" la pressione. Se la differenza di pressione è così forte, le finestre verrebbero distrutte comunque. Invece le finestre si trasformano in un'arma letale durante il tornado. Pezzi di vetro possono diventare efficienti mannaie e uccidere più del crollo dell'edificio. Bisogna stare lontani da finestre e porte vetrate.

Poniamo che non siate così fortunati da raggiungere una costruzione stabile. Vi trovate così all'aperto a una distanza un solo chilometro dal mostro vorticoso. Che fare? Evitare i prefabbricati e le stesse auto, che vengono facilmente distrutte o sollevate per aria. Riparare in una roulotte può diventare una roulette russa. Se ci si deve preparare a stare all'aperto durante il passaggio del tornado, ridurre a tutti i costi i seguenti due rischi: di essere colpiti da oggetti, e di essere sollevati. Evitare in modo particolare la vicinanza con depositi di oggetti metallici, anche se dentro un tornado perfino un frammento di legno può diventare pericoloso. Tenere presente che il vento, per quanto possa essere forte a qualche metro di altezza, deve necessariamente diminuire di velocità in prossimità del suolo fino a ridursi a zero al contatto con esso. Un piccolo avvallamento possibilmente di 1 metro di profondità potrebbe rappresentare la salvezza. Stare sotto un ponte non è una buona idea; l'aria potrebbe aumentare, e non diminuire di velocità.

Se ci si trova in auto, si ha la possibilità di fuggire a velocità maggiore di quella del tornado, ma solo in teoria. In primo luogo la strada non segue il percorso di fuga. Potrebbe facilmente curvare e incrociare la traiettoria del tornado. Molte persone sono state uccise all'interno dell'auto.

Oltre a essere molto più grosso, un uragano vive assai più a lungo di un tornado (Fig. 5.10). Come per i rischi vulcanici, dunque, il comportamento da tenere durante un uragano va basato sulle indicazioni delle autorità. Un uragano americano viene seguito giornalmente dai satelliti e studiato con simulazioni al computer; le notizie sono aggiornate continuamente e trasmesse dai media. È bene seguire i notiziari per decidere sul da farsi. La popolazione deve essere ovviamente consapevole, ma anche avere i mezzi per l'evacuazione, se questa diventa necessaria. A New Orleans molti dei residenti più poveri decisero di non lasciare la città nella speranza che l'uragano deviasse. Ventimila persone furono accolte in una struttura sportiva, il *superdome*.

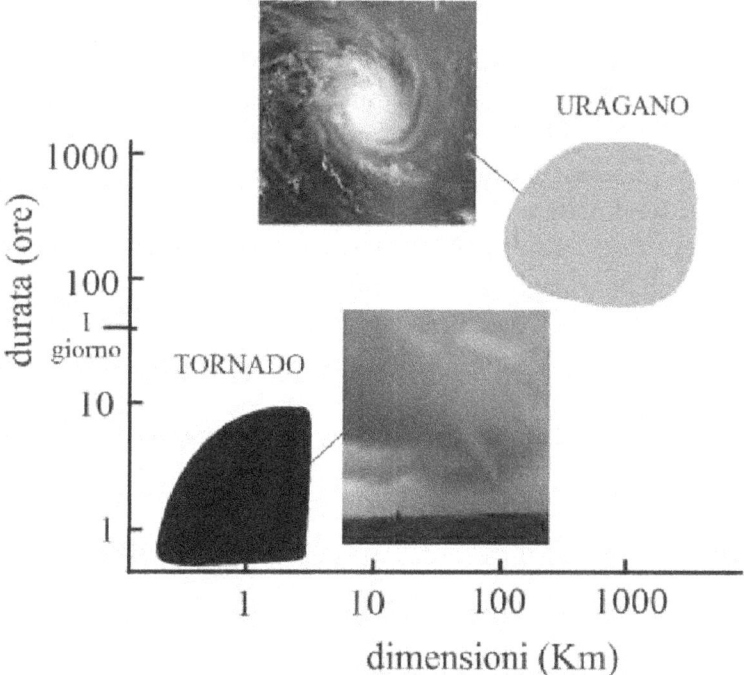

Fig.5.10 I tornado sono più piccoli e hanno anche durata molto inferiore a un uragano. L'arma principale di un tornado, l'imprevedibilità, manca agli uragani, i quali concedono molti giorni di preavviso prima del landfall

5.3 Neve e grandine

Blizzard: sepolti dalla neve

Tornado e uragani sono eventi eccezionali. Ma anche fenomeni meteorologici più comuni possono diventare catastrofici. Immaginiamo una nevicata che continui per un tempo lungo. Se dura solo qualche ora più del solito, costringerà a qualche lavoro imprevisto, come liberare la neve dai tetti per evitare possibili crolli, eliminare la neve dall'auto, e forse spalare le vie di accesso alla casa. Ma cosa succede se la nevicata dopo decine di ore non accenna a smorzarsi, e anzi sembra aumentare di intensità?

In inglese sono chiamati *blizzard*. La neve ora copre tutto per un metro o più di spessore. Se siamo fuori, comincia a essere difficile camminare verso casa, mentre chi sta in casa rimane segregato. Un altro metro di nevicata ed è tutto paralizzato. Gli automobilisti lontani da centri abitati sono ormai ingabbiati. La neve impedisce di fare anche solo pochi metri; conviene restare in auto. Ma immaginiamo di essere in un'auto coperta da due metri di neve. È difficile far partire il motore e a un certo punto deve essere abbandonata. Forse l'automobilista può raggiungere un centro abitato o una pompa di benzina a piedi. Tenta quindi la sorte anche perché in condizioni normali raggiungere la pompa di benzina richiede, poniamo, solo qualche minuto. Nel frattempo la temperatura scende di venti gradi. Dopo solo pochi passi è impossibile proseguire nella neve profonda. L'automobilista preferisce accovacciarsi ma non si rende conto che il vento freddo e le basse temperature gelano la pelle all'istante. La pelle congelata è allo stesso tempo anestetizzata dal freddo (una tecnica usata anche per piccole operazioni dermatologiche) cosicché parti della pelle esposta alla neve e al vento vanno in necrosi senza alcun dolore. Se la vittima sopravvive, le piaghe sul corpo ormai in decomposizione gli rimarranno per sempre. Nello stesso tempo il gelo uccide non solo chi si trovi all'aperto, ma anche le persone bloccate nelle auto e perfino anche dentro alcune abitazioni.

I blizzard non sono soltanto pericolosi per l'uomo, ma per tutti gli animali che vivono all'aperto. Molte foto mostrano la penosa scena del bestiame congelato in piedi durante un blizzard negli stati centrali americani. I blizzard sono subdoli nell'illusione di poterli controllare. Mentre un tornado o uno tsunami si mostrano come una minaccia fin dal primo istante, il blizzard in fondo non è altro che una nevicata molto lunga e fredda. Diventa quindi difficile porre un limite: quando comincia una nevicata a essere preoccupante? Prima di decidere una risposta, può essere già troppo tardi.

I blizzard possono diventare catastrofici provocando parecchie vittime nello stesso evento. Nel gennaio 1888, la zona degli Stati Uniti centrali fu colpita da un'improvvisa ondata di maltempo. In poche ore le temperature scesero da 5 gradi (mite per gennaio) a oltre venti gradi sotto zero. Il blizzard colse di sorpresa molti bambini di ritorno da scuola, provocando oltre 250 vittime. Ma non era finita per quell'anno. A marzo le cattive condizioni atmosferiche si ripeterono. A Boston i passeggeri di un treno furono sorpresi dalla neve e dal freddo. Quelli che raggiunsero casa rimasero intrappolati per due settimane mentre molti dei passeggeri rimasti nei vagoni morirono di freddo o di fame.

Fig. 5.11 Rimozione della neve da una strada principale dopo un blizzard in Russia

Pioggia congelata

In Canada orientale fa sempre freddo durante il mese di gennaio. Il 1998 fu un anno particolarmente rigido e il 3 di gennaio alcune attività commerciali vennero chiuse. La gente avvertiva qualcosa di diverso rispetto agli altri anni, ma pochi riuscirono a prevedere cosa stava per succedere. La notte del 4 gennaio cominciò a piovere. A piovere, e non a nevicare nonostante la temperatura bassissima, ben al di sotto dello zero. Al primo contatto col suolo, la pioggia congelava all'istante formando uno strato di ghiaccio liscio e durissimo. Sulle strade divenne impossibile guidare un'auto o camminare. I rami degli alberi furono rivestiti di uno strato di ghiaccio spesso e pesante che fece crollare prima i rami più piccoli, poi interi tronchi. I cavi elettrici non ressero il peso e si spezzarono. Anche i tralicci dell'elettricità crollarono come castelli di carta.

La situazione continuò per settimane e la temperatura scese fino a quaranta gradi sotto zero. Nei dintorni di Montreal trentamila tralicci di legno e mille torri di trasmissione furono divelti sotto l'enorme peso del ghiaccio. Grandi aree del Québec e dell'Ontario rimasero così senza elettricità per settimane; il riscaldamento e le normali attività domestiche e industriali divennero impossibili. Moltissimi lavoratori non poterono andare al lavoro, facendo così declinare l'attività produttiva. Fra i notevoli danni, quantificati in due miliardi di dollari canadesi, vi fu anche la distruzione di cinque milioni di aceri dai quali si ricava il famoso sciroppo canadese; una mancata produzione destinata a durare per quarant'anni. Ci vollero settimane perché la situazione tornasse normale. Ma cos'era successo?

Il tutto era partito da un fronte di aria calda proveniente dagli Stati Uniti meridionali. Abbiamo visto che quando un fronte caldo incontra un fronte freddo, l'aria calda è costretta a spostarsi verso l'alto. Quell'anno l'aria calda rimase stazionaria per parecchi giorni sopra il Canada. Muovendosi verso l'alto, la massa d'aria calda aveva generato un'inversione termica lungo un'area gigantesca e una notevole quantità di pioggia. Ma perché non neve? Questo perché l'aria calda era ben sopra il punto di fusione e quindi le gocce di acqua che si formarono erano in forma liquida. Le gocce di pioggia cadendo nel campo di gravità incontrarono l'aria più fredda vicino al suolo. Ma non si trasformarono in ghiaccio o in neve per il fenomeno della soprafusione. In assenza di nuclei di condensazione, l'acqua può infatti rimanere in forma liquida ben al di sotto della temperatura di fusione, a volte anche fino a 40 gradi sotto zero. Il passaggio a ghiaccio è favorito dalla presenza di nuclei di condensazione solidi, come pulviscolo, che furono in quella occasione in numero insufficiente. A contatto con la superficie solida e fredda di un ramo o di un cavo elettrico, le gocce si trasformarono immediatamente in ghiaccio.

La grandine

È comprensibile che nei mesi invernali, quando le temperature vanno sotto lo zero, si formi la neve al posto della pioggia. Ma come si forma la grandine, composta da ghiaccio ma tipica dei mesi estivi? Un chicco di grandine tagliato in due rivela una stratificazione come quella di una cipolla (Fig. 5.12). Il chicco deve quindi essersi formato per crescite successive di ghiaccio.

Tutto comincia intorno a un nucleo di condensazione, o embrione: una particella solida di pulviscolo o sale, un *graupel* (minuscole palline di ghiaccio) oppure una goccia d'acqua. Negli strati superiori di un cumulonembo temporalesco, dove le temperature sono inferiori allo zero, è presente acqua soprafusa. Le goccioline d'acqua tendono a evaporare depositandosi sull'embrione, e ghiacciando all'istante producono un nucleo sferico di ghiaccio. Man mano che il nucleo di ghiaccio cresce, cade nel campo di gravità terrestre in maniera analoga a quanto avviene per la pioggia. Scendendo verso il suolo, il nucleo ghiacciato si riscalda e forma uno strato di acqua alla superficie. Ma in basso, verso il suolo, il nucleo incontra le correnti ascendenti nella parte bassa del cumulonembo che lo riportano in quota. Il nucleo va su e giù nel cumulonembo, ogni volta arricchendosi di un nuovo strato di ghiaccio. Quando il peso è diventato insostenibile, il nucleo cade infine al suolo come chicco di grandine. I chicchi di grandine hanno di solito diametri tra mezzo centimetro e

Aria, acqua, terra e fuoco

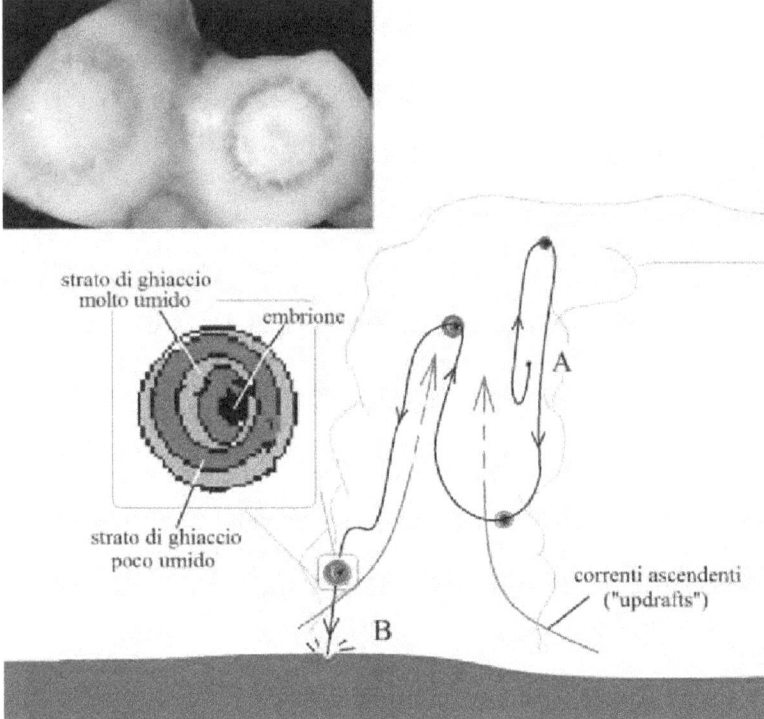

Fig. 5.12 Foto superiore: chicchi di grandine uniti. Nello schema: formazione di un chicco di grandine. Un embrione nel bel mezzo di un cumulonembo (A) viene spinto verso l'alto dalle corresti ascendenti per poi ricadere verso il basso, in una serie di su e giù nel cuore della nube. In seguito ai movimenti verticali, l'embrione cresce per deposito successivo di ghiaccio molto freddo nelle parti superiori del cumulonembo (strati in grigio scuro nella sezione ideale del chicco) e ghiaccio vicino alla temperatura di fusione nella parte bassa del cumulonembo (grigio chiaro). Quando è cresciuto troppo perché le correnti ascendenti (la cui intensità fra l'altro decresce col tempo) possano mantenerlo in quota, cade infine al suolo (B)

due centimetri. Correnti ascendenti forti riescono a sospendere nuclei anche molto pesanti, permettendo la crescita di chicchi di grandine giganti. Correnti ascensionali dell'ordine di venti metri al secondo sono necessarie per mantenere sospeso un chicco di due centimetri di diametro. Sono possibili anche enormi chicchi di dieci centimetri, dovuti a correnti di velocità doppia.

Di solito la grandine non è particolarmente distruttiva se i chicchi sono piccoli. Poiché il ghiaccio pesa il 90% dell'acqua, i chicchi diventano molto pesanti all'aumentare del diametro. La velocità della corrente ascensionale necessaria per mantenere sospesi chicchi di grandine di un dato diametro corrisponde anche alla velocità di caduta. Ecco quindi che l'effetto devastante della grandine aumenta considerevolmente col diametro dei chicchi: sia perché un chicco pesante reca più danno di uno leggero a parità di velocità, ma anche perché la stessa velocità di caduta aumenta col diametro. Chicchi di due centimetri di diametro possono già recare danni agricoli, rompere vetri e uccidere piccoli animali. A cinque centimetri sfondano le tegole dei tetti e possono ferire un passante. Sopra gli otto-dieci centimetri i chicchi sono proiettili mortali. Il chicco più grosso è stato registrato il 14 aprile 1986 in Bangladesh: pesava un chilo e venti grammi e deve essere caduto a oltre 150 chilometri all'ora.

Effetti della grandine

Gli effetti della grandine sull'agricoltura sono noti già dai tempi antichi: la grandine è una delle piaghe d'Egitto narrate dalla Bibbia. I chicchi possono distruggere interi raccolti in pochi minuti, tant'è che la grandine viene a volte chiamata "la peste bianca". Le tradizioni contadine sono piene di consigli e superstizioni su come affrontare la grandine, come quello di appendere amuleti sugli alberi. Uno dei peggiori disastri negli Stati Uniti costò nel 1925 cinque milioni di dollari di allora, ma disastri dovuti alla grandine avvengono ogni anno in tutto il mondo. Per far fronte a questa minaccia, a volte vengono iniettati nuclei di condensazione artificiali all'interno del cumulonembo allo scopo di favorire la formazione di numerosi chicchi piccoli piuttosto che pochi grandi.

La grandine ha avuto una certa rilevanza sia nei miti sia nella storia. Ancora il Dio della Bibbia manda una pioggia di pietre o ghiaccio sui nemici degli Israeliti per aiutare la fuga di Giosuè. Una grandinata di importanza storica fu quella dell'8 maggio 1360. In piena campagna d'invasione contro la Francia, Edoardo III re d'Inghilterra fu fermato da una fortissima grandinata vicino Parigi. Nel trambusto che ne seguì rimasero uccisi migliaia di uomini e cavalli. Non è chiaro quanti morirono a causa degli elementi e quanti delle armi, ma è noto che il re d'Inghilterra promise alla Madonna un rapido trattato di pace, promessa cui mantenne fede col trattato di Bretigny. E ancora in Francia, una notevole grandinata il 13 luglio 1788 produsse una tale devastazione da affrettare la Rivoluzione Francese.

Di tanto in tanto qualche persona viene uccisa da chicchi di grandine molto grossi; grandinate improvvise e a chicchi molto grossi possono mietere parecchie vittime contemporaneamente. Il 30 aprile 1888, 246 persone furono uccise in India da chicchi grandi come palle di cricket. Molte persone vennero solo ferite ma una volta cadute al suolo, furono ricoperte dalla coltre ghiacciata di grandine fino a morire di freddo. Quasi duecento persone rimasero uccise in Cina il 19 giugno 1932 in una grandinata durata ben due ore. E forse il lontano passato nasconde tragedie anche maggiori.

L'enigmatico lago degli scheletri
Il lago Himalayano di Roopkund nasconde un mistero sinistro. All'apparenza è un normale lago di alta montagna, le cui acque di ghiaccio rispecchiano il blu del cielo di alta montagna. Ma sul fondo furono scoperti nel 1942 gli scheletri di almeno 200 persone e c'è chi ritiene potrebbero essere molti di più. Si pensò inizialmente a un gruppo di soldati giapponesi, forse esploratori perduti in una natura che non ammette errori. Ma le moderne tecniche forensi e la datazione al radiocarbonio hanno ribaltato questa ipotesi. In primo luogo gli scheletri sono molto più antichi di quanto si pensasse: risalgono al IX secolo. Inoltre un primo gruppo di scheletri appartiene a uomini di piccola costituzione, probabilmente portatori locali; un secondo gruppo a persone molto alte e corpulente, forse gente delle valli. Ma perché queste persone risalirono dalla valle fino a cinquemila metri di quota in un ambiente ostile? E come morirono in massa?

Forse li uccise un'infezione rapida nel corso di una manifestazione religiosa. Ma allora come sono finiti nel lago? O fu invece una frana a seppellirli? Il National Geographic si è recentemente interessato della questione del lago di Roopkund costituendo un gruppo di ricerca per svelare gli enigmi di questa tomba naturale. Nuovi resti umani assai ben conservati hanno mostrato lembi di pelle e abiti. Ed è stata fatta una scoperta che potrebbe risolvere il mistero del lago di Rùpkund, ma aprendo altri interrogativi.

Molti crani presentano fratture dovute all'impatto con oggetti veloci ma piccoli. Poiché il resto del corpo non presenta segni di simili traumi, i ricercatori hanno dedotto che qualcosa di devastante deve essere piovuto dall'alto. Soltanto la grandine può spiegare queste strane caratteristiche. Chicchi di grandine di dieci centimetri di diametro viaggerebbero in caduta libera ad una velocità di quaranta metri al secondo (e forse anche più, considerando la minore densità di aria ad alta quota), trasportando un'energia cinetica di 6 kilojoule. Proiettili di questo genere sarebbero di certo capaci di uccidere. Anche coloro che non morirono subito furono forse seppelliti dai chicchi ghiacciati e morirono di freddo. Forse i sopravvissuti gettarono i loro compagni morti nel lago, l'unica tomba disponibile per una moria così imprevista. Un'antica canzone della zona parla anche di una grandinata di ferro. Memoria di un antico eccidio filtrata nel folklore per millecinquecento anni? La teoria della grandine farebbe del lago Roopkund il luogo della più grave catastrofe nota dovuta a grandine.

Parte Terza

Aria, acqua, terra e fuoco

I trilobiti (sopra) e i dinosauri (sotto) sono solo alcuni dei gruppi animali estintisi nel corso delle ere geologiche

6. L'estinzione delle specie

6.1 La vita sulla Terra

Suddivisione dei periodi della storia terrestre

Analizzare gli strati geologici di diverse età è un po' come esplorare ogni volta un nuovo pianeta. Le condizioni fisiche, la geografia, le specie viventi animali e vegetali sono cambiate continuamente durante la storia della Terra. Per cominciare è necessaria un po' di nomenclatura di base. La Fig. 6.1 mostra le principali suddivisioni geocronologiche della storia terrestre. Quasi cinque miliardi di anni sono ripartiti in quattro lunghi intervalli chiamati eoni. Il primo eone, dalla formazione del pianeta alle prime tracce di fossili batterici (circa 3.800 miliardi di anni fa) prende il nome di azoico, ovvero "privo di vita". Segue l'Archeano, in cui si trovano antichissime tracce di vita primordiale, e il Proterozoico, compreso tra 2.500 e 550 milioni di anni fa, in cui le tracce fossili si fanno più comuni e grosse. Solo durante l'ultimo eone, il Fanerozoico, i fossili divengono molto diffusi, evidenti nelle rocce sedimentarie (Fanerozoico significa infatti "vita visibile"). Il Fanerozoico è diviso in quattro ere, ciascuna era è a sua volta suddivisa in periodi, e questi in piani. Le ere hanno durata tipica di qualche centinaio di milioni di anni, i periodi qualche decina, i piani di qualche milione di anni. È necessario familiarizzarsi un po' con ere e periodi, mentre lasceremo i piani agli specialisti di stratigrafia.

La prima era prende il nome di Paleozoica, o Paleozoico (sostantivo), che significa "vita antica". Le forme di vita tipicamente paleozoiche come i trilobiti erano molto diverse da quelle di oggi; irriconoscibile a un visitatore sarebbe anche la geografia in quanto i continenti erano in posizioni diverse da quelle odierne. Il Paleozoico è diviso in sei periodi: Cambriano, Ordoviciano, Siluriano, Devoniano, Carbonifero e Permiano (Fig.6.1).

L'era mesozoica, compresa tra 250 e 65 milioni di anni, è il lungo intervallo in cui vissero i dinosauri; è divisa in Triassico, Giurassico e Cretaceo. La terza era, il Cenozoico (o anche Terziario), è suddivisa in Paleocene, Eocene, Oligocene, Miocene, Pliocene. Infine l'ultima era, detta Quaternaria (oppure Quaternario, mentre l'"Antropozoico" che piaceva ai geologi ottocenteschi è caduto in disuso) comprende i soli periodi del Pleistocene e dell'Olocene, in cui abbiamo la fortuna di vivere[1].

L'aggettivo "inferiore" legato a un periodo ne indica la parte più antica, mentre "superiore" quella più recente. Così Cambriano inferiore rappresenta la parte iniziale del Cambriano, Cambriano superiore quella finale. I termini derivano da un principio della stratigrafia enunciato da Nils Stenseen (in italiano Stenone), un danese vissuto in Toscana per buona parte della sua vita (anche oggi la Toscana è la regione d'Italia più popolare tra gli scandinavi). Stenseen riconobbe che gli strati geologici più antichi si trovano più in basso, quelli più recenti in alto. A volte però le tremende forze che danno origine alle montagne ribaltano gli strati, producendo successioni inverse. L'aggettivo "medio" legato a un periodo geologico indica la parte del periodo compresa tra l'inferiore e il superiore.

La divisione in eoni, ere, periodi, piani è convenzionale, ma non artificiale. Anche la storia dell'uomo viene divisa arbitrariamente in periodi separati da cambiamenti radicali. In maniera simile, le suddivisioni della storia terrestre sono state inventate dai paleontologi dell'Ottocento basandosi su cambiamenti reali e radicali della fauna e flora fossili.

---

[1] Recentemente il Quaternario è stato eliminato e Pleistocene e Olocene sono stati accorpati al Terziario. Qui seguiamo la vecchia suddivisione.

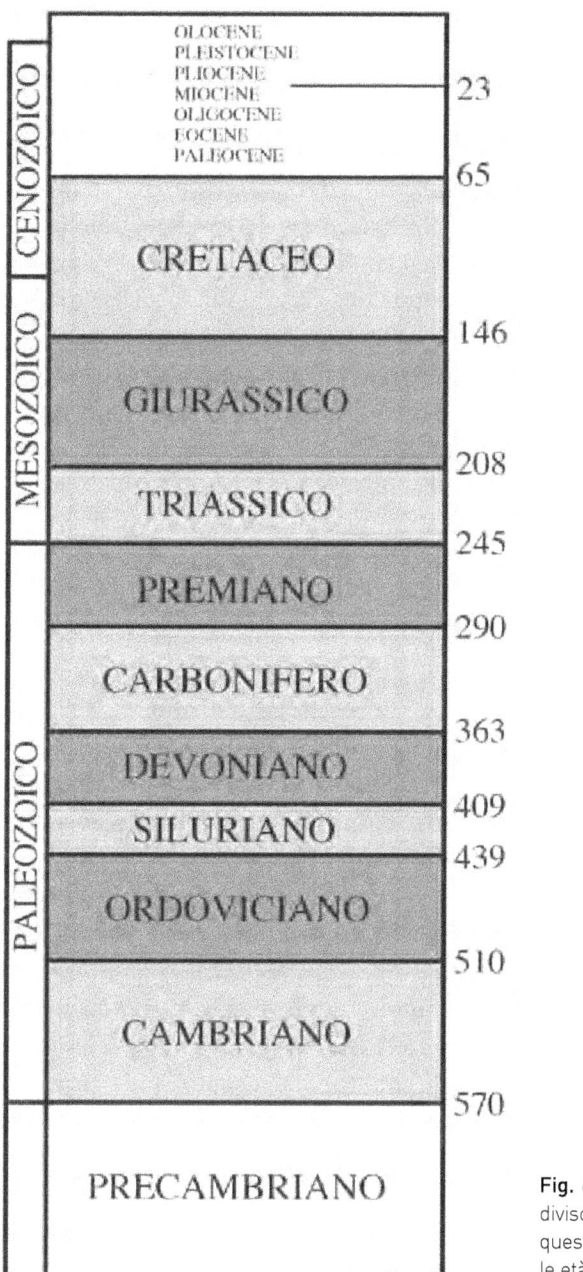

Fig. 6.1 Il Fanerozoico è diviso in ere (a sinistra) e queste in periodi. A destra le età in milioni di anni

L'evoluzione della vita

Alcune persone hanno una paura irrazionale di ragni e serpenti, anche di quelli innocui. Le fobie sono paure del tutto naturali e hanno una spiegazione. Poiché alcuni ragni e serpenti sono letali, la paura per questi animali ha favorito la sopravvivenza. Attraverso molte generazioni, le fobie sono così diventate parte del carattere umano.

Qualcosa di simile riguarda il senso di vertigine; un malessere avverte che è pericoloso sporgersi da una certa altezza e anche grazie a questi segnali del corpo stiamo lontani da burroni e strapiombi. Eppure un incidente d'auto a soli 50 chilometri all'ora equivale a una caduta da quasi 10 metri, e uno a 120 chilometri all'ora a 55 metri. A nessuno piacerebbe sedere su un'auto sollevata a queste altezze sapendo che la fune può spezzarsi da un momento all'altro. Eppure è quello che centinaia di milioni di persone fanno ogni giorno guidando l'auto. L'altezza fa più paura della velocità, anche quando i loro effetti sono equivalenti. Questo perché l'evoluzione ci ha dato il "dono della vertigine" ma non poteva prevedere che un giorno avremmo costruito delle auto così veloci.

Il processo che favorisce la sopravvivenza di individui con un certo carattere è la selezione naturale. Ma non fu facile riconoscerne l'importanza. Nel 1831 un Charles Darwin ventitreenne si imbarcò sul Beagle in qualità di consulente scientifico. Forse non immaginava che quel viaggio avrebbe cambiato non solo la sua vita, ma il cammino stesso della biologia e anche del modo di pensare. Darwin fece moltissime osservazioni che non si accordavano col semplice schema della creazione delle specie animali e vegetali in voga all'epoca. Gli animali e le piante del Sudamerica erano molto diversi da quelli degli altri continenti. Alle isole Galapagos fece le sue osservazioni più famose. Le isole sono lontane più di mille chilometri dal continente e rimasero quindi in stato di quasi isolamento per lungo tempo. Ogni isola è popolata da una singola specie di tartaruga gigante (Fig. 6.2). Darwin si rese conto che le isole erano state colonizzate da individui della stessa specie e avevano un antenato comune. Eppure le tartarughe delle diverse isole avevano caratteri molto differenti. Evidentemente la forma

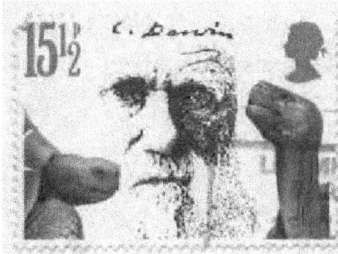

Fig. 6.2 A sinistra: Charles Darwin riprodotto in un francobollo inglese in mezzo alle tartarughe delle Galapagos. A destra: iguana delle Galapagos

degli individui, ovvero il fenotipo, era cambiato nel tempo e le popolazioni di tartarughe si erano modificate nel corso dei millenni, in modo indipendente le une dalle altre.

Sempre nelle Galapagos Darwin riconobbe molte specie di fringuelli. Ciascuna specie mostrava un becco dalla forma particolare; Darwin notò che la forma del becco rispecchiava il modo specializzato con cui un particolare fringuello si procacciava il cibo. Una specie usava aghi di cactus per stanare i vermi dalla corteccia degli alberi; un'altra stringeva il forte becco a mo' di pinza per frantumare i frutti. Notò anche che le specie marine al di qua e al di là dello strettissimo istmo di Panama erano molto diverse. Questo indicava che la storia delle rispettive popolazioni aveva avuto un ruolo fondamentale nello sviluppo delle specie odierne. Se fosse stato un agente esterno, un Creatore a formare le specie, perché mai avrebbe differenziato le specie di qua e di là dell'istmo?

Raccogliendo osservazioni da luoghi molto lontani su animali e piante diverse, e pungolato dalla lettura dei "Principles of Geology" di Charles Lyell che descrivevano la Terra in una prospettiva storica, il giovane Charles concluse che le specie viventi cambiano nel tempo, si evolvono.

Tornato dal Beagle, Darwin non fece che collezionare conferme sulla sua teoria. Ad esempio, il delfino e lo squalo hanno sviluppato caratteristiche molto simili. Devono infatti vivere nello stesso ambiente, hanno abitudini comparabili e dimensioni simili. Eppure i delfini sono mammiferi e gli squali pesci cartilaginei. Questo mostra che le specie si sono modificate per adattarsi a un ambiente di vita simile anche se i progenitori erano diversi, una tendenza chiamata convergenza evolutiva.

Ma perché le specie evolvono? All'apparenza evoluzione implica miglioramento, altrimenti una specie perfettamente adattata non avrebbe ragione di cambiare. Agli occhi di molti biologi contemporanei a Darwin questa strana inquietudine delle specie biologiche a voler sempre cambiare era incomprensibile. Dio avrebbe forse creato delle creature imperfette?

L'evoluzione di un'intera specie nasce dalla necessità di sopravvivenza di ogni singolo individuo. Chi non ha sufficienti capacità soccombe, mentre gli individui con le qualità migliori sopravvivono contribuendo col proprio patrimonio genetico, come diremmo oggi, alle popolazioni che formano la specie. Perché gli individui meno adatti muoiono? In parte per la pressione dell'ambiente, e in parte a causa della lotta contro altri individui della stessa specie e di diverse specie per appropriarsi delle stesse risorse. Darwin ritenne la lotta contro altri individui come il fattore più importante nell'evoluzione. Ad esempio la predazione migliora continuamente le prestazioni sia del predatore che deve farsi più furbo e aggressivo, sia della preda, spinta a diventare più guardinga e veloce. L'ambiente secondo Darwin aveva più che altro la funzione di far adattare le specie in tempi molto lunghi.

Dai tempi di Darwin il ruolo dell'ambiente è stato rivalutato. Le fluttuazioni ambientali, poco note ai tempi di Darwin, hanno un ruolo determinante nell'estinzione delle specie e forse nelle catastrofi globali note come estinzioni di massa.

6.2 Estinzioni e catastrofi nella storia della vita

L'uomo testimone del Diluvio e il barone Cuvier: ascesa del catastrofismo

Dopo visite a musei, programmi televisivi e il successo di "Jurassic Park", alla persona di media cultura sembra ovvio che i fossili siano i resti di animali vissuti nel passato. Eppure si fece molta fatica ad afferrarne la vera natura. Tutto sembra nascere da Aristotele. Un giorno gli mostrarono dei pesci fossili e senza pensarci troppo scrisse che alcune uova di pesce si erano schiuse nelle rocce a causa di una "forza formativa" o *vis formativa* come venne latinizzata dalla Scolastica in Europa. Sostenne inoltre che si trattasse di un fenomeno eccezionale e richiedesse una circostanza eccezionale: il diluvio di Deucalione e Pirra. L'autorità di Aristotele non venne mai messa in discussione per tutto il Medioevo. Nel Rinascimento si sosteneva quindi che i fossili fossero scherzi di natura o misteriosi prodotti di fluidi presenti nelle rocce. Giovanni Boccaccio e Leonardo da Vinci furono tra i primi a intuire l'origine organica dei fossili ma le loro idee si persero nella polvere del tempo. Ancora nel tardo Seicento e inizio Settecento erano molti i naturalisti convinti dell'esistenza di fluidi misteriosi o processi astrali coinvolti nella formazione dei fossili.

Johann Jakob Scheuchzer era un naturalista e medico svizzero vissuto nel XVIII secolo. Dedicò l'intera carriera di medico e scienziato a dimostrare la veridicità della Bibbia basandosi proprio sui fossili. Si era specializzato nello studio del Diluvio Universale, che descrisse in numerosi trattati (Fig. 6.3). E inaugurando il pensiero naturalistico per molti decenni a venire, immaginava i fossili come resti di animali morti durante la grande inondazione mandata da Dio. Ancora il diluvio, dunque. Ma al diluvio pagano di Aristotele aveva sostituito quello cristiano-giudaico di Noè. Voltaire, paladino del pensiero Newtoniano, si sentì in dovere di ribattere al dogma biblico. Ma lo fece cercando di minare la teoria Scheuchzeriana alla base, sostenendo che i fossili non erano residui di antichi piante e animali, ma il prodotto di scherzi di natura. Ai nostri occhi è strano che per propugnare la superiorità del metodo scientifico-razionale rispetto alla religione sostenne qualcosa di così antiscientifico e irrazionale! Entrambi osservavano i fossili col paraocchi, l'uno del dogma biblico, l'altro di quello meccanicistico.

Nel 1725 Scheuchzer fu protagonista di un ritrovamento fossile eccezionale. Da una cava presso il lago di Costanza alcuni scavatori estrassero lo scheletro fossile di un animale. Scheuchzer lo osservò con immenso stupore e forse il fossile gli parve parlasse dall'aldilà. Si trattava secondo lui nientemeno che dei resti di un uomo fossile, un uomo morto durante il diluvio universale. In breve, l'uomo testimone del diluvio o *homo diluvii testis*, come fece incidere sulla lastra (Fig. 6.3B). L'autorità scientifica di Scheuchzer, che per la verità era versato in molte altre scienze, non venne messa in discussione. Finalmente si avevano le spoglie di un uomo testimone del diluvio! La notizia eccezionale fece molta eco in Europa e nell'ancora sonnolenta Francia di fine Ancient Regime. Se fosse vissuto oggi, Scheuchzer sarebbe stato invitato a dibattiti televisivi e avrebbe rilasciato interviste sui giornali.

Scheuchzer fece anche una speculazione che ebbe risvolti positivi sulla storia della Geologia. Forse il diluvio, erodendo i terreni, aveva messo alla luce piante e animali vissuti prima del diluvio stesso. Era il sogno di capire cosa fosse successo ancora prima, un ulteriore primo passo verso gli abissi del tempo. Da Scheuchzer in poi la geologia ha dilatato il quadro temporale della storia terrestre di un milione di volte.

L'uomo del diluvio sopravvisse fino a quando, settant'anni dopo, l'articolo scientifico di Scheuchzer capitò sotto gli occhi di un giovane studioso francese. Guardando il disegno affermò immediata-

Fig. 6.3 A sinistra: il diluvio universale da una pubblicazione di Scheuchzer del 1709. Secondo Scheuchzer i fossili erano veramente i resti pietrificati di animali e piante morti nel diluvio universale. Egli divenne quindi un acceso sostenitore dell'origine organica dei fossili. A destra: il cranio dell'uomo testimone del diluvio di Jakob Scheuchzer

mente trattarsi del fossile non di un uomo, ma di una salamandra! Quando poté osservare la lastra originale qualche anno dopo, riuscì con lo scalpello a mettere a nudo particolari anatomici del bacino; secondo lui era proprio il fossile di un anfibio gigantesco.

Ora, non avremmo voluto essere pazienti di Scheuchzer, che era medico di professione. All'epoca di Scheuchzer le conoscenze anatomiche dello scheletro erano già molto avanzate. Dettagliatissimi scheletri umani erano stati illustrati da Andreas van Wesel (Andrea Vesalio) duecento anni prima, e Scheuchzer deve averli studiati a fondo. Perché lo scheletro era veramente quello di una salamandra gigante, che oggi sappiamo visse nel Miocene. Accecato dalla fede nelle sue teorie, Scheuchzer aveva ignorato la totale incongruenza del reperto del lago di Costanza con uno scheletro umano. O forse la spiegazione è ancora più inquietante. Scheuchzer era forse conscio della totale assurdità della sua idea, ma sapeva che nessuno avrebbe osato contraddire la sua autorità scientifica. Con un banale scheletro di animale non sarebbe andato lontano in quanto a fama e gloria. È possibile che la prospettiva di diventare celebre lo abbia corrotto al punto da affermare un concetto così contrario alle sue conoscenze di anatomia?

Il giovane francese che distrusse il mito dell'uomo testimone del diluvio non era un uomo qualunque. Si chiamava Georges Cuvier (Fig. 6.4). Studioso di notevolissima cultura scientifica, fu fondatore dell'anatomia comparata, della paleontologia dei vertebrati e della morfologia funzionale (ovvero della relazione tra una certa struttura anatomica e il suo uso durante la vita dell'animale). L'evoluzionista moderno Stephen Jay Gould ha scritto di lui: "probabilmente la mente più sottile della scienza del diciannovesimo secolo". Così come Scheuchzer era un teorizzatore disposto a modificare le prove se non si adattavano alle teorie, Cuvier era esattamente l'opposto. Osservatore scrupoloso, Cuvier descrisse molti strati del Cretaceo e del Paleogene vicino Parigi notando come gli strati cambiassero continuamente da una tipologia all'altra. Egli interpretò questi cambiamenti del tipo di roccia e della fauna e flora fossile in essa contenuta come dovuti a modifiche dell'ambiente in cui la roccia si era depositata, un'interpreta-

Fig. 6.4 In alto, a sinistra: Georges Cuvier; a destra: Charles Lyell. A fianco: il mammut in un francobollo bulgaro

zione molto moderna. Così alle dure arenarie quarzose, caratteristiche delle spiagge marine, si alternavano improvvisamente calcari ricchi di fossili, che dovevano essersi depositati al largo.

Oggi le cronache ambientaliste ci hanno abituato al concetto di estinzione di una specie. Ma l'idea che le specie potessero scomparire dalla faccia della Terra non era affatto ovvia all'epoca di Cuvier. È vero: si trovavano ogni tanto resti fossili di animali mai visti prima; ma forse vivevano in regioni poco esplorate, oppure semplicemente non erano mai stati notati dalla scienza. Cuvier fu il primo a dichiarare che le specie si estinguevano eccome, e portò molteplici esempi. Dove erano finiti ad esempio i mammut, enormi elefanti preistorici (Fig. 6.4)? Animali così grossi si sarebbero potuti nascondere agli occhi degli esploratori, giunti ormai un po' dappertutto? I dettagli dello scheletro dei mammut erano chiaramente distinguibili da quelli dell'elefante africano e indiano, soprattutto a studiosi della competenza di Cuvier. È interessante come gli studi in anatomia animale portarono lo studioso a conclusioni in un campo molto lontano, quello della geologia.

Pensiamo ora alle due idee fondamentali di Cuvier assieme: gli ambienti cambiano repentinamente e le specie si estinguono. Da qui al catastrofismo il passo è breve. Secondo Cuvier, le specie scompaiono a causa di una serie di catastrofi, di trasgressioni e regressioni (cioè variazioni del livello del mare), di cambiamenti ambientali per usare termini moderni. Come hanno ben mostrato storici della geologia come Martin Rudwick e geologi come Derek Ager, è in questa accezione moderna che va inteso il catastrofismo di Cuvier: basata su dati di fatto e non su astruse teorizzazioni. Invece Cuvier venne astutamente associato al catastrofismo biblico alla Scheutcher, ormai incompatibile con le più recenti scoperte scientifiche portate avanti dallo stesso studioso francese. Inghiottito dal pesantissimo fardello del diluvio di Noè, il catastrofismo venne gettato via in toto, e con esso anche le valide idee di Cuvier. Solo di recente il catastrofismo nell'idea originale di Cuvier è stato riabilitato.

Charles Lyell e la caduta del catastrofismo

L'artefice di questa disfatta del catastrofismo fu uno dei più influenti geologi di tutti i tempi, oratore sottile e scaltro scrittore. Non a caso di professione avvocato. Un uomo del quale Charles Darwin aveva la massima stima: Charles Lyell (Fig. 6.4).

Nei suoi *Principles of Geology*, Lyell sostenne l'attualismo dei processi geologici. Ciò che è avvenuto del passato accade anche ora con modalità e ritmi simili. Nella visione attualistica più estrema non vi era posto per l'irreversibilità dei fenomeni geologici e biologici. Nella sua fede attualista, Lyell si spinse a negare perfino l'estinzione delle specie e congetturò che in un tempo futuro i dinosauri forse torneranno a calcare la terra.

La paleontologia ha fornito conoscenze dettagliate sulla storia di moltissimi gruppi animali e vegetali impensabili ai tempi di Lyell. Alcuni di questi gruppi sono così ben noti da fornire essi stessi informazioni sulla cronologia della Terra, e non viceversa. Si tratta dei cosiddetti *fossili guida*, resti di organismi vissuti per un tempo geologicamente breve ma assai diffusi sulla Terra. Se poi questi organismi sono dotati di parti dure e quindi facili da fossilizzare, essi diventano agli occhi dei geologi moderni dei fossili guida perfetti. A partire dal XIX secolo, gli studi di paleontologia hanno mostrato come il cammino della vita sia stato irreversibile, contrariamente a come pensava Lyell. Vediamolo in concreto nel caso di fossili molto caratteristici, le ammoniti.

Le vicissitudini delle ammoniti

Un grande passo avanti nella biologia venne fatto col sistema di classificazione degli organismi da parte di Carl Von Linnè, o Linneo. Lo studioso ripartì i pochi organismi allora noti in una scala gerarchica[2]. La *diversità* degli organismi viventi è il numero di specie che compongono la biosfera. Se i biologi possono andare sul campo e identificare le differenti specie che compongono un certo habitat per valutare la diversità, il conteggio delle specie non è facile per un paleontologo in quanto la documentazione fossile è assai più incompleta. Molto meglio per fini pratici studiare la diversità a livelli tassonomici più elevati della specie, ad esempio, i generi o le famiglie, in quanto c'è una maggiore probabilità che almeno una delle specie componenti quel certo genere o quella famiglia si sia conservata come fossile. Ecco perché spesso la diversità degli organismi durante la storia geologica

---

[2] Una specie viene identificata da due nomi: ad esempio *Felis catus* è il nome scientifico del gatto domestico. Il primo nome, il genere, può però identificare altre specie, come ad esempio il *Felis margarita*, un gatto desertico. Più generi compongono la famiglia: della famiglia Felidae, cui appartiene il gatto, fanno parte anche i generi Caracal, Puma, Leopardo, Panthera e molti altri. Le famiglie sono quindi riunite in categorie tassonomiche più elevate: l'ordine, la classe, poi il phylum e infine il regno. Il gatto appartiene all'ordine dei Carnivori, alla classe dei Mammiferi, al phylum dei Cordati, al regno animale.

della Terra è esaminata studiando queste categorie più elevate: contando non le specie viventi in un certo periodo, ma i generi o le famiglie. Inoltre una specie ha una vita di solito breve su scala geologica: qualche milione di anni, e non mancano specie estintesi dopo molto meno di un milione di anni di vita. A volte troppo poco per il lento depositarsi dei sedimenti. Invece le categorie più elevate hanno vita più lunga e quindi più facilmente documentabile nella labile documentazione sedimentologica. Contare le famiglie al posto delle specie ha una conseguenza importante: la diminuzione improvvisa della diversità a causa delle catastrofi non appare così drammatica come lo è in realtà. Un'estinzione dell'80% delle specie corrisponde ad una scomparsa solo del 65% o del 70% dei generi, e magari solo al 50% delle famiglie. Il motivo è ovvio: perché un'intera famiglia scompaia, tutte le specie membre devono estinguersi.

Veniamo ora a un fossile così simbolico della paleontologia da esser scelto come il logo di associazioni e gruppi paleontologici; forse è il simbolo stesso della scienza dei fossili. Si tratta delle ammoniti. La bellezza della conchiglia, di solito di forma pianospirale come negli esemplari in Fig. 6.5, colpì talmente i nostri antenati da far nascere leggende e credenze religiose. Lo stesso nome deriva da Ammone, dio egizio della vita, rappresentato con corna simili a quelle dell'ariete. L'animale, un mollusco cefalopodo, era affine alle attuali seppie, calamari, nautili e polpi.

Le ammoniti sono fossili appariscenti e comuni. La loro lunga storia geologica – dal Devoniano alla fine del Cretaceo – e la diffusione in periodi chiave della storia terrestre le rendono importanti fossili guida. Estintesi all'improvviso dopo una storia gloriosa, hanno il fascino di una prosperosa civiltà scomparsa nel nulla.

Tutti gli organismi pelagici di grosse dimensioni – quelli cioè che vivono nella colonna d'acqua senza interagire col fondo del mare – hanno il problema del galleggiamento. Il carbonato di calcio e la madreperla di cui sono fatte le conchiglie delle ammoniti sono più pesanti dell'acqua e tendono a farla cadere verso il fondo del mare. Per contrastare questo effetto gravitazionale, le spirali più interne delle

Fig. 6.5 Gruppo di ammoniti del genere Dactylioceras del Giurassico inferiore

ammoniti erano divise in camere vuote (la parete di separazione tra le camere son chiamate setti) in modo da creare un effetto di galleggiamento. L'ultimo giro, la camera di abitazione, era invece occupato dall'animale dalla quale faceva capolino coi suoi tentacoli, pronto ad afferrare la preda o in guardia contro i predatori (Fig. 6.6).

La diversità delle ammoniti (espressa come il numero di famiglie) durante la storia geologica è mostrata in Fig. 6.7. Dai primi pochi generi del Devoniano inferiore le ammoniti raggiungono notevole diversità verso la fine del periodo, per poi declinare fino a raggiungere un minimo alla transizione col periodo successivo, il Carbonifero. Qui, sempre con alti e bassi, le ammoniti crescono di diversità e a partire dal Permiano medio subiscono una forte crisi, che culmina alla fine del Permiano con solo quattro famiglie sopravvissute. Nel Triassico avviene una vera e propria esplosione, una radiazione adattativa (simile all'esplosione di vita del Cambriano ma a scala più piccola), che culmina con una diversità di oltre venti

6. L'estinzione delle specie

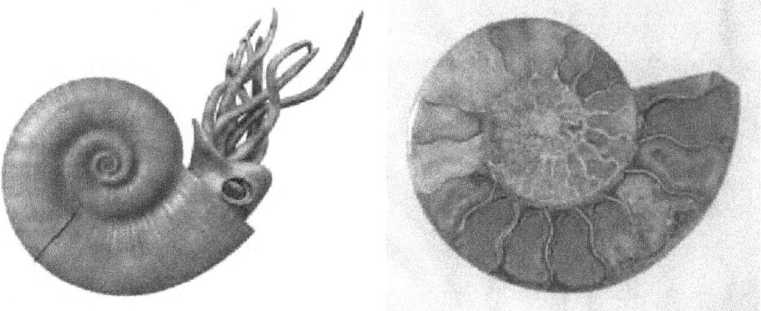

Fig. 6.6 A sinistra: le ammoniti uscivano dalla camera di abitazione con dei tentacoli (in numero di 8-10) e un iponomio, col quale mediante un getto di acqua l'animale poteva spostarsi nell'acqua con lo stesso principio di un razzo. L'ultima parte della conchiglia ospitava la parte molle del mollusco (che poteva anche chiudersi all'interno con uno o due opercoli) mentre la parte più centrale era divisa in camere stagne vuote, che permettevano di galleggiare nella colonna d'acqua. A destra: i setti che dividevano la conchiglia in pareti vuote sono ben visibili in questo esemplare

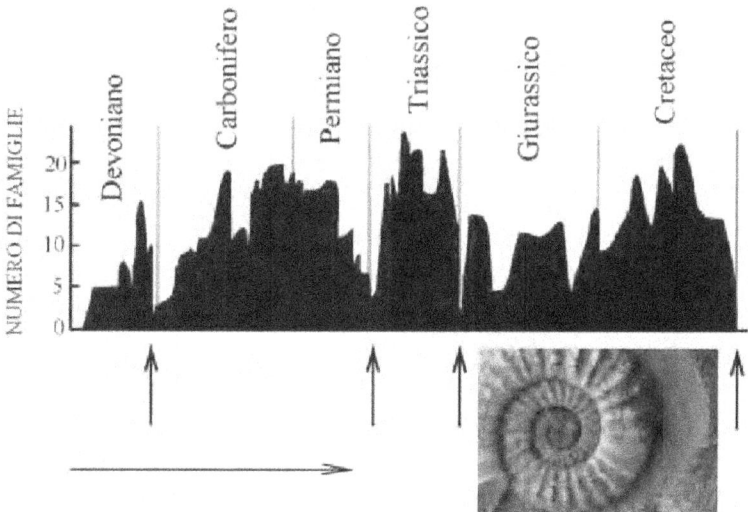

Fig. 6.7 La diversità delle ammoniti espressa come il numero di famiglie durante il tempo geologico. Le frecce rappresentano quattro delle cinque maggiori estinzioni di massa. Da House: Phyl. Trans. R. Soc. Lond. B 325, 307-326 (1989), modificato e semplificato

famiglie. Poi un'altra crisi alla fine del Triassico, dove solo due famiglie sopravvivono nel periodo successivo, il Giurassico. Le ammoniti giurassiche sono le forme più note anche ai non esperti. Estremamente diversificate, le ammoniti conquistano ora tutti gli ambienti e formano rapidamente nuove specie tanto che la stratigrafia di alcune zone del Giurassico è basata proprio su di esse. Segue la transizione verso il Cretaceo e un nuovo massimo relativo verso la metà del periodo. Infine, un'altra diminuzione, l'ultima. Questa volta le ammoniti non se la cavano: alla fine del Cretaceo si estinguono definitivamente.

Le ammoniti dunque hanno sviluppato un comportamento a "alti e bassi" piuttosto caratteristico. Dal punto di vista evolutivo mostrano un carattere creativo, bizzarro, rapido, ma anche facile preda di crisi. Come ha mostrato Anthony Hallam, un comportamento ben diverso da quello dei bivalvi (molluschi con conchiglia divisa in due valve come le cozze o le vongole). Meno creativi, i bivalvi appartengono all'ambiente bentonico (sono cioè legati al fondo del mare, mentre le ammoniti vivevano come si è detto lungo la colonna d'acqua) ed ebbero molte meno crisi nella loro storia, tant'è che prosperano ancora oggigiorno per la gioia dei buongustai.

Torniamo alle ammoniti. Una crisi non ha solo il risultato di diminuire la diversità. Poiché durante una crisi sopravvivono poche famiglie (e quindi anche poche specie), passata la crisi i discendenti acquisiscono i caratteri delle specie sopravvissute. Un po' come se a causa di un naufragio sopravvivessero su un'isola deserta due sole coppie. Dopo qualche secolo, i discendenti sarebbero tutti parenti tra loro e avrebbero caratteri ereditati dai quattro sopravvissuti.

Quando la conchiglia non si conserva, enigmatiche linee sinuose appaiono nei calchi interni: sono le cosiddette linee di sutura, che marcano l'intersezione tra i setti e la conchiglia esterna (Fig. 6.8). Negli esemplari paleozoici le linee di sutura sono di solito semplici, con poche zigrinature; il setto appare quindi più o meno piatto. Dopo la crisi alla fine del Permiano, le ammoniti triassiche esordiscono con linee ardite, che somigliano a onde. Queste suture *ceratitiche* annun-

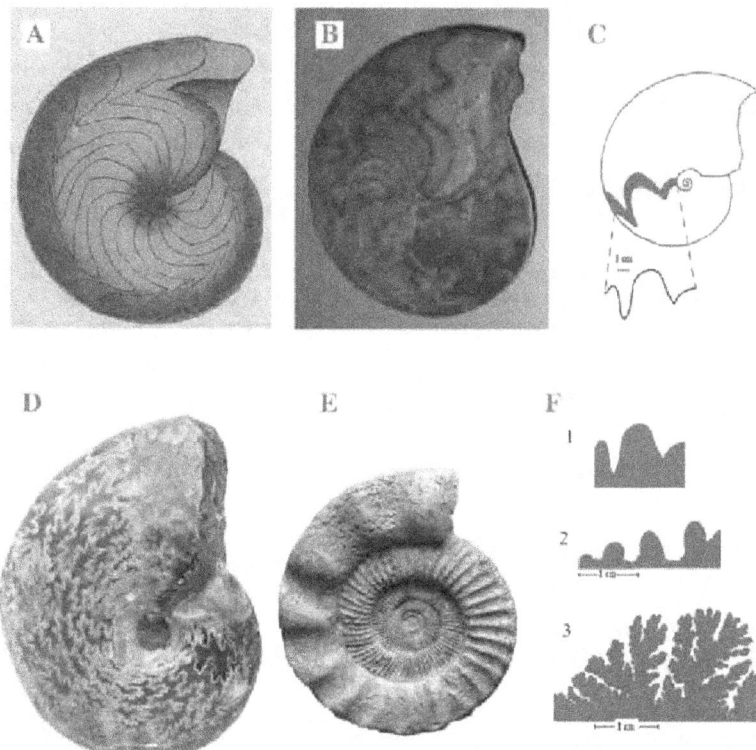

Fig. 6.8 Le linee di sutura delle ammoniti. A e B: due diverse specie del genere devoniano Goniatites. C: questo schema di Manticoceras, sempre del Devoniano, illustra la linea di sutura; D e E: le ammoniti del Giurassico hanno linee di sutura più complesse; F: esempio dell'evoluzione delle linee di sutura. 1: goniatitica (Paleozoico); 2: ceratitica (Triassico); 3) ammonitica (Giurassico e Cretaceo) (FVB)

ciano una tendenza evolutiva verso l'aumento della complessità. Infatti, nel Giurassico e nel Cretaceo le linee diventano sempre più complesse e sviluppano ampi lobi e selle divisi a loro volta in ondulazioni sempre più piccole, descritte matematicamente come linee frattali. La figura mostra un campione di linee di sutura dalle più semplici alle più complesse. Sembrano piccoli dettagli, ma mostrano in modo evidente un esempio di tendenza verso la complessità, mitigato da estinzioni catastrofiche di cui si dovrà discutere.

La sedimentazione: continua o catastrofica?

Ma la documentazione fossile è attendibile? Per giungere fino a noi, un fossile deve venir sepolto dai sedimenti, e anche in maniera rapida soprattutto in presenza di parti molli. I sedimenti sono dunque il sarcofago che custodisce i segreti della vita passata. Ma sono molto volubili: le particelle sedimentarie di argilla, sabbia o limo sono soggette a elementi variabili come il vento e l'acqua. E non va molto meglio coi sedimenti dovuti a deposizione chimica come i calcari.

Infatti basta osservare una qualsiasi successione sedimentaria per rendersi conto dell'esistenza di interruzioni nella sedimentazione (Fig. 6.9). A questo corrispondono i giunti fra gli strati, senza i quali le montagne apparirebbero – e talvolta lo sono – monolitiche. La deposizione sedimentaria è quindi incostante, a volte continua, spesso inesistente. Ma quanto tempo è occorso per formare un metro di roccia sedimentaria?

Le rocce si formano oggigiorno in maniera simile a quanto accadeva milioni di anni fa. Possiamo capire molto della sedimentazione

Fig. 6.9 La sedimentazione appare spesso interrotta. Questa famosa località fossilifera, Zumaya (Spagna) ha permesso importanti studi sulla stratigrafia del tardo Giurassico

nel passato osservando gli strati sedimentari di oggi che in futuro diventeranno roccia. La Fig. 6.10 mostra alcuni strati depositati durante tempeste sul litorale adriatico. Immaginiamo come appariranno questi sedimenti fra cento milioni di anni. Le sabbie sono oggi poco consolidate e fra cento milioni di anni saranno dure come un'arenaria quarzosa. Appariranno qua e là delle vene secondarie di calcite formatesi molto dopo la deposizione e alcuni minerali avranno impregnato parte del sedimento. Una parte dei sedimenti sarà inoltre stata asportata dall'erosione e le conchiglie si saranno trasformate in strati zeppi di fossili, chiamati lumachelle. In breve, la struttura dei sedimenti e il loro spessore sarà rimasto quasi tale e quale.

Se per ipotesi alcuni sedimentologi del futuro osservassero queste rocce, dibatterebbero sui tempi necessari per la formazione dei sedimenti. Alcuni penserebbero a tempi di deposizione di secoli, al massimo un millennio. Altri sosterrebbero la necessità di tempi lunghi,

Fig. 6.10 Manufatti (alcuni dei quali cerchiati nella figura) appaiono insieme a conchiglie (uno strato zeppo di gusci è stato evidenziato con due linee). Litorale adriatico (Ferrara)

migliaia di anni per formare i due metri circa visibili in figura, altri ancora penseranno a età ancora più elevate come diecimila o centomila anni. Dopotutto, durante l'intera durata di un periodo geologico si depositano in media centinaia di metri di sedimento. Con le dovute cautele, un paio di metri ammontano dunque ad almeno molte migliaia di anni.

In questo caso particolare conosciamo la risposta, dato che in mezzo ai sedimenti appaiono materiali di uso comune: involucri di alimentari, tappeti, vestiario. Parte di questi "reperti" proviene da molto lontano, in teoria perfino dalle Alpi. Le acque dello spartiacque meridionale vengono infatti convogliate nel Po, il cui vasto delta dista poche decine di chilometri. La maggior parte è però di provenienza locale. Lasciata anni fa forse da persone sorprese da una tempesta, è inglobata nel sedimento. Un sacchetto rinvenuto a trenta centimetri sotto il livello attuale indica il 1989 come data di produzione e di scadenza. Una stuoia di sdraio in uso trent'anni prima del ritrovamento è stata rinvenuta ancora più in basso. I tempi necessari per depositare buona parte della successione sedimentaria in figura non superano quindi i trenta-cinquant'anni. Il tasso medio di deposizione è quindi di un centimetro e mezzo all'anno, ma questa è una stima per difetto. È molto più probabile che alcuni livelli si siano formati nel corso di una sola giornata, o forse durante qualche ora soltanto di forte tempesta invernale (tempeste invernali nella zona sono fra l'altro ben documentate e correlabili con i reperti). Per quanto semplice possa apparire questo esempio, mostra come la formazione di strati geologici possa essere geologicamente istantanea, catastrofica.

Neocatastrofismo

Gli strati sedimentari non si formano quindi allo stesso ritmo. A volte il tasso di deposizione accelera enormemente. Si depositano così spesse lenti a rappresentare processi avvenuti durante poche ore di tempesta. Il tasso di sedimentazione in questi casi è ad esempio di ben 10 cm all'ora. Allo stesso tasso verrebbero deposti quasi nove chilometri di sedimento all'anno, quanto l'intero spessore di un periodo geologico come il Giurassico. Altre volte la sedimentazione continua tranquillamente per migliaia di anni, a un tasso di forse un centimetro ogni mille anni.

Anche sul fondo del mare avvengono in continuazione delle catastrofi che accelerano il processo di sedimentazione. Si tratta delle correnti di torbidità, capaci di depositare parecchi centimetri o metri di sedimento in pochi minuti o al massimo ore (Fig. 6.11). Tutto comincia quando grossi franamenti sconquassano i piedi della salita continentale, quella zona sottomarina che costituisce la vera base dei continenti. Le frane derivano spesso da materiale a grani piccoli, giunto fin lì dai continenti attraverso fiumi che proseguono sott'acqua con canali sottomarini. Quando avviene una di queste frane, il materiale va in sospensione turbolenta, creando così una zona mediamente più densa dell'acqua ambiente. Spinta dalla gravità lungo il pendio, raggiunge decine o centinaia di chilometri di distanza. Prima cade il materiale sabbioso più grossolano, poi quello limoso, infine i piccoli granuli di argilla, dando così luogo a una tipica sequenza deposizionale nota come *sequenza di Bouma*. Antiche sequenze di questo tipo (chiamate torbiditi) sono ben riconoscibili in molte zone degli Appennini (Fig. 6.11), prova evidente degli scatti nel tasso di sedimentazione.

Ma anche sedimentazione più continua e meno catastrofica può essere molto più rapida di quanto ci potremmo aspettare. Si è visto come le coste sabbiose cambino rapidamente, e la Fig. 6.12 è una conferma. Mostra le dune di spiaggia fossili a Massenzatica (Ferrara). Le dune, che risalgono all'età del Bronzo, sono colonizzate da vegetazione tipica di zone con poca acqua (riquadro a sinistra della figura). Infatti la sabbia delle dune, molto permeabile, non trattiene l'acqua. Le dune, ricche in profondità di conchiglie risalenti all'epoca in cui il mare era di casa (riquadro a destra nella figura) sono oggi a venti chilometri dalla costa. Dall'epoca in cui furono deposte, il Po ha accumulato un'enorme quantità di sedimento, anche a seguito di tagli artificiali, sviluppando un delta che si protende per una quarantina di chilometri. Corrisponde a una deposizione media di una decina di metri all'anno.

Fig. 6.11 Catastrofi sottomarine. Rapide correnti di turbidità hanno depositato i pacchi sedimentari visibili nella figura. Ogni strato ha richiesto al massimo qualche ora di deposizione (eccetto che per la parte superiore, depositatasi in acque calme). Appennino toscano (FVB)

Fig. 6.12 Le dune fossili di Massenzatica (Ferrara) sono il residuo di dune di spiaggia di età romana. A sinistra: le dune, essendo formate da materiale sabbioso e molto permeabile, ospitano piante che vivono con poca acqua. A destra: conchiglie di gasteropodi e bivalvi raccolte all'interno delle dune (FVB)

Questi esempi mostrano come la sedimentazione sia un processo tutt'altro che costante nello spazio e nel tempo, ed è spesso catastrofica. Se avvenisse sempre con questo ritmo, dovremmo aspettarci decine di chilometri di sedimenti depositatisi in un solo periodo geologico! Esistono inoltre notevoli lacune stratigrafiche in cui nel passato non è avvenuta alcuna sedimentazione, oppure è stata asportata. Come possiamo allora essere sicuri delle testimonianze fossili?

È un po' come per le testimonianze nei processi penali: per quanto spesso inattendibili e parziali, non possiamo farne a meno. Però proprio come l'esame del DNA è entrato in tribunale risolvendo casi prima impossibili, la sedimentologia e la geologia isotopica hanno portato a notevoli avanzamenti nel campo della geologia stratigrafica.

Catastrofi nella storia della vita

Le cose si complicano quando alla deposizione discontinua dei sedimenti sovrapponiamo l'evoluzione della vita. Secondo la teoria degli equilibri punteggiati di S.J. Gould e N. Eldredge, l'evoluzione delle singole specie non è essa stessa un processo continuo, ma procede a singhiozzi. Dallo studio di trilobiti e molluschi quaternari, è emerso come una specie rimanga identica per centinaia di migliaia di anni o milioni di anni, senza alcun cambiamento apparente. Improvvisamente la specie ne crea una nuova, diversa dalla precedente. Secondo i due paleontologi, la speciazione sarebbe allopatrica, in linea con quanto sostenuto dal biologo E. Mayr; piccole popolazioni si isolano dalla popolazione madre e col loro patrimonio genetico limitato danno luogo a discendenti con nuove caratteristiche. Il sedimentologo Derek Ager ha paragonato la vita di una specie a quella di un soldato: lunghi, interminabili periodi di noia interrotti da brevi episodi di terrore. Ma per quale motivo una specie rimane identica per un tempo lunghissimo per poi cambiare all'improvviso?

Forse a causa delle variazioni ambientali. Alcuni paleontologi hanno notato specie di una stessa zona marina cambiare all'unisono, un effetto chiamato *stasi coordinata (coordinated stasis)*. È difficile spiegare questo fenomeno senza ricorrere alle variazioni ambientali, cui le specie risponderebbero in maniera creativa, cambiando. Non tutti gli studiosi sono d'accordo con questo tipo di interpretazione; sarebbe proprio la documentazione fossile con le sue lacune a dare l'impressione di cambiamenti repentini nell'evoluzione della vita.

Le vicissitudini delle ammoniti sono solo uno degli esempi di come la vita sia stata sottoposta a una dura selezione durante centinaia di milioni di anni. La crisi di fine Permiano, di fine Triassico e di fine Cretaceo non hanno riguardato solo le ammoniti. Al contrario, hanno accomunato moltissimi gruppi animali e vegetali, molti dei quali non sono sopravvissuti. La crisi alla fine del Cretaceo, in cui le ammoniti si sono estinte, è stata fatale anche ai dinosauri. Due gruppi ben diversi, con storie e ambienti ben differenti: gli uni che vivevano sulla terraferma, le altre nel mare. Che cosa ha portato alla loro scomparsa contemporanea?

I paleontologi parlano di estinzioni di massa quando la scomparsa di molti organismi diversi avviene in un lasso di tempo geologicamente breve. In effetti, tra fine del Permiano e l'inizio del Triassico, l'estinzione di massa fu così devastante da estinguere quasi completamente la macrofauna e la macroflora sulla Terra. Ma cosa è avvenuto veramente? Vediamo in maniera più sistematica gli organismi coinvolti in queste catastrofi globali.

7. Estinzioni di massa

7.1 La vita salva per miracolo

Le "Big five"

Fin dagli albori della paleontologia moderna, era emerso come le faune e le flore fossili ebbero ripetuti cambiamenti radicali in corrispondenza di stadi ben precisi della storia terrestre. I cambiamenti erano così netti da venir utilizzati per distinguere un periodo dal successivo. La biosfera tra la fine del Permiano e l'inizio del Triassico era così diversa che i geologi la usarono come limite non solo fra diversi periodi, ma anche fra diverse ere: corrisponde infatti al passaggio dal Paleozoico al Mesozoico. Qualcosa di veramente drammatico deve essere accaduto tra il Permiano e il Triassico, un evento che ha sradicato una gran parte degli organismi viventi.

Un criterio simile è adottato anche per la suddivisione dei tempi storici, come si è detto. La transizione tra l'evo antico e il Medioevo viene fissata in base a un fatto ben preciso: il generale di origine germanica Odoacre depone Romolo Augustolo, l'ultimo degli imperatori romani d'occidente. Un fatto relativamente modesto, ma di portata globale. Col crollo dell'impero, già fortemente in declino, tutto il mondo cambia. Anche il passaggio tra Medioevo ed età moderna è distinto in base a un fatto radicale. La scoperta dell'America da parte di Colombo sposta l'asse degli interessi politico-commerciali dal Mediterraneo ai vastissimi oceani, allargando al contempo le prospettive spaziali del mondo; niente sarà più lo stesso. A pensarci bene, nessuna delle suddivisioni storiche è basata su catastrofi che pur sono state comuni nella storia dell'uomo (grandi guerre, pestilenze), il contrario di quanto avviene per la storia della Terra. Segno che in fondo le guerre non hanno cambiato gran che; le scoperte e i fatti non cruenti hanno avuto ripercussioni più durature nella storia dell'uomo.

I paleontologi moderni hanno migliorato in maniera drammatica i dati a nostra disposizione sull'andamento delle faune e delle flore fossili nel tempo; e i moderni mezzi informatici hanno permesso serie analisi statistiche per capire più in profondità che cosa sia successo. Ecco cosa è emerso. Ci sono state un certo numero di estinzioni di massa, episodi in cui la vita ha subito delle perdite drammatiche. Cinque le più gravi: alla fine dell'Ordoviciano, verso la fine del Devoniano, alla fine del Permiano, alla fine del Triassico e alla fine del Cretaceo. A queste si aggiungono estinzioni di massa minori, ma per nulla trascurabili, come quella alla fine del Cambriano o alla fine del Giurassico. Vediamole ora in maggior dettaglio.

Nell'Ordoviciano pullula la vita, ma è una vita esclusivamente marina dato che le prime forme terrestri sono note a partire dal periodo successivo. Fra i gruppi fossili più comuni i graptoliti, forme estinte spesso piatte nei resti fossili, simili al seghetto del vecchio gioco del traforo (Fig. 7.1). Caso ha voluto che si siano spesso conservati in sedimenti neri, un tipo di roccia comune in assenza di ossigeno. Appaiono quindi come misteriose scritte sulla roccia, da cui il nome.

Come antiche iscrizioni, i graptoliti rivelano dettagli essenziali delle condizioni geologiche e climatiche attraverso il Paleozoico, l'unica era in cui vissero. Trascorrevano l'esistenza come animali pelagici, distribuiti in colonie. Un seghetto (detto propriamente rabdosoma) rappresenta una colonia e ciascun dente la teca di un individuo; i rabdosomi erano attaccati a pneumatofori (vesciche) o altri oggetti galleggianti, oppure più di rado a strutture ancorate sul fondo. Ebbene questi organismi, così perfettamente adattati, subirono una fortissima morìa, veramente improvvisa, alla fine dell'Ordoviciano.

Così anche i trilobiti, artropodi oggi estinti abbastanza simili ai crostacei. Erano animali detritivori, cioè in cerca delle particelle nutritizie che sono sempre presenti sul fondo del mare (Fig. 7.2). Si chiamano così per la peculiare suddivisione del corpo in tre parti, sia

Fig. 7.1 I graptoliti sono animali esclusivamente paleozoici (FVB)

orizzontalmente sia verticalmente. Nel Cambriano, il periodo precedente l'Ordoviciano, i trilobiti avevano conosciuto una prima età dell'oro, che continua fino alla fine dell'Ordoviciano. L'estinzione di massa le decima in due episodi distinti; un totale di oltre il 30% delle famiglie si estinguono. Scompaiono le forme pelagiche e quelle di elevate profondità, ma non quelle di acque superficiali.

I brachiopodi, organismi simili nell'aspetto ai molluschi bivalvi e fissati sul fondo del mare sono viventi ancor oggi (Fig. 7.3). Anche loro furono colpiti duramente, con lo sterminio dell'83% dei generi e il 48% delle famiglie. In breve, alla fine dell'Ordoviciano il 26% delle famiglie di animali marini erano scomparse lasciando una fauna molto diversa nel periodo successivo, il Siluriano.

La seconda delle "Big Five" avvenne un po' prima della fine del Devoniano. Questa volta la crisi riguardò soprattutto gli organismi costruttori di scogliera (che peraltro già avevano sofferto nell'estinzione precedente): i coralli paleozoici, divisi in due gruppi, i Rugosa e i Tabulata, subirono gravi estinzioni, così come gli stromatoporidi,

Fig. 7.2 Vari generi di trilobiti. La figura intende illustrare la diversità di questa classe di artropodi, non i generi estintisi alla fine dell'Ordoviciano (ad esempio, il genere Phacops, al centro in alto, è tipico del Devoniano)

organismi costruttori affini alle spugne. Ma non furono solo gli organismi bentonici, cioè quelli che vivono sul fondo del mare (Fig. 7.4), a venir decimati. Le ammoniti, come abbiamo visto, subirono una delle maggiori crisi della loro storia, così come i primi pesci corazzati.

La madre di tutte le estinzioni
È però alla fine del Permiano che avviene la più grande e devastante estinzione di massa di tutti i tempi. È stata chiamata la madre di tutte le estinzioni e ricordata come l'episodio in cui la vita stessa quasi morì. Pare che circa il 96% delle specie allora viventi sparì, ma non è

Fig. 7.3 I brachiopodi furono alcune delle vittime illustri della crisi biologica di fine Ordoviciano (FVB)

Fig. 7.4 Per meglio comprendere l'ecologia delle estinzioni di massa degli organismi marini, è utile tener presente la divisione tra animali bentonici, nectonici e planctonici. I primi, come ad esempio i coralli o le spugne nella foto ma anche i molluschi bivalvi o i ricci di mare, vivono sul fondo. Quelli nectonici, come i delfini o i pesci, vivono attivamente nella colonna d'acqua. Infine gli organismi planctonici si lasciano passivamente trasportare dalla colonna d'acqua. Di solito il plancton è costituito da animali e piante microscopiche. Organismi nectonici e planctonici sono a volte collettivamente chiamati pelagici

solo una questione numerica. Scomparvero interi gruppi animali e vegetali e dopo di essa il mondo non fu più lo stesso. Non solo si estinsero moltissime specie di echinodermi tra cui crinoidi (gigli di mare, animali bentonici attaccati al fondo con un peduncolo e tuttora viventi) e blastoidi (simili ai crinoidi ma completamente estinti). Anche le ammoniti, ripetiamolo, furono decimate al punto da sopravvivere con due soli generi nel Mesozoico. Ma uno dei cambiamenti più drammatici riguardò gli organismi costruttori di scogliere.

Fin dal Cambriano, molti diversi tipi di animali e piante costruirono imponenti scogliere intorno ai mari caldi. Si trattò in tutti i casi di comunità complesse di moltissimi organismi diversi, una cittadella naturale sottomarina. Alla base di una scogliera vi è un'impalcatura di base, ovvero un gruppo di organismi che formano uno zoccolo resistente. Questa base fornisce protezione e nutrimento a molti animali e piante in simbiosi, cosicché si forma una lunga catena ecologica, una *food web* di organismi interdipendenti tra loro. Nelle scogliere moderne, l'impalcatura è formata soprattutto da coralli dell'ordine *Scleractinia*. Se questi coralli, sensibili anche a piccole variazioni ambientali dovessero soccombere, l'intera comunità ecologica crollerebbe come un castello di carte.

Non sono stati sempre i coralli a formare le scogliere. Nel Cambriano esse erano formati dagli Archeociatidi, scomparsi dopo soli pochi milioni di anni. Venne poi la volta degli stromatoporidi, delle spugne, e poi finalmente dei coralli, ma di un tipo diverso da quelli attuali. I coralli paleozoici appartengono infatti grosso modo a due ordini diversi, i *Tabulata* e i *Rugosa*, piuttosto diversi dalle sclerattinie (Fig. 7.5). Li abbiamo già visti soffrire nelle estinzioni di massa precedenti. Ebbene, fu proprio la crisi biologica del Permiano terminale a cancellare i coralli primitivi dalla faccia della Terra. E con loro crollarono tutti gli organismi che facevano da corollario alle scogliere. La devastazione fu tale che all'inizio del periodo successivo, il Triassico, si fatica a trovare i coralli per circa 7-8 milioni di anni. Un'assenza chiamata *reef gap*, che invita a una riflessione non solo scientifica. Proviamo infatti a immaginare un mondo privo di scogliere tropi-

Fig. 7.5 A sinistra: un corallo paleozoico (a sinistra) e uno "moderno" (a destra) (FVB). A destra: oggi come nel passato, le scogliere coralline sostengono una vasta catena alimentare

cali, senza tutta la vita animale e vegetale che essi mantengono. Solo dopo milioni di anni, faticosamente, i coralli riappaiono prima timidamente (e proprio in Italia, nell'Anisico superiore delle Dolomiti) per poi dar luogo a un'esplosione di grande diversità giungendo poi, nel Triassico superiore, a formare di nuovo enormi scogliere. Anche qui vediamo in azione l'effetto naufragio: pochi sopravvissuti hanno trasferito il proprio patrimonio genetico alle discendenze, creando un nuovo *body plan*, una struttura corporea specifica. Tutte le nuove categorie sistematiche di livello superiore, sviluppatesi a partire dai pochi sopravvissuti, hanno quindi la stessa struttura di base: i nuovi coralli, le sclerattinie, si sviluppano infatti con una simmetria particolare a sei setti, sconosciuta nell'era precedente.

Una storia simile si ripete con gli echinodermi, il phylum che comprende ricci di mare, uloturie, crinoidi e stelle di mare. Intere classi come i primitivi blastoidi (simili ai crinoidi) si estinsero completamente. Anche i crinoidi subirono una grave crisi mentre gli echinoidi (noti anche come ricci di mare) sopravvissero con un solo genere, il *Miocidaris*. Tutti i ricci di mare esistenti oggi derivano da quei pochi sopravvissuti.

I microfossili sono molto importanti per ricostruire la storia della vita sulla Terra, sia perché molto abbondanti, ma spesso anche in quanto assai meglio conservati dei macrofossili. Sotto il microscopio del micropaleontologo, possono rivelare importanti aspetti della storia della vita e delle estinzioni di massa. I foraminiferi, un tipo di microfossili protozoi, andarono in grave crisi alla fine del Permiano e ci vollero ben dieci milioni di anni per riprendersi dall'estinzione di massa.

Ma foraminiferi, coralli ed echinoidi bene o male si ripresero, ritornando allo splendore che già avevano esibito nel Paleozoico. Per altri organismi invece l'estinzione di massa fu così devastante da minare la capacità stessa di ripresa. Come per i brachiopodi (Fig. 7.3). Durante la crisi Permo-Triassica subirono una crisi devastante – il 95% dei generi scomparve. Nemmeno i 250 milioni di anni passati da allora a oggi sono bastati per riprendersi. Per i brachiopodi gli antichi fulgori dell'era paleozoica rimasero un ricordo e da allora non son più usciti dalla serie C degli animali bentonici, lasciando azione libera a organismi ecologicamente simili ma più moderni come i molluschi bivalvi. Fra i molluschi, come abbiamo visto, furono soprattutto le ammoniti ad avere la peggio, molto più dei gasteropodi e dei bivalvi. I nautili, parenti prossimi delle ammoniti, non subirono alcun tipo di danno.

La devastazione non risparmiò la vita sui continenti. Così gli insetti, passati indenni attraverso molte fasi critiche della storia terrestre, subirono gravi decimazioni. Ma furono anche i grandi gruppi di vertebrati – rettili e anfibi – fra le vittime più illustri e di maggiori dimensioni. Molte specie di tartarughe scomparvero; nel Permiano superiore sono diffusi alcuni mostruosi sinapsidi come il *Moschops*, un rettile dal cranio enorme ritrovato in Sudafrica (Fig. 7.6). Nessuno di questi grossi vertebrati sopravvisse alla fine del Permiano. In totale scomparvero 27 famiglie di vertebrati tetrapodi.

Estinzioni durante il Mesozoico

L'inizio del Triassico fu un po' come la quiete dopo la bufera. Faticosamente la vita riprese il suo corso e verso la metà del periodo la vita pullulava come prima dell'estinzione di massa. Ma gli organismi che riconquistarono il mondo erano ormai profondamente diversi da quelli dell'era precedente. All'incirca nel Triassico medio fanno la comparsa due gruppi di animali molto importanti. Il primo è costi-

Fig. 7.6 Alcune vittime della crisi biologica del Permiano terminale. I crinoidi, che vivono attaccati al fondo del mare con un peduncolo, furono decimati ma sopravvissero. Qui un esemplare del Siluriano. Fra le vittime della terraferma i grossi rettili sinapsidi, progenitori dei mammiferi come il Moschops sudafricano

tuito da rettili sinapsidi che più tardi evolveranno nei mammiferi. E poco dopo nascono i primi dinosauri destinati a dominare molte nicchie ecologiche sulla terraferma durante l'intera era Mesozoica. Nel Triassico superiore sono ben sviluppate le grandi scogliere che dovevano ospitare una vita rigogliosa simile a quella odierna. I migliori esempi provengono dalle Dolomiti. Ma verso la fine del periodo Triassico, un'altra crisi. Abbiamo già visto come le ammoniti siano state falcidiate, tanto che a partire dal periodo successivo, il Giurassico, esse sviluppano linee di sutura molto diverse e assai più complesse. Anche i brachiopodi e i molluschi bivalvi subiscono una grave crisi.

Uno dei misteri storici della paleontologia, un enigma che ha tenuto banco per oltre un secolo a partire dai primi dell'800 è quello dei conodonti, stranissimi organelli microscopici a forma di dente (Fig. 7.7). Noti fin dal Cambriano, i conodonti furono attribuiti ai più disparati tipi di organismi. Non si aveva nemmeno idea di quale tipo di struttura facessero parte: erano denti, parti dell'occhio e qualche altra cosa? Il problema era che queste strutture venivano trovate isolate: il proprietario, che doveva avere solo tessuti molli, andava in putrefazione molto rapidamente lasciando, beffarde, le parti dure:

Fig. 7.7 Alcuni esempi di conodonti, misteriosi resti degli apparati boccali di animali simili all'anfiosso, in un francobollo canadese

enigmatiche, incomprensibili. Soltanto nel 1983 venne alla luce nei sedimenti del Carbonifero scozzese un esemplare piuttosto completo di un animale con tanto di apparato conodonte; una vera e propria fotografia forense che rivelò il mistero, prima che il corpo si decomponesse rapidamente o che fosse trasportato lontano dal punto di morte. L'animale era una specie di vertebrato anguilliforme probabilmente simile alle attuali lamprede. Ebbene i conodonti, dopo trecento milioni di anni di storia soccombettero, anche loro vittime della terribile crisi di fine Triassico. In totale 22 famiglie di animali marini non passarono la soglia tra il Triassico e il Giurassico.

Veniamo ora all'ultima e più spettacolare delle estinzioni di massa, quella che alla fine del Cretaceo ha avuto come protagonisti i dinosauri[1]. I dinosauri sono fra gli animali più appariscenti che abbiano solcato la faccia della Terra e quindi la loro estinzione suscita molta curiosità. Ma essi scomparvero in contemporanea a molti altri tipi di organismi. Perfino molti paleontologi professionisti sono invece stati fuorviati dall'"effetto dinosauro" e proposto teorie per spiegare la loro estinzione senza tener conto della scomparsa nello stesso breve lasso di tempo di altre forme di vita, tra loro diversissime. Si è suggerito che i mammiferi, allora delle dimensioni di un topo, avrebbero causato l'estinzione dei dinosauri mangiandone le uova. Ma esistevano moltissime specie di dinosauri (erano divisi in due ordini, i Saurischi e gli Ornitischi, ciascuno comprendente numerose famiglie); sarebbe stata impossibile l'esistenza un animale capace di predare su un così alto numero di specie diverse in quanto la dieta dei carnivori è di solito basata su poche specie. Inoltre i dinosauri alla fine del Cretaceo vivevano in ambienti diversi. Perseguitati in tutti questi ambienti dagli stessi mammiferi? Resta poi il fatto che come abbiamo visto anche altri organismi marini come le ammoniti si estinsero alla fine del Cretaceo insieme ai dinosauri. Che ruolo possono aver avuto i toporagni primitivi in un'estinzione marina?

---

[1] Chiamata anche estinzione K-T nel gergo internazionale della stratigrafia e paleontologia.

Andiamo con ordine cominciando proprio coi dinosauri (Fig. 7.8, Tavola 6). Come si è detto, i primo risalgono al Triassico medio-superiore (Carnico). Sono però i due periodi successivi, il Giurassico e il Cretaceo, la vera età dell'oro dei dinosauri. Del Giurassico sono tipici i generi di dinosauro come *Stegosaurus* o i grandi sauropodi come *Diplodocus* o *Apatosaurus* e fra i predatori l'*Allosaurus*. Verso la fine del Cretaceo i dinosauri si presentano all'appuntamento con l'estinzione ancora molto diversificati[2]. Tra i generi che in prima persona vissero l'estinzione di massa, i più noti al grande pubblico furono il

Fig. 7.8 I grandi sauropodi come Apatosaurus, Brachiosaurus e Diplodocus sono caratteristici del Giurassico superiore e quindi precedono di molto l'estinzione di massa alla fine del Cretaceo. Alcuni generi di sauropodi meno noti vissero però anche nel Cretaceo

---

[2] Spesso si pensa ai dinosauri come se vivessero tutti contemporaneamente, complici i cartoni animati e perfino alcune vignette scientifiche che per motivi grafici di spazio riuniscono insieme molti generi appartenenti a periodi diversi. Anche il film "Jurassic Park" mostra un mix di dinosauri del Giurassico e del Cretaceo (anzi, per lo più del Cretaceo, ma un titolo come Cretaceous Park sarebbe stato poco allettante!). In realtà i dinosauri vissero per 130 milioni di anni, un tempo lunghissimo se paragonato alla vita media di una specie, che in media è solo di qualche milione di anni. Quindi l'estinzione di massa alla fine del Cretaceo colpì solo gli ultimi dinosauri allora viventi. Non certo il grande sauropodo Diplodocus, estintosi assai prima: è passato più tempo da quando viveva il Diplodocus all'estinzione di massa dei dinosauri, di quanto non sia passato da questa estinzione a noi.

Tyrannosaurus e il *Triceratops*, entrambi ben rappresentati nella formazione di Hell Creek in Montana. Fra gli organismi di terraferma, anche molte piante scomparvero soprattutto fra le angiosperme. Alla fine del Cretaceo scomparvero altri grandi rettili come i plesiosauri nei mari e gli pterosauri, efficaci rettili volanti, nei cieli (Fig. 7.9).

Nel mare un'estinzione devastante colpì i foraminiferi planctonici, sopravvissuti con un solo genere. Ma non quelli bentonici, meno turbati da quanto stava accadendo intorno. Oltre alle ammoniti, di cui abbiamo già detto, ci furono altri molluschi tra le vittime eccellenti di questa estinzione. Gli inoceramidi e le rudiste erano due gruppi di bivalvi specializzati; i primi, tipici del Cretaceo, si annoverano fra i bivalvi più grossi mai esistiti. Quanto alle rudiste (dette anche ippuriti), erano strani bivalvi conici in cui la valva inferiore rimaneva attaccata al fondo e quella superiore fungeva da coperchio. Le belemniti erano invece cefalopodi di forma conica affini alle seppie. Questi tre gruppi, di grande successo durante il Cretaceo, scomparvero anch'essi al limite tra Cretaceo e Terziario.

Elvis e Lazzaro

Abbiamo visto che all'indomani dell'estinzione di massa della fine del Permiano i coralli scomparvero per riapparire molti milioni di anni più tardi. Ma dove erano finiti? Cosa ne è delle specie animali e vegetali durante un'estinzione di massa? Le vittime scompaiono al-

Fig. 7.9 Oltre ai dinosauri, alla fine del Cretaceo scomparvero altri grandi rettili: i plesiosauri nei mari (a sinistra) e gli pterosauri, efficaci rettili volanti (a destra)

l'improvviso o gradualmente? E i sopravvissuti prosperano oppure subiscono anche loro pesanti morie? Finora la breve descrizione delle estinzioni di massa è stata poco più di un elenco delle vittime. Negli ultimi decenni i paleontologi si sono interessati non solo del risultato finale delle estinzioni di massa, ma anche dei dettagli e dei tempi dell'estinzione, ovvero di cosa avvenne in quei drammatici millenni in cui gli organismi furono decimati. Gli specialisti hanno così distinto diversi tipi di comportamento dei vari taxa, e tre fasi (Fig. 7.10). Una fase di estinzione vera e propria, probabilmente la più breve, una fase di sopravvivenza, in cui la causa diretta dell'estinzione non agisce più, e infine una fase di ricrescita in cui la vita riemerge e riconquista gli ambienti perduti.

Alcuni dei taxa semplicemente scompaiono dagli strati geologici. Se questo sia avvenuto in centomila, mille, oppure solo un anno è spesso impossibile determinarlo. Altri organismi scompaiono più gradualmente, altri ancora invece continuano oltre il livello dell'estinzione. Di questi, un certo numero di organismi forse era immune alla causa della crisi biologica. Secondo alcuni studiosi un ruolo impor-

Fig. 7.10 I paleontologi hanno riconosciuto una serie di comportamenti standard in atto durante e dopo le estinzioni di massa da parte di alcuni organismi coinvolti. Qui è illustrato il comportamento di alcuni taxa durante una generica estinzione di massa. Da: Hallam e Wignall (1997), modificato e semplificato

tante nella sopravvivenza sarebbe dato dai cosiddetti *rifugi*, piccoli angoli nascosti come caverne, tane, luoghi comunque riparati da qualsiasi cosa abbia causato l'estinzione. La teoria dei rifugi, però, non tiene conto di tutti i dati. Si è visto che alcuni degli organismi sopravvissuti non solo non si nascosero, ma colonizzarono la più grande area possibile, indisturbati dall'assenza di competitori o predatori.

È il caso delle stromatoliti, associazioni di alghe e cianobatteri in simbiosi. Questa comunità biologica intrappola sedimento fine, costruendo una curiosa impalcatura. La mucillagine sulla superficie delle colonne in continua crescita deve sembrare a molti organismi come un piatto prelibato. Ecco perché le stromatoliti non possono sopravvivere dove pullula la vita ma solo in ambienti estremi, dove vengono lasciate in pace. Ad esempio in litorali così ricchi di sale da risultare invivibili per i gasteropodi, che altrimenti si ciberebbero delle alghe simbiotiche (Fig. 7.22). Sono quindi legate ad ambienti poveri di vita e infatti sono comuni nel precambriano, il lungo periodo che precede l'esplosione della vita. Nel Triassico inferiore, proprio a causa della grande moria di invertebrati, le stromatoliti ritornarono a essere abbondanti.

Finita la fase di sopravvivenza, dove le condizioni devono essere molto dure, finalmente l'ambiente ritorna alla normalità e le catene alimentari si ristabiliscono. Infatti anche se gli organismi che compongono le nuove comunità sono nuovi, la relazione tra organismi è sempre la stessa durante la storia della Terra. I produttori primari sfruttano la luce del sole attraverso la fotosintesi; vengono predati dagli erbivori, questi da carnivori, e questi ultimi da altri carnivori. Fino a formare una catena alimentare complessa.

La ripresa è lenta, ma con le giuste condizioni per un miglioramento la vita torna a sbocciare. Giunti in un mondo devastato e privo di competitori, i sopravvissuti godono di un premio inaspettato: un mondo tutto per loro da colonizzare, da conquistare. E per farlo devono ridurre la competizione con gli altri sopravvissuti, devono differenziarsi velocemente. Chi sopravvive comincia quindi a produrre tantissime specie in maniera esplosiva. In biologia prendono il nome di *radiazioni adattative*, un fenomeno che porta alla rapida diversificazione degli organismi alla conquista di nuovi ambienti. Non è solo il numero di specie ad aumentare rapidamente. Durante una radiazione adattativa si formano in breve tempo categorie tassonomiche anche molto elevate: nuove famiglie, nuovi ordini. Fu una radiazione adattativa a creare quasi tutti i phylum animali tra il Vendiano e il Cambriano, dando luogo all'esplosione di vita all'inizio del Fanerozoico.

Radiazioni più piccole possono avvenire anche in ambienti più ristretti. Ad esempio, il lago Vittoria in Africa centrale fu colonizzato quindicimila anni fa da qualche specie di pesci. In quei pochi anni (per un processo lento come l'evoluzione) si formarono molti generi e famiglie diverse di ciclidi, ciascun pesce specializzato in diete e modi di vita diversi.

Dopo una tipica estinzione di massa, hanno luogo molte radiazioni adattative da parte dei gruppi di sopravvissuti. Già si è visto come le ammoniti, sopravvissute dal rotto della cuffia alle grandi estinzioni tardopaleozoiche e triassiche, diedero luogo a notevoli radiazioni adattative subito dopo. Ma l'esempio più appariscente, quello che ci riguarda più da vicino, è la radiazione adattativa dei mammiferi nel Terziario, dopo l'estinzione di massa del Cretaceo. Trovando un ambiente libero, diedero origine a tutti gli ordini di mammiferi entro 15 milioni di anni dall'estinzione, producendo tutte le forme che conosciamo: cetacei, ungulati, pipistrelli, mammiferi carnivori, artiodattili, perissodattili, scimmie. Non è forse la prova più evidente dell'aspetto creativo delle catastrofi?

Finita la fase critica dell'estinzione, alcune specie rubano il ruolo ecologico che prima della catastrofe era assunto da un'altra specie. Si tratta dei cosiddetti taxa *Elvis*, dal nome del divo che anche dopo la scomparsa rivive nei panni di numerosi imitatori. Un taxon opportunista ha un notevole sviluppo proprio nella fase critica della sopravvivenza, quando gli altri devono lottare per sopravvivere. Ad esempio le felci, più adattate, più opportuniste e capaci di adattarsi ai terreni peggiori aumentano spesso di abbondanza durante un'estin-

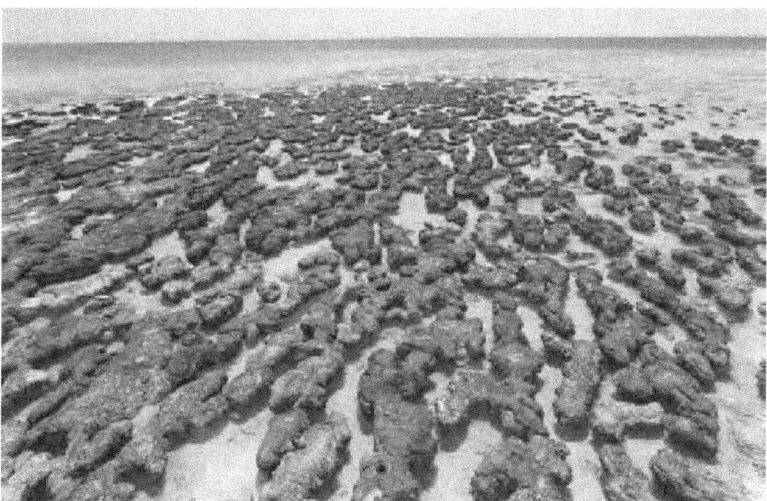

Fig. 7.11 L'elevata salinità della Shark Bay (Australia) rende impossibile la sopravvivenza di molti organismi; ciò favorisce la crescita delle stromatoliti visibili qui

zione di massa. Un taxon di tipo *Lazzaro*, dal nome del personaggio del Vangelo, scompare misteriosamente durante l'estinzione di massa per poi risuscitare nella fase di ricrescita. È stato così per i coralli dopo la crisi di fine Permiano.

La Fig. 7.12 mostra la simulazione al computer di una radiazione adattativa a seguito di un'estinzione di massa. I due grafici A e B sono stati creati partendo da una sola specie (al tempo zero sulla sinistra). Una specie è rappresentata da un punto su un piano. Essa può creare un'altra specie, che viene posizionata su un punto contiguo, scelto a caso. Il piano su cui giacciono i punti non rappresenta lo spazio reale, ma lo spazio "ecologico". Le due specie cominciano a competere tra loro per le risorse disponibili, ma anche a creare nuove specie vicine. Ecco quindi che la comunità cresce, formando in maniera spontanea le linee visibili nel grafico (grafici dall'apparenza simile basati sulla conta delle specie fossili vengono studiati dai paleontologi per i diversi gruppi di organismi). A un certo punto, avviene un'estinzione di massa in corrispondenza delle frecce (simulata cancellando il 99% delle specie). Si notano le nuove radiazioni adattative che portano a

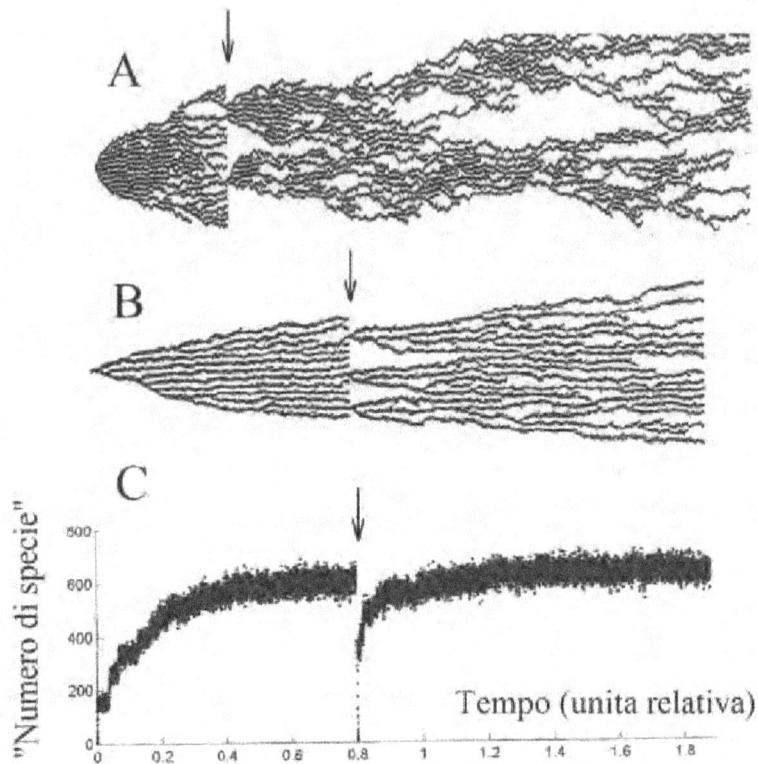

Fig. 7.12 A e B: Semplice simulazione al computer di una radiazione adattativa in seguito a un'estinzione di massa (indicata dalla freccia). Il grafico in C mostra il numero di specie simulate in B (FVB)

gruppi maggiori. È anche interessante come le specie manifestano tra loro un "effetto repulsivo" dovuto alla competizione.

7.2 La causa delle estinzioni di massa

Che cosa ha causato crisi così drammatiche nella storia della Terra come le estinzioni di massa? Fu qualcosa fuori dalla norma, raro, eccezionale? Oppure la causa va ricercata nella continuità dei processi terrestri, un po' come quando si stira un elastico lentamente ma oltre misura, fino a spezzarlo? A prima vista sembrerebbe corretta la prima ipotesi. A un fenomeno così devastante si deve associare una causa drammatica. Non è detto sia così. Sappiamo infatti fin dai tempi di Cuvier che l'estinzione delle specie è un processo normale della storia della vita, anche durante periodi privi di estinzioni di massa.

Le teorie suggerite per spiegare le estinzioni di massa sono numerose e una collezione di articoli scientifici su questo tema riempirebbe interi volumi. Facciamo qui brevemente il punto su alcune di queste teorie.

Provincialismo

Abbiamo visto nella prima e seconda parte del libro il ruolo essenziale dei movimenti delle placche litosferiche nell'origine dei terremoti e delle eruzioni vulcaniche. La Fig. 7.13 mostra la paleogeografia mondiale tra il Permiano e il Triassico. I continenti erano disposti in maniera da formare un unico supercontinente, la Pangea.

Il fatto che nel passato i continenti fossero uniti può avere grande significato geologico, biologico, e climatico. I biogeografi sanno da moltissimo tempo che il numero di specie in una regione aumenta con l'area. Fin qui nulla di sorprendente. Tuttavia un'ulteriore analisi mostra delle relazioni matematiche interessanti. In primo luogo l'au-

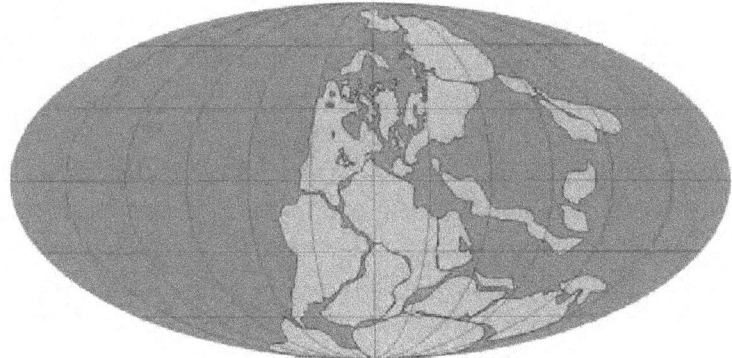

Fig. 7.13 Paleogeografia del Permo-Triassico

mento del numero di specie con l'area sembra seguire una legge di potenza con esponente molto minore di uno. Significa che il numero totale di specie presenti in due isole di area uguale è maggiore di quelle viventi su una singola isola avente area uguale alla somma delle due isole più piccole.

Consideriamo ora un certo gruppo di animali su un'isola, ad esempio una famiglia di insetti (Fig. 7.14). Quando il mare invade la terraferma (un processo chiamato trasgressione) l'area a disposizione degli insetti diminuisce. Di conseguenza l'isola può mantenere un numero minore di insetti (60 invece di 100 nell'esempio fittizio di Fig. 7.14) e alcune specie andranno estinte. Di contro, quando il mare recede (regressione) la diversità aumenta.

Una seconda legge riguarda il caso in cui a variare è la disposizione della superficie, mentre l'area totale non varia. Consideriamo di nuovo l'isola dell'esempio e analizziamo la configurazione in cui essa venga divisa in quattro isole indipendenti (Fig. 7.14 a destra). Quale configurazione può accomodare più specie? Se il numero di specie fosse esattamente proporzionale all'area, il numero totale delle specie sarebbe indipendente dalla configurazione. Ma poiché come si è detto, il numero di specie cresce lentamente con l'area con una legge di potenza, la configurazione di isole separate ha in media più specie (25+30+40+38=133 specie per isole separate, 100 se le isole sono tutte unite come nell'esempio). Un principio simile si applica alle aree di dimensioni continentali.

Quindi la configurazione a continenti uniti, situazione durante il Permiano, dà asilo a un minor numero di specie di terraferma rispetto a quella a continenti separati dopo la spaccatura della Pangea, tipica del Triassico. Non è ancora una teoria delle estinzioni di massa, anche perché la crisi di massa di fine Permiano – quella che più viene chiamata in causa da questo tipo di ragionamenti – avvenne quasi all'improvviso alla fine del periodo, mentre i movimenti continentali sono lenti. Inoltre, secondo questa spiegazione il numero di specie di terraferma sarebbe dovuto aumentare con la rottura della Pangea. Comunque il punto è quello di ricordare che la diversità della vita sui

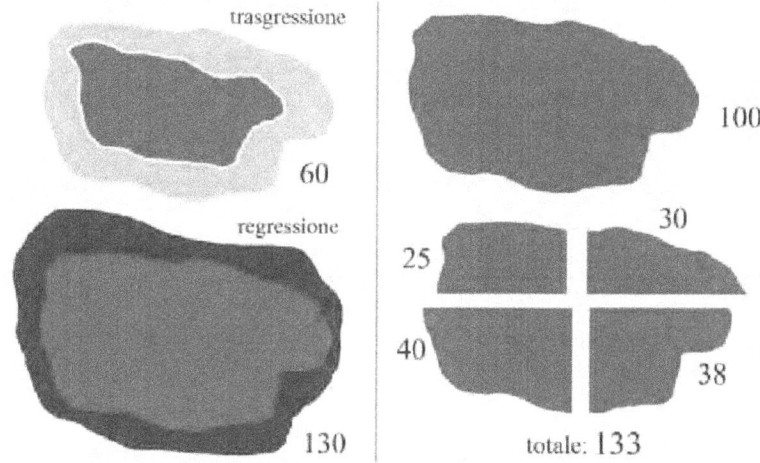

Fig. 7.14 Un'ipotetica isola è abitata da 100 specie. A sinistra: una trasgressione porta ad una diminuzione dell'area e quindi un numero minore di specie può sopravvivere (ad esempio, solo 60). Al contrario, una regressione aumenta l'area a disposizione e determina perciò un aumento del numero di specie (si suppone che l'isola non sia troppo lontana dal continente in quanto nuove specie devono avere la possibilità di colonizzarla). A destra: se al posto dell'isola vi sono quattro isole di area totale uguale, di norma il numero di specie totale sarà maggiore

continenti è qualcosa di complesso e può dipendere anche dalla distribuzione delle terre emerse.

E nei mari? Lo stesso ragionamento vale ovviamente per gli organismi marini. E quando detto sin qui ci permette di mettere a fuoco una delle prime teorie sulle estinzioni di massa.

Variazioni del livello marino e di temperatura

Mentre gli animali erano trasportati passivamente sui continenti alla deriva, i climi e gli habitat naturali cambiavano continuamente sia pure in maniera molto lenta. Anche le temperature esterne cambiavano e così il livello globale dei mari. E queste modifiche non affliggevano specie indipendenti, ma comunità complesse legate in catene alimentari. La domanda è dunque: tutte queste variazioni, anche se lente, potevano avere conseguenze catastrofiche nella storia delle vita?

Il livello globale dell'acqua oceanica ha avuto drammatiche variazioni durante la storia della Terra: un dato ormai accettato da geochimici, geologi e paleontologi. La Fig. 7.15 mostra una curva di variazione del livello marino. Si nota come ognuna delle "big five"

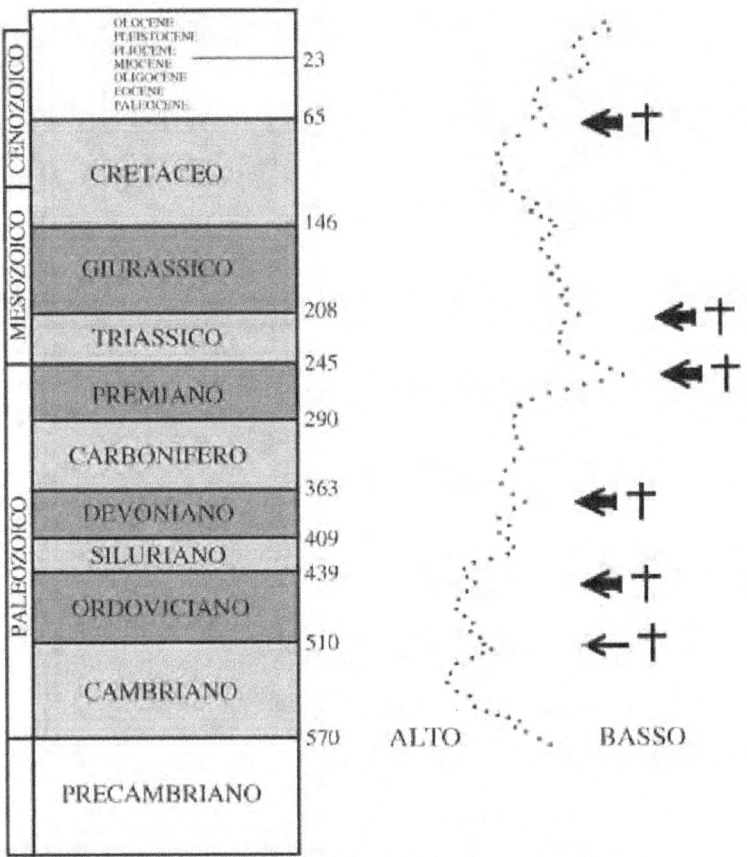

Fig. 7.15 Relazione tra livello del mare (grafico puntinato sulla destra) ed estinzioni di massa (Hallam e Wignall 1997, modificato). Le estinzioni di massa sono indicate con una freccia (una freccia più leggera indica anche l'estinzione di massa alla fine del Cambriano, non una delle "big five" ma pur sempre ragguardevole). Oggi il mare è particolarmente basso rispetto al passato. La relazione tra estinzioni di massa e improvvisa regressione appare chiaramente

(freccia grossa) sia associata a un livello del mare più basso della media. Si tratta come si è detto di fenomeni di regressione, in contrapposizione alle trasgressioni, in cui il mare più elevato della media invade la terraferma. Secondo Norman Newell, un eminente paleontologo della Columbia University recentemente scomparso, le regressioni così rapide rubano alla vita marina una vasta area di piattaforma continentale, promuovendo così l'estinzione delle specie. Il processo sembra teoricamente valido e le regressioni sono reali; ma le cose non tornano con la recente regressione del Quaternario, associata con l'aumento delle calotte glaciali e le glaciazioni. Inoltre gli organismi continentali avrebbero beneficio da un'estensione del territorio a loro disposizione. Perché anche molti di loro furono vittime delle estinzioni di massa? Secondo alcuni ricercatori come Anthony Hallam, l'estinzione di massa avveniva in corrispondenza non tanto della regressione, ma della successiva trasgressione, che comportava un regime anossico (con assenza di ossigeno) e conseguente moria della vita marina di piattaforma. La variazione del livello marino da sola non spiega però alcune osservazioni. Una fra tutte: la crisi dei foraminiferi planctonici durante l'estinzione di massa alla fine del Cretaceo. Una variazione del livello marino avrebbe dovuto colpire di più quelli bentonici, ma i dati fossili mostrano esattamente il contrario.

Una seconda osservazione riguarda il clima. Anch'esso è cambiato nel corso delle ere geologiche come vedremo nel prossimo capitolo; ma i cambiamenti biologici e climatici sono correlati? E quanto velocemente cambia il clima?

Sappiamo bene come oggi certe specie animali siano legate a particolari regioni climatiche. Ad esempio i rettili, diffusi nelle regioni calde si diradano verso Nord; essendo animali eterotermi (a "sangue freddo"), i rettili necessitano di temperature miti per poter riscaldare l'interno del corpo.

Gli animali e le piante hanno un certo intervallo di tolleranza per la temperatura (Fig. 7.16). Alcune specie generaliste (o euriterme) tollerano bene una variazione di temperatura riuscendo a sopravvivere in qualche modo anche quando essa è molto maggiore o minore

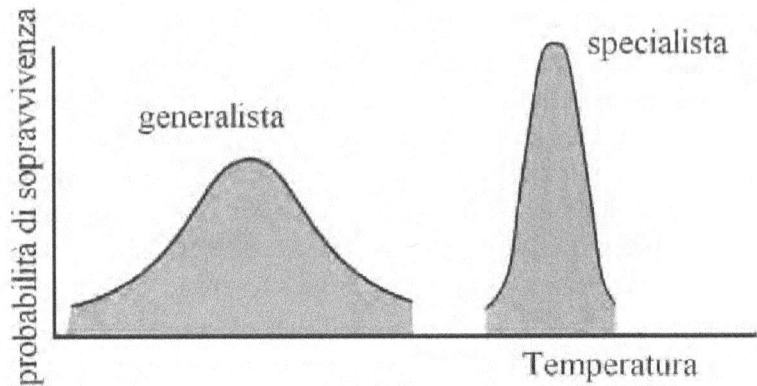

Fig. 7.16 Animali e piante euritopiche (generaliste) hanno un intervallo di sopravvivenza molto più ampio di quelle stenotopiche (o specialiste)

rispetto alle condizioni migliori. Altre specie, dette stenoterme, sono invece specialiste: tollerano male una variazione di solo pochi gradi di temperatura. La cosa non riguarda solo la temperatura, ma anche gli altri parametri ambientali (salinità, umidità, presenza di composti chimici particolari, eccetera). Un cambiamento abbastanza rapido delle condizioni esterne può portare a tre tipi di reazioni da parte degli organismi. Se la variazione è troppo marcata, l'individuo può morire. La seconda reazione è la migrazione verso condizioni migliori. Ma può anche accadere che la variazione promuova nuove generazioni meglio adattate alle condizioni esterne. Simulazioni al computer di questo tipo di dinamica mostrano drammatici e improvvisi eventi di estinzione (Fig. 7.17). E questo anche se i processi simulati al computer sono tutti lenti e graduali.

Secondo il paleontologo americano Steven Stanley, un ruolo importante nelle estinzioni di massa è rivestito dalle variazioni globali di temperatura, e in particolare dal raffreddamento del pianeta. Se la Terra si raffredda, le zone più appetibili per gli organismi divengono quelle tropicali. Le zone polari e subpolari sono abbandonate se non da pochi organismi adattati ai climi molto rigidi; di conseguenza avviene una migrazione verso l'equatore. Ma poiché il numero di spe-

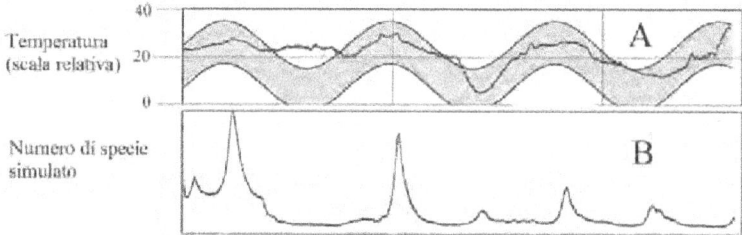

Fig. 7.17 Simulazione al computer di una mistura di organismi specialisti e generalisti sensibili alla temperatura esterna e sottoposti a cambiamenti climatici periodici. Il grafico in A mostra le temperature esterne (comprese nella zona ombreggiata; la parte più alta è la temperatura equatoriale, la più bassa quella polare). La curva nera fluttuante in A rappresenta la media delle temperature degli organismi. Si noti come essi cerchino di seguire la temperatura esterna. Se riescono a rimanere entro la zona ombreggiata, la loro probabilità di sopravvivenza è più elevata, se stanno al di fuori la loro temperatura è troppo diversa da quella esterna, e molte di loro muoiono. Il grafico in B mostra il numero di specie simulato. Sono evidenti i drammatici episodi di alta e bassa diversità. De Blasio F.V., De Blasio B.F. 2009. Ecol. Complex. 6, 70-75

cie che possono vivere in un'area è, come abbiamo visto, limitato, le specie cominciano a competere. Questo scenario, assai complicato dati i notevoli fenomeni di retroazione che legano il clima alla vita, potrebbe spiegare le estinzioni di massa? Estinzioni indotte da variazioni di temperatura sono meglio documentate nel Terziario, un periodo sul quale abbiamo anche migliori informazioni paleoclimatiche rispetto al paleozoico e al mesozoico.

Nel primo volume abbiamo visto alcuni degli effetti catastrofici delle eruzioni vulcaniche. Essendo interessati soprattutto al ruolo delle catastrofi nella storia e nella vita dell'uomo, avevamo considerato in particolare le eruzioni esplosive. Anche quelle assai devastanti come l'eruzione del Pelèe, del Vesuvio o del Krakatau (questo volume), hanno in realtà solo conseguenze locali: la vita riprenderà perfino nelle zone più duramente colpite. Anche le eruzioni più grosse, quelle a VEI 8, possono influire sulla vita in zone molto distanti dal vulcano, forse anche su tutto il globo. Ma per quanto ne sappiamo non sono sufficienti a causare l'estinzione di intere specie o addirittura un'estinzione di massa.

Sembra un paradosso, ma sono le eruzioni tranquille, quelle basaltiche, a rappresentare la minaccia principale per le specie.

Vulcanismo

Nella regione indiana del Deccan affiora un'intera regione di 500.000 chilometri quadrati (pari a un quadrato di 700 chilometri di lato) formata da una successione di colate laviche antiche. Solo le colate basaltiche (← vol. 1) hanno la fluidità necessaria per andare così lontano. Ogni colata ha un volume di 1.000 chilometri cubi, pari a quasi cento volte il volume della maggior colata avvenuta in epoca storica. Sappiamo che eruzioni di questo tipo possono avere notevoli effetti sull'economia locale e sul clima globale. Successioni di colate di questo tipo sono state battezzate *trappe*, ovvero "scala" in lingua scandinava in quanto le colate a volte assumono un aspetto a gradini. Quando sono state eruttate queste lave? Esattamente 65 milioni di anni, cioè durante l'estinzione di massa alla fine del Cretaceo. È solo una coincidenza?

L'estinzione di massa alla fine del Permiano, la più devastante di tutte, ha la stessa età di un altro sistema di *trappe* siberiani, per un'estensione di un milione e mezzo di chilometri quadrati. I *trappe* siberiani e quelli del Deccan sono solo alcune delle cosiddette *grandi provincie basaltiche*, alcune delle quali d'età coincidente con qualche estinzione di massa. Così anche l'estinzione di massa di fine Triassico e altre estinzioni di massa minori si collegano bene ad altre provincie basaltiche.

Come è possibile che tranquille eruzioni basaltiche, per quanto di volumi enormi, causino estinzioni di massa su tutto il globo? Il motivo è legato ai gas rilasciati per tempi abbastanza lunghi da alterare il clima a livello globale. Dopo qualche mese, si pensa una grossa eruzione basaltica possa causare un riscaldamento locale per via dall'anidride solforica. Segue qualche anno di raffreddamento in tutto il mondo dovuto agli aerosol nell'atmosfera (come per il caso del Tambora ma a scala molto maggiore), danni per lo strato di ozono e piogge acide. Migliaia di anni dopo si fa sentire il riscaldamento globale dovuto all'emissione di diossido di carbonio, l'unico gas tra quelli emessi dal vulcano ad avere tempi di residenza nell'atmosfera così lunghi. Pensiamo ora a una successione di eruzioni durata forse diecimila o centomila anni. Ce n'è sicuramente per causare notevoli danni all'ambiente e morie generalizzate.

Il quadro globale

Ma allora da cosa sono state causate le estinzioni di massa? Il quadro che emerge dopo decine di anni di studi appassionanti è tutt'altro che univoco. Sembra però che le cause siano complesse e diverse spiegazioni come quelle viste qui forse hanno agito insieme. Le grandi province vulcaniche sono forse state causate da super-pennacchi (← vol. 1) provenienti dal mantello. Un regime di aumentata attività tettonica potrebbe anche essere alla base del ciclo trasgressioni-regressioni contemporaneo a molte estinzioni di massa. Il livello globale dell'oceano subisce variazioni sia a causa del ghiaccio intrappolato ai poli (ma il ghiaccio polare è esistito di rado durante la storia della Terra, come vedremo al prossimo capitolo), sia per via di deformazioni del fondo oceanico, causato dall'apertura dei fondi oceanici e da punti caldi. Sembra quindi ci siano parecchi sospettati al ruolo di killer dei dinosauri e di tutti quegli organismi scomparsi durante le estinzioni di massa.

Quanto fu improvvisa un'estinzione di massa? La questione è importante per discernere tra le diverse ipotesi sull'estinzione; è difficile ad esempio spiegare un'estinzione improvvisa con variazioni del livello marino, un processo che richiede milioni di anni. Cosa ci dice la documentazione fossile su questo punto?

Prendiamo i dinosauri, ad esempio. Ebbene, non vi è accordo tra gli specialisti su quanto rapidamente scomparvero i grandi rettili. Fu un colpo immediato o un declino? Purtroppo vi è solo una sezione al mondo che mostra una stratigrafia abbastanza completa. Affiora nel Montana, e anche questa è stata interpretata in maniera diversa da differenti gruppi di ricercatori. La questione non è da poco perché una caduta improvvisa depone a favore di cause improvvise. I dinosauri ebbero molti alti e bassi durante la loro storia; furono cioè molto volatili, come si dice nel gergo paleontologico. Quindi perfino se si potesse provare un declino dei dinosauri prima della fine del Cretaceo, questa sarebbe spiegabile anche come una normale fluttuazione. La stessa cosa si può dire delle ammoniti. È vero che esse mostrano un declino prima della fine del Cretaceo che farebbe propendere per una causa lenta dopo il massimo raggiunto nel Cenomaniano. Tuttavia esse hanno già mostrato un simile comportamento in precedenza, senza per questo estinguersi. Inoltre, un'estinzione improvvisa può apparire graduale nella documentazione fossile. Si tratta di un effetto puramente statistico, spurio, noto col nome di effetto di *Lipps-Signor*. A seconda della bontà della documentazione fossile, una scomparsa graduale di un gruppo di organismi può essere quindi dovuta a cause improvvise.

Sembra giusto concludere: dopo un secolo di ricerche, la questione sulla causa delle estinzioni di massa è ancora aperta. Vi è un'ultima ipotesi esaminata nell'ultimo capitolo: che alcune di esse siano state causate da qualcosa proveniente dal di fuori della Terra.

8. Cambiamenti climatici

8.1 Il clima terrestre e la sua storia

Il clima nel passato remoto della Terra

Siamo abituati a pensare al clima terrestre come a qualcosa di stabile in contrapposizione col tempo meteorologico, quello sì variabile nel tempo. Solo di recente, con l'acuirsi del problema del riscaldamento globale, anche il grosso pubblico si è reso conto che non è così.

In realtà il clima è cambiato moltissimo nella storia della Terra. Il primo episodio veramente drammatico non è ancora completamente confermato; se vero, mostrerebbe di per sé quanto poco ancora sappiamo sul passato climatico del pianeta. Si tratta della cosiddetta teoria della *snowball Earth*, la Terra a palla di neve. Prima di 650 milioni di anni fa, la Terra sarebbe stata ghiacciata quasi per intero, come proverebbero depositi glaciali a latitudini tropicali. Fu forse lo scioglimento dei ghiacci a dare il "la" alla radiazione degli organismi viventi all'inizio del Cambriano. Non è però così facile attribuire questi depositi a fenomeni glaciali e l'ipotesi non è sostenuta da tutti i ricercatori.

Le informazioni sui periodi successivi, acquisita sia con l'analisi degli isotopi e le interpretazioni geologiche dei sedimenti, sia con lo studio dei fossili, è assai più dettagliata. Mostra che la Terra fu mediamente più calda dell'attuale e come oggi viviamo in uno dei periodi più freddi della sua storia. E senza il ghiaccio intrappolato nelle regioni polari, il livello del mare era più alto dell'attuale.

Con la temperatura dell'acqua superficiale di venti gradi al di sopra dell'attuale, l'ordoviciano fu infatti uno dei periodi più caldi dell'intero Fanerozoico (Fig. 7.15). Ma verso la fine del periodo seguì un drammatico cambiamento. Le temperature caddero rapidamente e comparvero le calotte polari. Lo sappiamo perché in quell'epoca il Sud America e l'Africa si trovavano al polo sud. Su questi continenti i geologi hanno trovato le tracce di tilliti, ovvero depositi glaciali antichi, e anche solchi nella roccia identici a quelli scavati dai ghiacciai odierni. Fu una vera e propria glaciazione, con temperature assai più basse della media geologica. I ghiacciai scomparvero completamente nel periodo successivo, il Siluriano, e non fecero più comparsa fino a quasi duecento milioni di anni dopo, tra i periodi Carbonifero e Permiano.

Prima di occuparci di questa seconda glaciazione, è interessante dire due parole su questo strano periodo, che ci dà preziose informazioni sul problema attualissimo del ruolo del carbonio nell'atmosfera.

Il clima, le foreste del Carbonifero superiore e la seconda glaciazione

I nomi dei periodi e dei piani geologici, soprattutto del Paleozoico, derivano di solito da una località rappresentativa nella quale fu descritta per la prima volta la sezione-tipo. Ad esempio Cambriano deriva dalla Cambria, l'antico nome del Galles; Devoniano dalla contea del Devon, in Inghilterra. Altri periodi, come l'Ordoviciano e il Siluriano, devono il nome alle tribù che ai tempi dei romani abitavano nella zona della sezione-tipo. Il Carbonifero è l'unico periodo del Paleozoico a non derivare da una località. I depositi di carbone del Carbonifero superiore sono così diffusi che ai geologi dell'ottocento parve essenziale includere la parola "carbone" nel nome[1].

I depositi di carbone, che in Inghilterra prendono il nome di *Coal measures* e in America *Cyclothemes* appaiono come spessi strati neri alternati a banchi di calcari. Uno strato di carbone poggia di solito su sedimenti non marini. Al di sopra del carbone si trovano calcari marini di bassa profondità (e il principio di Stenone ci dice che sono

---

[1] In America la parte superiore del Carbonifero ricca di carbone è però denominata "Pennsylvaniano".

stati depositati dopo). Ancora più in alto si trovano sedimenti di mare via via più profondo. A una certa altezza un nuovo strato di calcari di bassa profondità indica un ritorno alle acque basse. E poi ancora i sedimenti tipici della linea di costa seguiti da sedimenti non marini. A questo punto si incontra un nuovo strato di carbone e così via fino al nuovo ciclo. In tutto sono stati riconosciuti parecchi cicli: fino a cinquanta. Ma cosa determinava questi cicli di deposizione carboniosa?

Nel Carbonifero, gli animali e le piante avevano definitivamente conquistato la terraferma, processo avviato già a partire dal Siluriano. Nei strati fossili appaiono anche vertebrati primitivi: anfibi e rettili. Le paludi erano diffuse nelle zone più calde di tutto il mondo Carbonifero, dominate da piante del gruppo delle licopodiali, soprattutto appartenenti ai due generi *Lepidodendron* e *Sigillaria*. *Lepidodendron* poteva raggiungere un'altezza di trenta metri e un diametro alla base del fusto di un metro. Queste piante si riproducevano per spore e non con semi come la maggior parte delle piante di oggi; quindi per la riproduzione necessitavano degli ambienti umidi. Vi erano anche piccole felci che si riproducevano sia per spore sia coi semi, ma il grosso della vegetazione era rappresentata dalle licopodiali.

Quando queste enormi quantità di alberi morivano, cadevano nelle marcite dove si decomponevano. L'ambiente estremamente acido manteneva però il carbonio, che quindi si accumulava. Questo tipo di ambiente esiste anche oggi in zone famigerate, che in Florida costituiscono l'habitat di alligatori e serpenti. In Italia l'Agro Pontino fu bonificato durante il fascismo. Oggi si tende a rivalutare queste zone: non solo sono luoghi unici per la riproduzione di molte specie animali e vegetali, ma rappresentano anche una porta d'ingresso dell'acqua dolce che sottoterra alimenta la tavola dell'acqua. Una bonifica elimina sì certe specie di parassiti, ma diminuisce la quantità d'acqua nei serbatoi naturali.

L'alternanza dei vari tipi di sedimenti in un ciclotema indica come si sono formati. Il materiale vegetale si accumulava in spessi strati in prossimità della costa. L'acqua era dunque in parte dolce e in parte salata. Col tempo il carbonio vegetale schiacciato da metri di sedimento si trasformava in carbone. Occorrevano dieci metri di terreno vegetale morto per formare un solo metro di carbone. In seguito la zona veniva completamente sommersa dal mare, che invadendo la terra sommergeva lo strato carbonioso. Quindi il mare si ritirava di nuovo fino a formare una nuova costa per un tempo più o meno stabile. Si formava così una nuova palude, un nuovo strato carbonioso, e così via fino al prossimo ciclo.

La quantità di carbonio tolto dall'atmosfera e sequestrato nel sottosuolo sottoforma di strati di carbone fu tale da abbassare l'abbondanza di diossido di carbonio nell'atmosfera da circa 1500 parti per milione a un terzo di quel valore. Mancando uno dei principali gas serra, l'atmosfera si raffreddò, una specie di effetto serra all'inverso. Al punto da portare una nuova glaciazione, le cui tracce sono ben documentate nel supercontinente di Gondwana, allora situato al polo sud. Di questo supercontinente facevano parte, unite, il Sud America, l'Africa, l'Antartide e l'Australia. Il carbone è rimasto negli strati geologici fino ad oggi, e l'umanità sta facendo di tutto per rimetterlo in circolo nell'atmosfera.

Dopo la glaciazione, per tutto il resto del Permiano e del Mesozoico il clima riprese a essere torrido. Sebbene fossero probabilmente a sangue freddo, i dinosauri vissero anche in regioni subpolari, come testimoniano i molti ritrovamenti fossili.

Anche la transizione tra Cretaceo e l'era successiva, quella Cenozoica, non fu marcata da particolari eventi climatici. Per il Cenozoico abbiamo a disposizione dati molto buoni ottenuti con gli isotopi dell'ossigeno. Si tratta di una tecnica in cui si misurano le abbondanze dell'ossigeno di peso 18 e quello di peso 16. Le alte temperature favoriscono l'evaporazione dell'isotopo 16, più leggero, e la loro permanenza nell'atmosfera. Di conseguenza l'abbondanza dell'isotopo 16 diminuisce nell'acqua degli oceani. Poiché molti organismi usano l'ossigeno (ad esempio i foraminiferi nella costruzione della conchiglia), una misura del rapporto isotopico nei fossili marini fornisce una misura della paleotemperatura dell'acqua.

La Fig. 8.1 mostra le temperature misurate in questo modo per il

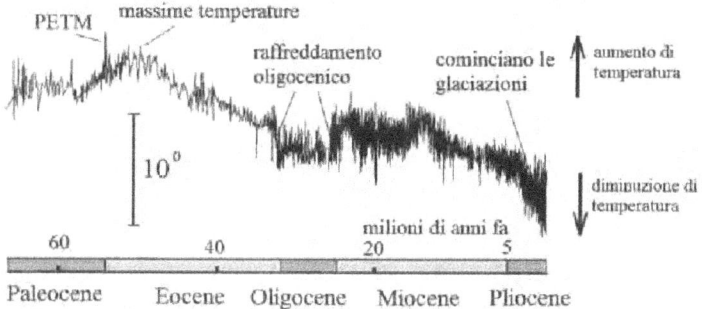

Fig. 8.1 Variazione delle temperature dell'acqua di mare come dedotto dal rapporto isotopico dell'ossigeno nei foraminiferi. Da: Zachos (2001), modificato

Cenozoico. Dopo un periodo senza grosse variazioni, verso metà del Paleocene le temperature cominciano a salire fino a mostrare un'impennata in corrispondenza della transizione col periodo successivo, l'Eocene. Questo enigmatico, improvviso riscaldamento prende il nome di *Paleocene-Eocene thermal maximum*, o *PETM*. Fu veramente breve: sembra durò soltanto diecimila anni, dopo i quali le condizioni tornarono come prima, come se nulla fosse accaduto.

Ma a cosa fu dovuto un evento così rapido e drammatico? Una teoria vuole che l'aumento di temperatura precedente il PETM abbia portato un'instabilità degli idrati gassosi come metano nei mari. Si tratta di gas in forma solida, formatisi nel fondo degli oceani a basse temperature e alte pressioni. Ma con l'aumento di temperatura di fine paleocene, sotto molti oceani molti di questi idrati passarono alla forma gassosa, rendendo instabili i versanti sottomarini. Le frane sottomarine possono essere veramente enormi come si è visto; la loro improvvisa caduta portò a un'ulteriore liberazione di gas metano nell'atmosfera, anche lui un gas serra. Questo riscaldò ancora di più il pianeta, causando ancora più instabilità, in un processo di retroazione positiva in cui l'effetto rinforza la causa.

L'influenza sul corso della vita fu importante. Alcuni organismi, come ad esempio i foraminiferi bentonici, non seppero adattarsi a un cambiamento così improvviso e mostrano una marcata diminuzione nel numero di specie (Fig. 8.2). Il PETM avvenne in uno dei momenti chiave nella storia dei mammiferi i quali, scomparsi i dinosauri, cominciavano a occupare le nicchie ecologiche lasciate libere. Quella dei mammiferi fu una delle più grandiose radiazioni adattative, anche perché ci tocca da vicino. Ebbene, il PETM promosse la radiazione adattativa di molti gruppi di mammiferi. Finita l'influenza del PETM, le temperature ritornarono nella media, che però era ancora in fase di crescita. Le temperature risalirono in maniera più lenta, fino a raggiungere un massimo verso l'inizio dell'Eocene. In Italia in quel periodo faceva veramente molto caldo.

Il caldo tropicale dell'Eocene e il resto del Cenozoico

Monte Bolca in provincia di Verona è nota in tutto il mondo per gli eccezionali ritrovamenti fossili. Seduti su una spiaggia presso Monte Bolca 55 milioni di anni fa, avremmo notato una vegetazione dominata da palme nel caldo tropicale. Nell'Eocene vi erano già molte specie di mammiferi, la maggior parte grandi come ratti; poche specie

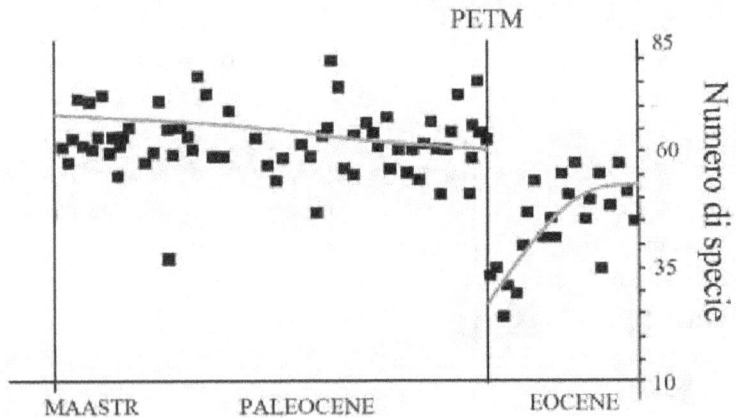

Fig. 8.2 Comportamento dei foraminiferi bentonici durante il riscaldamento globale tra Paleocene ed Eocene (PETM), misurata a partire dal Maastrichtiano (Cretaceo superiore). Si noti la caduta nel numero di specie misurate (le linee grigie servono per guidare l'occhio). Da: Schmidt et al. (2004), modificato

raggiungevano le dimensioni di un cane. I principali ordini di mammiferi abitavano già le diverse regioni del mondo eocenico: pipistrelli, scimmie primitive e uno strano progenitore dell'elefante simile all'ippopotamo e privo di proboscide.

Tuttavia è la vita nel mare a mostrare a queste latitudini (circa trenta-trentacinque gradi di latitudine nord corrispondenti a quelle dell'attuale Tunisia contro i quarantacinque attuali) un rigoglio inaspettato. Le scogliere coralline erano ricchissime di pesci tropicali e solo a Bolca ne sono state descritte centocinquanta specie. Il pesce *Mene rhombea* (Fig. 8.3), il famoso pesce angelo di Bolca (*Eoplatax papilio*), palme fossili e altri pesci di acque molto calde confermano la presenza di un mare tropicale nell'Eocene della zona di Bolca.

Dopo il caldo torrido di inizio Eocene, le temperature cominciano a scendere in maniera decisa ma piuttosto lenta (Fig. 8.1), fino ad accumulare almeno cinque gradi in meno verso la fine del periodo. Poi, qualcosa di drammatico. Con l'inizio dell'Oligocene, le temperature crollano di altri 3-4 gradi. Il cambiamento non è solo di grande entità, ma anche assai rapido in termini geologici. E per la prima volta dagli ultimi 250 milioni di anni viene a formarsi la calotta glaciale antartica. È il segno che i tempi stanno cambiando: infatti con l'eccezione delle due glaciazioni dell'Ordoviciano e del Permo-Carbonifero, la Terra non ha mai avuto i poli ghiacciati. A causa del volume

Fig. 8.3 Il pesce Mene rhombea in figura indica che la zona di Bolca ospitava nell'Eocene un mare tropicale nonostante la latitudine fosse intorno a 30-35 gradi nord

di ghiaccio intrappolato ai poli il livello del mare scende (Fig. 7.15). Tutte queste variazioni di temperatura hanno avuto importanti effetti sulla vita. Nel mare, i foraminiferi planctonici conoscono un'importante crisi (Fig. 8.4), così come i molluschi (fra i quali hanno la peggio le specie poco tolleranti alle acque fredde), ma anche vertebrati terrestri e piante. Le temperature poi risalgono drammaticamente alla fine dell'oligocene fino alla transizione verso il periodo successivo, il Miocene. Rimangono quindi costanti (a parte possibili oscillazioni di breve periodo) per tutto l'inizio del Miocene, per poi cominciare la lenta discesa verso la metà del periodo. Con l'inizio del periodo successivo, il Pliocene, il tasso di raffreddamento si fa ancora maggiore; le temperature precipitano rapidamente e ormai anche il polo nord, pur privo di terre emerse, congela in un enorme oceano artico. È l'inizio di una nuova glaciazione.

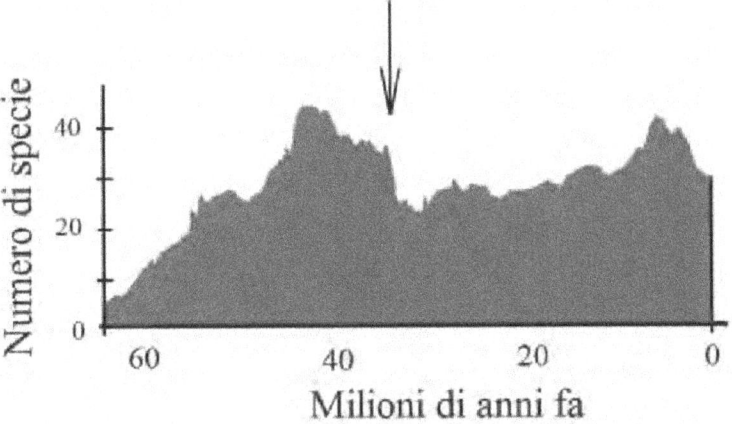

Fig. 8.4 Numero di specie di foraminiferi planctonici durante il Cenozoico. Partono con poche specie a causa della decimazione alla fine del Cretaceo e in seguito aumentano continuamente, fino a raggiungere un massimo, per poi scendere. La freccia corrisponde alla drammatica crisi all'inizio dell'Oligocene, periodo caratterizzato da un forte e rapido raffreddamento (cfr. Fig. 8.1). Da: Ezard et al. (2011), ridisegnato

8.2 Le glaciazioni, l'origine dei cambiamenti climatici e uno sguardo verso il futuro

La storia del cacciatore svizzero

È molto probabile che le rocce montonate, i solchi glaciali, i massi erratici siano stati notati dagli abitanti delle zone montuose con molti secoli di anticipo rispetto alla scienza ufficiale. In periodi in cui era difficile viaggiare, le popolazioni locali erano depositarie di piccole verità sull'origine delle loro valli ancora sconosciute agli scienziati. Fu un cacciatore svizzero, un certo Jean Pierre Perraudin, a fare un passo in più. Egli convinse un naturalista locale, Jean de Charpentier, che un tempo enormi ghiacciai dovevano aver coperto le valli svizzere. Charpentier era scettico; invitato a vedere di persona, si convinse seduta stante quando vide come i depositi glaciali antichi fossero del tutto identici a quelli moderni, così come le striature glaciali e le valli a "U". Charpentier cercò allora di passare il testimone a uno scienziato ancora più in vista di lui, uno che aveva collaborato nientemeno che col grande Cuvier conquistando enorme fama con uno studio dei pesci fossili del Brasile: Louis Agassiz.

Stavolta era Agassiz a mostrarsi scettico. Anche lui invitato a vedere di persona, si convinse immediatamente della realtà del fenomeno glaciale. Tanto che a un congresso in cui avrebbe dovuto parlare dei suoi amati pesci fossili, con grande scandalo cambiò programma per comunicare qualcosa di rivoluzionario.

Sostenere come un tempo fossero esistiti ghiacciai enormi che penetravano fino alla zona pedemontana lo era. In realtà già da tempo altri scienziati avevano sostenuto qualcosa di simile. In Scandinavia, dove un'enorme coltre glaciale coprì l'intero territorio con quasi un chilometro di spessore, le tracce dei ghiacciai non erano passate inosservate. D'altra parte in Scandinavia non è nemmeno necessario salire in montagna per vedere le rocce montonate, le striature glaciali, i solchi concentrici. Strutture inequivocabilmente dovute a ghiacciai appaiono nelle campagne e in mezzo alle case nelle città, anche a livello del mare (Fig. 8.5). E la Danimarca, terra priva di rocce meta-

Fig. 8.5 Rocce montonate e levigate dall'immenso ghiacciaio che ricopriva l'intera penisola scandinava sono comuni nelle città delle Norvegia e della Svezia (in figura una roccia a Oslo) (FVB)

morfiche e ignee, è stracolma di enormi macigni cristallini e plutonici trasportati dai ghiacciai un tempo presenti in Svezia e Norvegia. Fu proprio qui che le prime idee su di un'antica glaciazione furono propugnate da Jens Esmark ben prima di Agassiz.

Oggi sappiamo che è proprio così. Un'enorme coltre glaciale ricopriva le Alpi da Zurigo fino a Como, da Monaco fino a Verona. Le attuali Salisburgo, Grenoble, Trento, Ginevra erano sotto il ghiaccio. Da Monaco, Milano, Torino, Lione, si sarebbero potuti ammirare i fronti dei ghiacciai alpini. Il ghiacciaio camuno percorreva l'intera Val Camonica e fu responsabile per la sovraescavazione del lago d'Iseo; giungeva fino alla zona pedemontana, a sud delle linea dei grandi laghi lombardi, dove finiva per sciogliersi. Come tavolozza per i loro splendidi petroglifi, gli antichi Camuni usarono proprio le dure arenarie quarzose e i conglomerati permiani, lisciate dal ghiacciaio della Valcamonica (Fig. 8.6).

In Scandinavia la coltre glaciale fu imponente. L'attuale penisola scandinava era sepolta sotto 4 chilometri di ghiaccio al punto da abbassarsi premendo sul mantello viscoso. Anche l'intero Nordamerica

Fig. 8.6 L'arte rupestre a Capo di Ponte (Lombardia) fu incisa su rocce montonate dal ghiacciaio camuno. Il ghiacciaio percorreva l'intera Valcamonica fino a sciogliersi nella zona pedemontana, a sud delle linea dei grandi laghi lombardi (FVB)

fu ricoperto dai ghiacci, come si è visto in relazione allo svuotamento del lago Missoula (← 3.1).

Le glaciazioni

Fino alla metà del XX secolo si insegnava che le glaciazioni erano state quattro (una quinta, quella del Donau, fu introdotta in seguito). Secondo la terminologia dei geomorfologi Penck e Bruckner, la prima fu quella del Gunz, seguita dal Mindel, dal Riss, e infine dal Wurm. Le glaciazioni erano separate da periodi interglaciali con clima mite simile a quello attuale. Oggi, i carotaggi di ghiacci e le analisi di geologia isotopica condotti anche su microfossili marini hanno mostrato come quella introdotta da Penck e Bruckner fosse una notevole semplificazione. I due studiosi fecero il massimo coi loro mezzi a disposizione (e fu veramente un contributo di importanza capitale). Ma oggi si è capito che la storia climatica delle glaciazioni è stata in realtà assai più complessa. Quelli che sembravano episodi ben distinti erano il risultato di una risoluzione temporale troppo grossolana. E anche a voler raggruppare gli episodi in glaciali e interglaciali, bisogna riconoscerne almeno sette, succedutisi in massimi e minimi di temperature e fluttuazioni assai rapide e complesse.

L'ultimo periodo glaciale raggiunse un massimo tra i 18.000 e i 25.000 anni fa. Poi, improvvisamente, un riscaldamento portò alla rapida fine dei ghiacci. L'aumento di temperatura fu una faccenda complicata, come mostra l'episodio dello *Younger Dryas*. Circa 12.800 anni fa l'innalzamento della temperatura si arrestò per poco più di un millennio, quasi volesse annunciare un ritorno a condizioni glaciali. Il peggioramento del clima è attestato dalla ricomparsa del fiore boreale *Dryas octopetala* in alcuni sedimenti scandinavi. Ma non durò; il trend verso l'aumento di temperatura prese il sopravvento, annunciando l'inizio del periodo in cui viviamo: l'Olocene.

Gli ultimi diecimila anni

Settemila anni fa, circa millecinquecento anni prima che gli egizi costruissero le prime piramidi, il Sahara era una regione molto diversa da oggi. Sulle rocce oggi tartassate dagli aridi venti sabbiosi, gli antichi abitatori della regione incisero delle opere d'arte di incredibile bellezza. I petroglifi raffigurano giraffe, buoi e altri animali oggi completamente assenti dall'area e dimostrano come l'ambiente fosse molto diverso da quello di oggi. Il periodo coincise infatti con l'*optimum* dell'Olocene (Fig. 8.7). Indagini palinologiche e sedimentologiche hanno confermato come l'ambiente sahariano fosse allora molto più umido di quello odierno. Strane colonne erose dalla sabbia sono i resti di sedimenti lacustri allora abbondanti (Fig. 8.7).

Da allora, il clima è cambiato radicalmente con scale temporali che riusciamo sempre meglio a risolvere man mano che ci avviciniamo ai giorni nostri. Dopo l'optimum climatico dell'Olocene, si entra nella storia. La temperatura media scese di un paio di gradi per

Fig. 8.7 Petroglifi a Akakus (Libia) dimostrano l'esistenza di una ricca fauna oltre settemila anni fa. Sotto: sedimenti lacustri appaiono oggi come strane colonne erose dal vento

poi oscillare. Un picco di temperature contraddistinse l'epoca di massima espansione romana. Il peggioramento del clima, intorno al IV-V secolo, coincise con le invasioni barbariche, ed è difficile sia un caso

(Tavola 7). Ancora, le temperature risalirono con un nuovo massimo intorno all'anno mille: periodo coincidente con un periodo di ripresa economica e culturale. Fu in questo periodo che i Vichinghi esplorarono la Groenlandia, e favoriti dall'apertura dei ghiacci si spinsero fino a Terranova. Ma verso il 1350 si assistette a una nuova ricaduta delle temperature di almeno un grado e mezzo destinata a durare fino al 1850 circa, un periodo denominato la piccola età glaciale. Fu in un mondo mediamente più freddo di oggi che Peter Bruegel il Vecchio dipinse nel 1565 "Cacciatori nella neve". In un paesaggio che ha poco di fiammingo, i cacciatori tornano stanchi da una magra caccia, passando sopra le tracce di una lepre beffardamente sfuggita loro. Persone giocano nei canali congelati e un mulino ad acqua è stretto dalla morsa del ghiaccio[2]. Dalla seconda metà del XIX secolo, le temperature sono tornate ad aumentare, tant'è che le temperature misurate oggi sono le più alte degli ultimi diecimila anni.

Ma a cosa sono dovute le fluttuazioni climatiche? Una delle teorie più note, che però non spiega tutti i dati, è quella astronomica proposta in maniera indipendente da Croll e Milankovitch. È basata sul fatto che l'eccentricità dell'orbita terrestre, la direzione dell'asse di rotazione terrestre, e l'inclinazione dell'asse di rotazione non sono fisse, ma cambiano nel tempo secondo cicli regolari e prevedibili. Questo causa differenze nell'insolazione ma le differenze stimate sono così insignificanti che deve esistere un effetto di amplificazione del fenomeno. Anche il vulcanismo, capace di immettere grandi quantità di aerosol nell'atmosfera, ha certamente i suoi effetti e il raffreddamento del V secolo d.C. è stato associato anche ad un'eruzione ancora non identificata. E cosa dire del Sole? Le macchie solari mostrano un ciclo di undici anni, che influenza il clima terrestre. Esistono anche cicli a periodo più lungo. Dal 1650 al 1750 il numero di macchie fu minimo e l'energia emessa dal Sole molto più bassa. Il *minimo di Maunder* è stato così associato alla parte finale della piccola età glaciale, ma permangono i dubbi sulle vere cause delle flut-

---

[2] Pochi notano che nel dipinto c'è un incendio in corso e un secondo sta per avvenire.

tuazioni climatiche sia nella scala temporale dei milioni di anni, sia in quelle decennale. E la cosa non può sorprendere: a causa della variazione dell'*input* energetico e dei complessi meccanismi di retroazione tra Terra, acqua e atmosfera, la chimica-fisica del clima è una scienza estremamente complessa.

All'aumento naturale delle temperature in tempi recenti, si è sovrapposto il fenomeno del riscaldamento globale. Alcuni gas hanno la capacità di intrappolare la radiazione infrarossa riemessa dal suolo, causando un aumento delle temperature. Il ben noto fenomeno dell'effetto serra esiste già da prima dell'uomo (il vapor d'acqua è il principale gas serra naturale) e anzi permette il proliferare della vita, dato che senza di esso la temperatura del pianeta sarebbe molto più bassa. Ma a partire dalla rivoluzione industriale, si sono aggiunti nell'atmosfera parecchi altri gas serra, al punto da condizionare la temperatura del globo. Fra i gas serra, l'anidride carbonica non è il gas più efficiente nel riscaldare il pianeta, ma certamente il più abbondante. In pochi decenni abbiamo dissotterrato le foreste carbonifere, in pace da 300 milioni di anni, e bruciandole abbiamo immesso il carbonio nell'atmosfera, col risultato di aumentare la temperatura dell'aria. Abbiamo fatto lo stesso col petrolio e col gas naturale. Le conseguenze sono state descritte da molti libri: ritiro dei ghiacciai, aumento del livello marino, maggiore energie per le tempeste e gli uragani. Ad esempio il ghiacciaio più grande della Francia, il Mer de Glace, si è ritirato di circa 1 chilometro nell'ultimo secolo (Fig. 8.8). Forse stiamo ricreando le condizioni che portarono al riscaldamento globale tra Eocene e Paleocene. Ma stavolta il fenomeno è del tutto nuovo nella storia della Terra in quanto dovuto all'attività un po' folle di una sola specie.

Fig. 8.8 Il Mer de Glace, il più lungo ghiacciaio della Francia, fu visitato da Napoleone III verso il 1860. Da: "L'Illustration", Journal Universel, Paris, 1860. Da allora il ghiacciaio si è ritirato di circa un chilometro

Parte Quarta

Catastrofi cosmiche

Il pericolo di un impatto asteroidale contro la Terra è qualcosa di concreto. Ricostruzione artistica

9. Minacce nel sistema solare

9.1 La Terra nell'Universo

Le enormi distanze cosmiche

Dall'alto della volta stellata, la costellazione del cigno domina in silenzio le notti estive europee. Stelle luminose ne delineano le ali e il corpo. Ma è su di una debole stellina doppia che ci soffermiamo. Chiamata 61 Cygni, è una *star* dell'astronomia, e si perdoni il gioco di parole. Le stelle non sono fisse come credevano gli antichi, ma si muovono nel cielo. Certo, le costellazioni sembrano sempre le stesse notte dopo notte; ma solo perché il moto proprio delle stelle è molto lento. In realtà, muovendosi a velocità dell'ordine delle decine di chilometri al secondo, esse cambiano posizione un poco ogni giorno e fra diecimila anni il cielo avrà un aspetto diverso da quello di oggi.

Tuttavia 61 Cygni traversa il cielo alla velocità di cinque secondi d'arco all'anno; tra un millennio si sarà spostata nella volta celeste per un angolo pari al doppio del diametro lunare, molto più della media delle altre stelle più pigre. Fino agli anni Trenta del XVIII secolo non si aveva alcuna idea delle distanze delle stelle. Si intuì però che una stella con un elevato moto proprio nel cielo dovesse essere vicina. È un po' come quando si osservano delle persone in una stazione. Se stiamo in piedi sulla banchina, le persone che camminano vicino a noi per raggiungere un treno passano da destra a sinistra molto rapidamente, mentre le persone lontane, pur camminando alla stessa velocità, appaiono muoversi molto più lentamente nel campo visivo.

All'epoca si conosceva solo un potenziale metodo per trovare le distanze stellari: misurare la parallasse. A causa della rivoluzione della

Terra intorno al Sole, nel giro di un anno ogni stella traccia un piccolo ellisse sulla volta celeste. Se la stella è lontana, l'ellisse è piccolissima e non distinguibile da un puntino. Ma una stella vicina traccia un'ellisse molto più grande. Allora le dimensioni dell'ellisse danno la distanza della stella in base a una semplice formula matematica. All'epoca, la speranza degli astronomi era che l'ellisse tracciata da almeno qualche stella del firmamento fosse più grande degli errori strumentali, nel qual caso si sarebbe potuta misurare la sua distanza. Occorreva però una stella il più possibile vicina a noi, e perché non provare con una di moto proprio molto elevato, che offre maggiore probabilità?

La sfida fu raccolta dal famoso matematico Friedrich Bessel, che scelse 61 Cygni proprio in base al suo elevato moto proprio. L'ellisse risultò grande abbastanza per la misura; 61 Cygni fu stimata a una distanza di 10 anni luce, un valore molto vicino a quello accettato oggi di 11,4 anni luce. Si vide in seguito che 61 Cygni era in effetti una delle stelle più vicine. Oggi sappiamo che la più vicina al Sole, Proxima Centauri nell'emisfero australe, dista 4,2 anni luce. Poiché un anno luce equivale a quasi diecimila miliardi di chilometri (è la distanza percorsa dalla luce in un anno) si intuisce quanto siano vasti gli spazi siderali.

La misura delle distanze stellari fu un passo da gigante, quasi paragonabile alla scoperta del sistema solare copernicano. La prima idea su quanto le distanze astronomiche fossero enormi giunse quando Eratostene misurò il diametro terrestre. Eratostene dovette ipotizzare che la distanza del Sole, su cui la misura era basata, fosse molto maggiore del diametro terrestre. Venne poi la volta della Luna e in seguito dei pianeti. Ad ogni passo la distanza aumentava di qualcosa come dieci o cento volte. La Luna è a trenta volte circa il diametro terrestre; il Sole a cinquecento volte la distanza lunare; Urano a venti volte la distanza del Sole; a questo punto il salto successivo, ottenuto proprio con la misura su 61 Cygni, fu veramente enorme. Le stelle più vicine erano a una distanza di centinaia di migliaia di volte i pianeti più lontani del sistema solare! E da allora le distanze sono cresciute a dismisura.

Le stelle sono raggruppate nella Galassia[1] o Via Lattea, una struttura a forma di disco (Fig. 9.1). Si tratta di una tipica galassia ("g" minuscola) presente nell'Universo. Una galassia come la Via Lattea possiede parecchie centinaia di miliardi di stelle e ha un diametro di circa centomila anni luce, ma è sottile appena qualche migliaio di anni luce. Il piano della Galassia è spesso ben visibile nelle notti buie come una linea, uno spruzzo di latte nel cielo, anch'esso chiamato Via Lattea. Il Sole si trova un po' alla periferia della Galassia. Il centro galattico punta verso la direzione della costellazione del Sagittario, dove la Via Lattea appare più luminosa. Una tipica galassia non è solo un insieme di stelle in rapida, caotica rotazione. Di solito le galassie hanno forma a spirale semplice o barrata, altre sono più ellittiche. E oltre alle stelle, le galassie sono ricche di polveri e gas in rotazione intorno al centro galattico, dove la densità è maggiore.

Fig. 9.1 A sinistra: rappresentazione astistica della nostra Galassia, la Via Lattea, come la vedrebbe dall'esterno un osservatore a qualche decina di milioni di anni luce di distanza. A destra: "vista dal di dentro" la Via Lattea appare come una linea luminosa nel cielo, divisa in due da una parte più scura dovuta alle polveri presenti sul piano galattico

---

[1] Con la "G" maiuscola si indica la nostra galassia, una tra le tante galassie esistenti nel cosmo; un retaggio di antropocentrismo che forse possiamo permetterci.

Negli anni Trenta del XX secolo avvenne l'ultimo salto nella misura delle distanze astronomiche, il più drammatico di tutti. Basandosi sullo studio di alcune stelle variabili il cui periodo dà direttamente la luminosità intrinseca (e quindi la distanza) si trovò infatti che la distanza tra galassie vicine è non mille, ma milioni di volte quella tra due stelle vicine. La galassia di Andromeda, una vicina della nostra Via Lattea, si trova infatti a due milioni di anni luce. Le galassie più lontane superano i venti miliardi di anni luce di distanza.

Torniamo ora nel vicinato celeste per esaminare un esempio di catastrofe creatrice.

La catastrofe che ha permesso la vita

Sospesa lassù, vincolata a un'orbita quasi circolare, la Luna ha per millenni suscitato l'interesse di poeti e astronomi. Ma solo agli inizi del 1609 Galileo Galilei vi punta il telescopio per la prima volta. Possiamo rivivere quell'attimo guardando la luna con un piccolo binocolo. Immaginiamo di essere uomini di cultura di inizio Seicento, indottrinati di scienza aristotelica. Per noi i cieli sono il luogo della perfezione che si manifesta sia nell'eternità dei movimenti celesti (si ripetono sempre uguali) sia nella forma stessa dei corpi celesti: e cosa è più perfetto di una sfera?

Ma nel binocolo vediamo alcuni crateri semplici, altri a raggiera, zone chiare montuose e parti scure chiamate in seguito mari: la superficie della luna appare tutt'altro che liscia e regolare. In quella sola nottata, Galileo distrusse millenni di cultura astronomica aristotelica, iniziando così l'astronomia moderna basata sull'osservazione telescopica. Il *Sidereus Nuncius*, pubblicato nel 1610, riporta alcune immagini lunari (Fig. 9.2). Oggi sappiamo che la luna ha una distanza compresa tra 360 e 400 mila chilometri; la sua luce riflessa ci raggiunge in poco più di un secondo. Ha un raggio di oltre 1700 chilometri e una densità media di 3300 chilogrammi per metro cubo, molto inferiore a quella terrestre. Ma come si è formato il nostro satellite?

Sono state proposte almeno tre teorie. La prima fu enunciata da

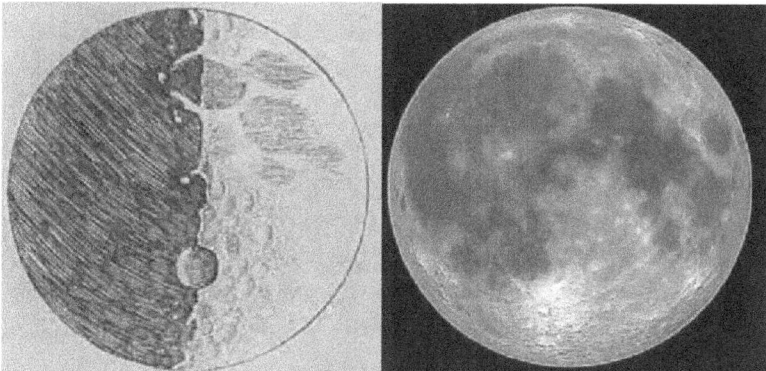

Fig. 9.2 A sinistra: una delle prime immagini telescopiche della luna, disegnata da Galileo Galilei per il Sidereus Nuncius (1610). A destra: la luna in un binocolo o un piccolo telescopio rivela le differenze tra mari e altopiani, oltre a numerosi crateri d'impatto

George Darwin, figlio dell'evoluzionista Charles. Quando la Terra era ancora allo stato fuso, ruotava assai rapidamente. La velocità aumentava man mano che gli elementi più pesanti come il ferro precipitavano nel nucleo terrestre, fino al punto in cui la forza centrifuga fece staccare una sfera dalla sua superficie, a formare la luna. Però la velocità angolare richiesta per il distacco è così elevata che la luna, una volta staccatasi, avrebbe conservato una velocità di rotazione intorno alla terra molto maggiore di quanto osservato. Anche tenendo conto che a causa delle forze mareali la luna si è allontanata dalla terra (e ancora lo sta facendo al tasso di 38 millimetri l'anno), rimane comunque un eccesso di velocità angolare. Inoltre, la luna ha una densità molto più bassa (in media) di quella terrestre, una cosa difficile da spiegare col modello di Darwin. Oggi questa teoria, che tenne banco per parecchi decenni, non è più ritenuta valida dalla maggior parte dei planetologi.

È anche molto improbabile che la luna si sia formata lontano dalla terra e sia stata poi catturata nella sua orbita come vuole un'altra teoria; non è poi così facile catturare un corpo di grande massa come quello lunare. A meno che non si venga colpiti. E proprio da qui parte la terza teoria, oggi più accreditata delle altre. Oltre quattro miliardi di anni fa, l'impatto con un enorme corpo celeste delle dimensioni di Marte avrebbe dilaniato grandi porzioni della prototerra, facendola schizzare ad altissima velocità. Lo scontro titanico sarebbe avvenuto però quasi di striscio, sottraendo materiale del mantello terrestre, ma lasciando intatto il nucleo del nostro pianeta. Così solo il materiale del mantello sarebbe andato in orbita, in pieno accordo con la composizione peridotitica (← vol. 1) delle rocce lunari. E il nucleo ferroso del misterioso pianeta (chiamato Thiera) sarebbe stato poi inghiottito dal nostro pianeta, fino a ingigantire il nucleo della Terra a dismisura. Il materiale disintegratosi dall'impatto formò uno sciame di particelle in orbita intorno alla terra. Queste si riunirono dapprima in lune primitive, che per successive collisioni coagularono in un unico, grande corpo celeste. Diedero anche una ripulita all'orbita, togliendo ogni residuo della polvere iniziale. Fino a formare la luna.

Né Aristotele né Galilei potevano sospettare che fin dalla sua origine la luna avesse protetto il nostro pianeta, rendendo possibile la vita. La Luna e la Terra sviluppano intricati movimenti reciproci, una danza complessa. La gravità della luna pone però dei limiti alla variazione dell'inclinazione dell'asse di rotazione terrestre. Del resto non tutti i movimenti sono possibili in una danza a due! Ad esempio, non risulta che la Terra sia mai stata inclinata sull'eclittica (che è il piano di rivoluzione intorno al Sole) di angoli maggiori di 23 gradi. Non è così per il pianeta Marte, privo di un grande satellite. Infatti il pianeta rosso ne ha solo due, Deimos e Phobos, che in confronto alla luna sono poco più che sassi nello spazio. Così minuscoli, poco hanno influito sull'inclinazione orbitale del pianeta. Come in un ballo singolo da discoteca, il pianeta rosso si è così agitato un po' a casaccio, variando caoticamente l'inclinazione con scatti repentini. Di conseguenza il clima di Marte è cambiato moltissimo nel tempo. Fiumi e canali lo solcavano e forse un antico oceano lo ricopriva per i due quinti. La grande massa del nostro satellite ha quindi impedito variazioni caotiche dell'asse di inclinazione simili a quelle di Marte, rendendo possibile un clima più stabile. Dobbiamo la vita sulla Terra a una catastrofe di oltre quattro miliardi di anni fa.

L'evoluzione delle stelle

In una notte stellata, un semplice binocolo o un piccolo telescopio sono in grado di mostrarci una certa varietà nelle caratteristiche delle stelle. Esse appaiono di diversi colori, alcune cambiano di luminosità nel tempo, altre sono associate a nebulose gassose o distribuite in gruppi compatti. Strumenti più avanzati rivelano differenze chimiche, nella massa e nella luminosità intrinseca. Nonostante questa varietà, le stelle hanno una struttura e una dinamica simile tra loro. Tutte le stelle visibili sono infatti costituite per lo più da un gas di elementi leggeri (l'idrogeno e l'elio, ma con tracce di elementi più pesanti) mantenuto ad alta temperatura dalle reazioni di fusione nucleare all'interno. L'idrogeno e l'elio hanno il nucleo più semplice: un protone nel caso dell'idrogeno, due protoni e due neutroni per l'elio (Fig. 9.3).

Una stella ricava energia fondendo elementi leggeri per formarne di più pesanti. Alla base di tutto sta la cosiddetta energia di legame dei nuclei atomici. Se consideriamo un sistema fisico composto da più parti, l'energia di legame del sistema è definita come l'energia che dobbiamo fornire per scomporlo nei suoi costituenti. Ad esempio, risulta difficile separare un pezzo di ferro da una grossa calamita. Dobbiamo infatti applicare una grossa forza fino a che il ferro e la calamita sono così lontani da non sentire più attrazione reciproca. Abbiamo cioè dovuto fornire energia per scomporlo, l'energia di legame[2]. Facciamo ora l'esperimento inverso. Partiamo da una calamita e un

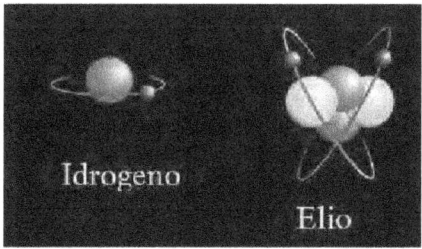

Fig. 9.3 Il nucleo di idrogeno è costituito da un protone, quello di elio da due protoni e due neutroni. Qui sono rappresentati anche gli elettroni che circolano intorno ai rispettivi nuclei. Nelle stelle, questi elettroni vengono strappati dai rispettivi nuclei a causa dell'elevata temperatura

---

[2] In questo esempio l'energia di legame è circa uguale alla forza di attrazione moltiplicata per la distanza lungo la quale agisce la forza.

pezzo di ferro appoggiati su un tavolo e mantenuti lontani, al di là del raggio di influenza. Ora avviciniamoli piano fino a che li vedremo attrarsi fino a collidere l'una contro l'altro ad una certa velocità. Stavolta si ottiene, e non si fornisce l'energia di legame. E il rilascio di energia è tangibile: dapprima si manifesta nella velocità acquisita dai due pezzi, la calamita e il ferro (energia cinetica). E infine, durante la collisione, l'energia cinetica si trasforma in calore (e anche in rumore). Se riempissimo un container di calamite e pezzi di metallo, otterremmo molto calore da questi urti.

Qualcosa di analogo accade all'interno delle stelle. Si è detto che il Sole ricava gran parte della sua energia dalla fusione di protoni. Tuttavia quando due protoni reagiscono, non riescono a dare luogo a una particella stabile (passo n. 1 in Fig. 9.4). Perché ciò accada, uno dei due deve trasformarsi in neutrone, emettendo anche un elettrone e un neutrino (il neutrone è indicato con un pallino grigio). La particella così formata da un protone e un neutrone prende il nome di deutone. Un deutone e un protone reagiscono (passo n. 2) formando elio 3 e un raggio gamma. Infine, due nuclei di elio 3 reagiscono tra loro creando finalmente l'elio 4 e due protoni. Confrontando ora i prodotti iniziali e quelli finali, ci si rende conto di aver usato in tutto 6 protoni e di averne ricavati due; se ne sono quindi consumati quattro. I quattro protoni hanno prodotto in tutto un nucleo di elio, due elettroni, due neutrini e un raggio gamma. A conti fatti, l'energia ricavata è stata di 26,73 MeV[3]. Mentre i raggi gamma e gli elettroni non possono sfuggire e quindi rilasciano l'energia nell'ambiente in cui si sono formati, i neutrini fuggono senza interagire con la materia. Poco male, comunque: l'energia da loro rubata ammonta solo al 2% di quella prodotta. Tutta questa energia generata nel nucleo del Sole mantiene la nostra stella in uno stato di equilibrio. L'energia, irradiata verso l'esterno tenderebbe a far esplo-

---

[3] Il MeV (mega-elettronvolt) è l'unità di misura dell'energia usata in fisica nucleare. Il MeV è l'energia acquisita da una particella di carica unitaria (come l'elettrone) quando viene sottoposto a una differenza di potenziale di un milione di volt. Corrisponde a 1,6 decimi di milionesimo di milionesimo di joule.

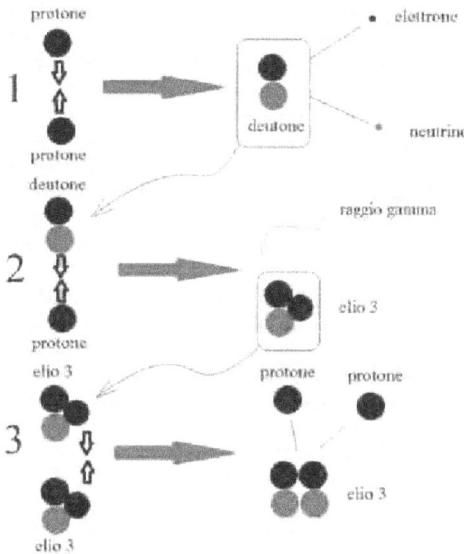

Fig. 9.4 Il ciclo protone-protone è la fonte principale di energia nel Sole e in molte altre stelle. Nel Sole vi sono anche reazioni più complesse che sfruttano nuclei più pesanti come catalizzatori

dere la stella; ma la gravità, diretta verso l'interno, lo impedisce. Un termostato naturale ed efficientissimo, che mantiene le stelle come il Sole in vita per miliardi di anni.

Il Sole

Durante una conferenza divulgativa, un astronomo sosteneva come una stella sia un sistema fisico semplice. Dopotutto, è solo un gas di elementi leggeri ad alta temperatura soggetto alla forza di gravità. E inoltre le stelle ci appaiono puntiformi! Una persona del pubblico ribadì, un po' divertita: "anche lei sembrerebbe molto semplice da una distanza di centinaia di anni luce!".

È proprio così. Il Sole ha una complessità tale da essere tuttora poco compreso, perfino in alcune questioni fondamentali come l'origine delle macchie. Esistono riviste interamente dedicate a lui, eminenti scienziati tengono corsi di struttura solare; almeno quattro generazioni di studenti gli hanno dedicato tesi di laurea e dottorato. E tutto questo anche perché essendo così vicino a noi, esso può mostrare tutte le complicate dinamiche di una stella tipica. Chissà quali sorprese riserverebbero le altre stelle se potessimo studiarle così da vicino.

C'è un secondo ovvio motivo per l'interesse nella fisica solare. Il Sole ha dato la vita al nostro pianeta da oltre due miliardi di anni, e il minimo è ripagarlo con una sana curiosità.

Grazie al ciclo protone-protone, il Sole risplende da ormai cinque miliardi di anni, e continuerà a farlo per un tempo altrettanto lungo. Le reazioni di fusione della Fig. 9.4 avvengono solo nella parte più centrale del Sole, il nocciolo. In questo piccolo spazio, solo il 2% del volume solare, le pressioni dovuti agli strati soprastanti di gas innalzano la temperatura del gas fino a 15 milioni di gradi, così da innescare le reazioni nucleari. I raggi gamma prodotti nel nocciolo non fanno però molta strada. Sono assorbiti dal gas denso, poi riemessi a minor frequenza, poi assorbiti di nuovo. Sebbene i gamma viaggino alla velocità della luce, questo processo li rallenta moltissimo. Per questo motivo i fotoni[4] gamma impiegano migliaia di anni per percorrere la zona radiativa, dove lo scambio di calore avviene proprio grazie al loro continuo processo di diffusione e assorbimento. A pressioni e temperature più basse, quando i fotoni hanno diminuito di moltissimo la loro energia trasformandosi in raggi ultravioletti e luminosi, l'energia non viene più trasportata dalla radiazione, ma dai movimenti convettivi del gas, simili a quelli che avvengono nel mantello terrestre (← vol. 1). Il gas a contatto con la zona radiativa è molto caldo, si espande e si muove verso l'alto dove si raffredda in quanto cede la sua energia alla fotosfera. È questa la zona convettiva del Sole (Fig. 9.5). Ed è proprio dalla fotosfera che i raggi luminosi del sole giungono fino a noi, riscaldandoci e permettendo la vita sulla Terra. I fotoni sono cambiati moltissimo da quando erano dei penetranti raggi gamma di milioni di elettronvolt di energia, dimi-

---

[4] I fotoni sono i quanti della radiazione elettromagnetica. Si parla quindi di fotoni gamma, di fotoni X, ottici, eccetera.

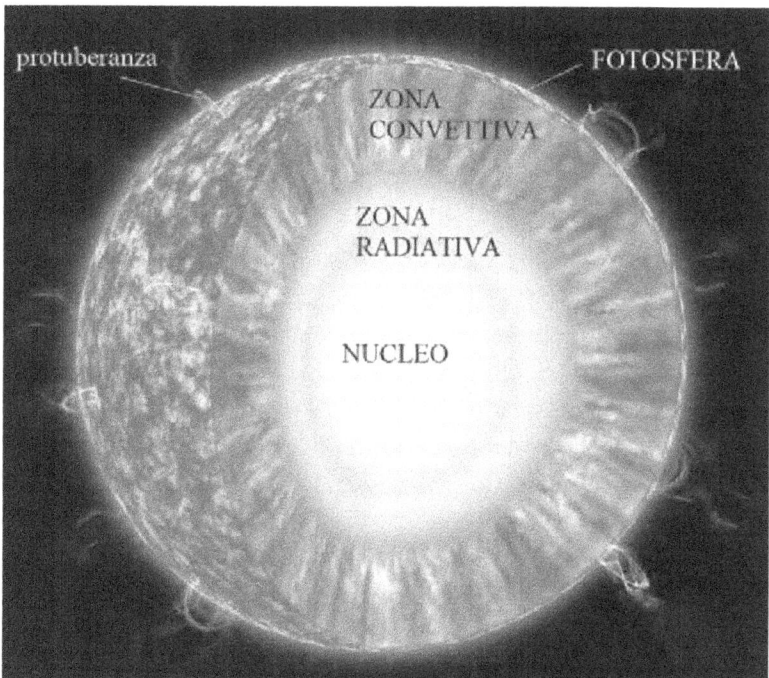

Fig. 9.5 Struttura interna del sole. Il nucleo, a temperature di 15 milioni di gradi, è un plasma denso, cioè un gas di protoni e di particelle alfa e elettroni non legati tra loro

nuendo a energie di qualche elettronvolt soltanto, quelle della luce visibile. È a queste energie, corrispondenti a una temperatura della fotosfera di 4.200 gradi centigradi, che i nostri occhi si sono adattati dopo milioni di anni. Sopra la fotosfera si erge uno strato sottile e quasi trasparente, la cromosfera; e infine la corona, un'aureola lunga milioni di chilometri ed enormemente più calda della fotosfera, ma molto più rarefatta.

Tuttavia la superficie del Sole è lungi dall'essere liscia. Succede invece sempre qualcosa di nuovo, incessantemente. Le celle di convezione formano una granulazione che cambia di continuo, proprio come le celle di convezione nell'acqua in ebollizione dentro una pentola. Sulla Terra, il campo magnetico attraversa la superficie solida del pianeta e pertanto è geometricamente semplice (due poli) e abbastanza stabile. Non così sulla superficie del Sole. Le linee di forza del campo magnetico seguono infatti gli incessanti movimenti della superficie, in costante movimento. Dalla cromosfera si formano così le protuberanze, getti di gas a volte lunghi milioni di chilometri. E naturalmente anche le macchie solari, già osservate da Galilei. Si tratta di zone più scure della superficie solare e circa 1.200 gradi più fredde, e del diametro di migliaia di chilometri. Cambiano sempre da un giorno all'altro, sia perché seguono la rotazione del Sole che completa un giro in circa un mese, sia perché esse stesse cambiano di forma e dimensioni. Il gas che compone la macchia non ridiscende come dovrebbe (dovrebbe, essendo più fredda del gas circostante) perché ancorata alla superficie dal forte campo magnetico. Infatti le linee di forza del campo magnetico solare si concentrano proprio all'altezza delle macchie solari.

È pur vero che il Sole, come tutte le stelle di sequenza principale[5], è un sistema in equilibrio. Ma le energie in gioco sono tali che piccole rotture di equilibrio locali hanno enormi ripercussioni sul nostro pianeta. Vediamo quali.

Il Sole è tutt'altro che tranquillo

Cominciamo proprio dalle *protuberanze*, già indicate in Fig. 9.5. Una protuberanza (*prominence* in inglese) è un enorme anello di plasma[6] ancorato alla superficie del Sole che può estendersi nella corona per centinaia di migliaia di chilometri. Pur essendo un poco più fredda della corona circostante, una protuberanza raggiunge temperature di milioni di gradi. La forma ad anello è dovuta al campo magnetico, che infila gli anelli di plasma. Loro malgrado, gli anelli rendono visibili le linee di forza del campo magnetico alla superficie del Sole, un

---

[5] Le stelle di sequenza principale sono quelle "normali" come il Sole, che bruciano prevalentemente idrogeno.

[6] Il plasma è un gas in forte stato di ionizzazione. I protoni e gli elettroni che a basse temperature si legano a formare atomi e molecole di idrogeno, ad altissime temperature vengono scissi e rimangono liberi. Poiché protoni ed elettroni sono particelle cariche (con cariche opposte) i plasmi sono sensibili ai campi elettrici e magnetici.

po' come la limatura di ferro intorno a un magnete. I due piedistalli di plasma su cui poggiano le protuberanze sembrano identici, ma in realtà hanno polarità magnetiche opposte in quanto il campo magnetico esce da un piedistallo per entrare nell'altro. A causa della rotazione del Sole e dei movimenti sulla fotosfera, capita che i due piedistalli possano avvicinarsi molto. La linea di forza del campo magnetico allora si spezza e la protuberanza erompe nella corona con un gigantesco *brillamento*. I brillamenti sono associati a notevoli emissioni di radiazioni X, un problema per i satelliti (i raggi X possono generare intensi campi magnetici quando colpiscono le loro strutture metalliche) e per gli astronauti. Ma non vi sono grossi effetti sulla Terra, dato che i raggi X trovano valido ostacolo nel penetrare la nostra atmosfera. Può andare peggio nel caso di un fenomeno ancora più gigantesco del brillamento: *l'emissione di massa coronale*, un'enorme esplosione di plasma che può raggiungere la terra in pochi giorni o addirittura in poche ore (Fig. 9.6).

Non emette tanta luce: la sua arma principale sono le particelle cariche. Il Sole ci manda continuamente un flusso di particelle cariche, soprattutto protoni ma anche nuclei di elio e perfino di ferro. Si tratta del *vento solare*, un fenomeno scoperto solo negli anni Sessanta. Quando

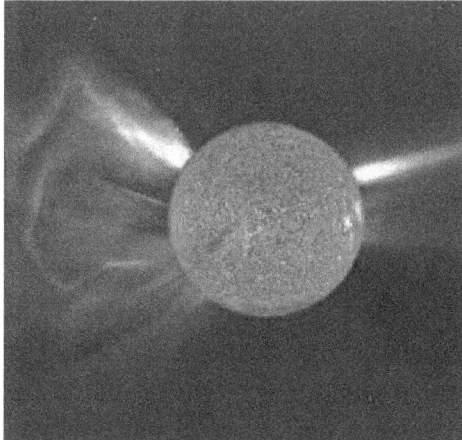

Fig. 9.6 Emissione di massa coronale osservata da SOHO nel 2007. Cortesia SOHO consortium (SOHO è un progetto di cooperazione internazionale tra ESA e NASA)

il vento solare incontra il campo magnetico terrestre, le particelle che lo compongono sono deviate dalla cosiddetta forza di Lorentz, che agisce su particelle cariche e veloci. La magnetosfera terrestre dunque fornisce uno schermo naturale al flusso di particelle cariche (Fig. 9.7). Poiché le linee di forza del campo magnetico terrestre discendono ai poli avvicinandosi alla superficie della Terra, le particelle spiraleggiano a bassa quota intorno alle linee del campo magnetico, e così facendo eccitano i gas atmosferici producendo le aurore polari (Fig. 9.7). Durante un'emissione di massa coronale, l'iniezione di particelle può crescere a dismisura. Le aurore polari scendono a latitudini più basse e crescono di intensità fino a diventare luminosissime. Ma le conseguenze non sono solo uno spettacolo polare.

La dinamo è l'applicazione di un effetto scoperto da Michael Faraday secondo il quale un campo magnetico che varia nel tempo produce un campo elettrico. In una dinamo, una serie di magneti posti in rotazione ad esempio dal movimento di una bicicletta, genera un campo elettrico e quindi la luce. Se il campo magnetico in prossimità della Terra cambia rapidamente a causa di una tempesta solare (si chiama tempesta solare la conseguenza magnetica sulla Terra di un grosso brillamento o di un'emissione di massa coronale), le correnti indotte nei generatori di elettricità possono essere enormi, mandandoli in tilt. Può sembrare un problema seccante ma non catastrofico.

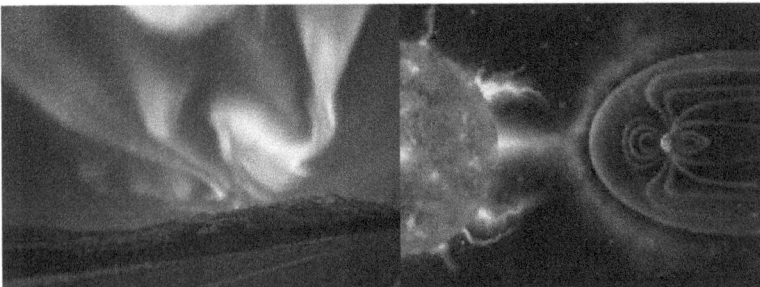

Fig. 9.7 A sinistra: aurora polare. A destra: schema (non in scala) della magnetosfera terrestre e del suo ruolo nello schermare il vento solare e le emissioni di massa coronale

Eppure basta pensare a quanto dipendiamo dall'elettricità non solo per usi domestici e industriali, ma anche per ospedali, difesa, emergenze. La più grossa emissione di massa coronale avvenne nel 1859; in quell'occasione si osservarono aurore fino ai Caraibi! I più grandi impianti per il trasporto dell'elettricità allora erano i fili dei telegrafi, molti dei quali bruciarono causando anche incendi. Il problema è che a quell'epoca la dipendenza dall'elettricità era niente confronto a oggi. Oggi un evento analogo potrebbe mandare in tilt molte reti per la produzione di energia, già sovraccariche in molte parti del mondo. La conseguenza più catastrofica sarebbe un probabile blackout in molte grandi città del globo, con ripercussioni per la vita quotidiana e per l'ordine pubblico. Eppure, si potrà controbattere, questo non è mai successo (se non in piccola scala come qualche decennio fa in Québec). Il motivo però pare essere semplicemente questo: il tempo di ricorrenza di un evento di tempesta magnetica paragonabile a quello del 1859 è di qualche secolo. Un tempo solo di poco superiore all'avvento della nostra civiltà industriale. Se le cose stanno così, è probabile che un fenomeno analogo a quello del 1859 si presenti abbastanza presto.

Brillamenti, emissioni di massa coronale: di questi fenomeni ce ne accorgeremo a tempo debito, ma non li vediamo direttamente se non con gli occhi degli astronomi. L'altro fenomeno del magnetismo solare, le macchie, sono invece ben visibili con un binocolo munito di appositi filtri sull'obiettivo[7]. Abbiamo visto come le macchie abbiano cicli piuttosto regolari; quello di undici anni è correlato con l'inversione del campo magnetico. In corrispondenza dell'inversione, avviene un aumento dell'attività magnetica, delle macchie solari, e quindi delle tempeste magnetiche in arrivo sulla terra. Ma sono i cicli più a lungo periodo ad aver avuto conseguenze tangibili nella storia dell'uomo. È forse un caso che la piccola età glaciale coincida col mi-

---

[7] Osservare il Sole è molto interessante ma occorre farlo con la massima prudenza in quanto un raggio di sole non ben filtrato e amplificato dalle lenti può danneggiare la retina in modo irreparabile.

nimo di Maunder delle macchie solari (← Cap. 8)? Rimane da spiegare un apparente paradosso, lasciato in sospeso. Le macchie solari sono zone più fredde della superficie solare. Un loro minimo dovrebbe quindi aumentare l'energia emessa dal Sole, non diminuirla. Ma occorre ricordare che il Sole al minimo dell'attività magnetica non solo produce meno macchie; è anche più parco di brillamenti ed emissioni coronali. Quelle sì possono fare una certa differenza nel bilancio dell'energia solare, molto più delle macchie.

9.2 Minacce vicine

Il doppio ritratto di Albrecht Dürer

È il 7 novembre 1492 e Massimiliano I imperatore sta per attaccare la città alsaziana di Ensisheim. Sono passati pochi minuti dopo mezzogiorno quando una palla di fuoco attraversa gran parte della Svizzera a partire da Basilea ed entra in Austria fino a Ensisheim sotto lo sguardo sbigottito di migliaia di persone. Ricostruita la posizione del punto di caduta a oltre 150 chilometri dal primo avvistamento, un manipolo di contadini organizza una spedizione per il recupero dell'oggetto misterioso. Sotto un cratere di un metro di profondità viene ritrovata una pietra nera del peso di 130 chilogrammi. Massimiliano lo interpreta come un segno dal cielo dell'imminente vittoria; e come sappiamo, questi segni non falliscono mai. Oggi il meteorite condritico è conservato in una teca del museo cittadino. Il grande illustratore Albrecht Dürer li ritrasse entrambi: del monarca fece uno dei suoi migliori ritratti; e dato che Dürer fu anch'egli tra i testimoni dell'evento, la meteora finì in un disegno rimasto famoso.

Pietre che cadono dal cielo sono sempre state osservate dagli albori della storia. Dagli antichi greci e Plinio il Vecchio, spesso acritico collezionista di fatti, fino a cronache medievali e rinascimentali. Con il suo attualismo, James Hutton mise fine a queste presunte assurdità. La caduta dal cielo sembrava un retaggio di catastrofismo da mettere al bando insieme al barone Cuvier e ai diluvi. Fatto sta che nonostante le numerose cronache e le deposizioni di testimoni, la scienza rimase ancora una volta indietro rispetto all'evidenza. E nella prima metà del XIX secolo il grande scienziato tedesco Chladni, famoso per i suoi studi dell'acustica delle membrane vibranti, fu ridicolizzato per le sue teorie sulla caduta dei meteoriti.

Se i meteoriti cadono di frequente, qualcuno è mai stato ferito o ucciso? Nel 1954, una certa Ann Hodges venne colpita da un meteorite grosso come un sasso. Sfondato il tetto come fosse di burro, la pietra la colpì di rimbalzo mentre dormiva. Dovette farsi ricoverare per lievi ferite. Nel 1955 un meteorite sfondò la cupola astronomica di un astronomo dilettante, ma l'elenco di case o auto colpite è piuttosto lungo. Pare ci siano state alcune vittime nel XX secolo in due impatti diversi (uno di questi uccise un'intera famiglia in Cina) e non è escluso che alcuni sciami meteoritici abbiano mietuto parecchie vittime. Tuttavia è chiaro che per fortuna le persone uccise da meteoriti sono pochissime e questo lo dobbiamo alla bassa probabilità di essere colpiti, non alla violenza del meteorite. Un meteoroide[8] che attraversi l'atmosfera si attesta a una velocità costante, alla quale la forza di gravità uguaglia la forza di resistenza dell'aria. Queste velocità sono di molto inferiori a quelle alla quale il meteoroide è inizialmente entrato nell'atmosfera, ma senza dubbio sufficienti a uccidere in caso di impatto diretto. Di solito fa mostra di sé con luminosità e talvolta anche rumori, ma giunge fino al suolo solo se abbastanza grosso, nel qual caso il materiale roccioso viene denominato meteorite.

La maggior parte dei meteoroidi, anche quelli visibili come stelle cadenti, sono grandi pochi millimetri e bruciano completamente nell'atmosfera. Blocchi di dimensioni maggiori subiscono una grande resistenza dell'aria al fronte con l'effetto di creare una forza di compressione. Ma ogni roccia ha un limite alla compressione; una volta superata, il meteoroide può letteralmente esplodere nell'atmosfera, generando una pioggia di meteoroidi più piccoli. È quanto avvenne

---

[8] Una meteora è una scia luminosa nel cielo, spesso detta stella cadente. Un meteoroide è un corpo solido in caduta nell'atmosfera. Per bolide si indica qualcosa di più generico di un meteoroide, un fenomeno dovuto alla caduta nell'atmosfera di materiale di qualsiasi tipo; può essere il nucleo di una cometa oppure anche il frammento di un satellite artificiale.

nel 1992, quando molti americani videro uno sciame di stelle cadenti per buona parte degli Stati Uniti nordorientali. Ma quando un meteoroide è sufficientemente grosso, può raggiungere il suolo guadagnandosi la qualifica di meteorite. Di solito il meteorite rimane lì, nascosto fra miliardi di altre rocce per non esser mai ritrovato. Alcune volte esso viene identificato o perché la sua traiettoria, osservata da un certo numero di persone, è stata ricostruita fino a determinare il punto d'impatto, oppure semplicemente perché esso appare molto diverso dalle rocce circostanti. Si è potuto così vedere che i meteoriti possono essere metallici, pietrosi, o pietrosi-metallici (← vol. 1). I metallici, assai pesanti in quanto formati da una lega di ferro-nikel, mostrano spesso caratteristiche figure di Thomson-Widmanstatten se trattate con acido nitrico (Fig. 9.8).

Di solito i meteoriti sono piccoli; solo in alcuni rari casi sono stati rinvenuti grossi meteoriti metallici di migliaia di tonnellate (Fig. 9.9). Piccoli meteoriti scavano crateri delle dimensioni di pozze o al massimo di qualche decina di metri di diametro. Solo se il meteorite è molto grosso, più di dieci metri di diametro, crea un cratere di al-

Fig. 9.8 Figure di Thomson-Widmanstatten in un meteorite metallico

Fig. 9.9 Il più grosso meteorite mai trovato: il meteorite di Hoba, un ferro-nikel scoperto in un campo della Namibia nel 1922. Pesa una sessantina di tonnellate

meno un centinaio di metri di diametro; ampiezza e profondità sono tanto maggiori quanto grande è la sua massa e la velocità di caduta. Ovviamente simili fenomeni avvengono e sono avvenuti in molti corpi celesti. La luna o Mercurio, privi della protezione di un'atmosfera e poco attivi geologicamente, sono completamente butterati da crateri. Vi si trovano enormi bacini da impatto, crateri concentrici oppure raggiati, ma anche una miriade di piccoli crateri di appena qualche decina di metri di diametro.

Anche la superficie di Marte mostra innumerevoli crateri di impatto, ma solo nelle sue parti più antiche, risalenti a quando il materiale cosmico in giro per il sistema solare era molto di più (Fig. 9.10). Poiché la Terra ha un campo gravitazionale e una superficie maggiore di quella della Luna, di Mercurio o di Marte, deve essere stata sottoposta a un bombardamento meteoritico ancora maggiore.

Lo strano acquisto dell'ingegner Barringer

Dove sono quindi i crateri terrestri? Il nostro pianeta ci mostra una pletora di mari, oceani, vulcani, ghiacciai, montagne; e poi foreste,

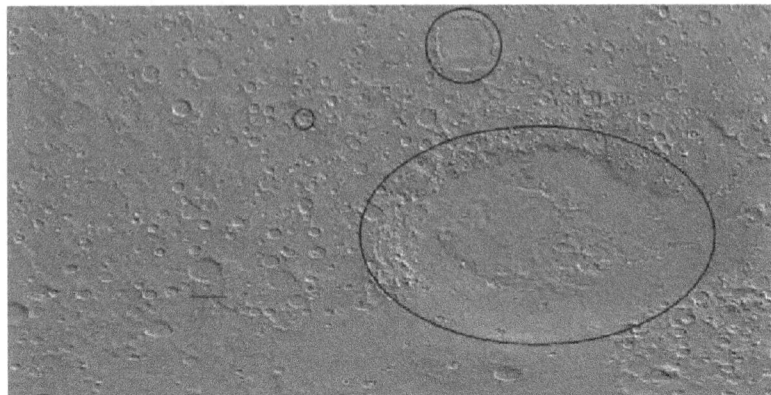

Fig. 9.10 La superficie meridionale di Marte mostra moltissimi crateri d'impatto. Il gigantesco bacino visibile sulla destra e cerchiato con un'ellisse, chiamato Hellas Planitia, è stato creato dall'impatto di un asteroide di duecento chilometri di diametro. Nel cerchio in alto un esempio di cratere a multianello, nel cerchio più piccolo un cratere con picco centrale. Il trattino a sinistra rappresenta una lunghezza di 200 chilometri (la distorsione aumenta però verso il basso a causa della proiezione cartografica). Si noti l'estrema variabilità nelle dimensioni degli altri crateri. Immagine altimetrica MOLA con effetto di ombreggiatura (NASA)

tundre o deserti, ma certamente non molti crateri meteoritici. In primo luogo l'attività geologica interna della Terra è molto maggiore che sulla Luna. I vulcani, i terremoti, i processi di formazione delle catene montuose e soprattutto i movimenti delle zolle tendono a cancellare le tracce dei crateri di impatto. In secondo luogo l'erosione sulla Terra è molto accentuata non solo rispetto alla Luna, ma anche rispetto a Marte. Fiumi, ghiacciai, venti sono assai più attivi sulla Terra. La vita con le sue foreste e con l'attività di animali, piante e funghi, unita alla presenza di acqua, concorre all'erosione e alla formazione del suolo. Infine, tre quarti della superficie terrestre sono occupati dagli oceani. È chiaro che un piccolo meteorite che cade sulla superficie oceanica viene disintegrato durante l'impatto con l'acqua e ha poche probabilità di lasciare un cratere sul fondo dell'oceano. E anche se vi fosse un cratere sul fondo dell'oceano, questo non verrebbe conservato per più di duecento milioni di anni a causa dell'espansione dei fondi oceanici. Infine, l'atmosfera ci protegge, vaporizzando il materiale cosmico di piccola dimensione (ad esempio del diametro di un millimetro), diminuendo la velocità delle meteore di grande volume, e giungendo anche a disintegrarle. Anche il nostro gemello, Venere, ha un'atmosfera così spessa – per la verità molto più di quella terrestre – che molti dei meteoriti si disintegrano prima di giungere al suolo. Proprio per questo motivo su Venere sono assenti i crateri meteoritici più piccoli di uno-due chilometri di diametro. Tornando alla Terra, gli unici crateri che sopravvivono sono o quelli recenti, oppure quelli caduti su aree cratoniche, ovvero zone delle crosta terrestre risparmiate da grossi eventi geologici.

Tra i primi l'esempio più famoso esempio è il Meteor Crater dell'Arizona (Fig. 9.11) di 1200 m di diametro e 200 m di profondità. È detto anche cratere Barringer dal nome D.M. Barringer, un ingegnere minerario che intuì la natura meteoritica del cratere. La maggior parte degli scienziati dell'epoca propendeva invece per una spiegazione di tipo vulcanico. Non solo – sostenevano – c'erano vulcani nelle vicinanze; anche la forma quasi circolare del cratere somigliava a quella di un vulcano. Se scagliamo un sasso sulla sabbia con una certa inclinazione nell'angolo di impatto, il cratere ne risulta di forma oblunga, non circolare. Se il cratere fosse stato meteoritico, si pensava, avrebbe richiesto un impatto del bolide quasi perfettamente perpendicolare, un evento molto improbabile[9].

Barringer acquistò il cratere nella speranza di trovare sotto il suolo una massa enorme e assai appetibile di ferro-nichel. Oggi sappiamo che la sua teoria era esatta: il cratere fu veramente scavato qualche decina di migliaia di anni fa dalla caduta di un meteorite di ferro-nichel con diametro di circa 30-50 metri, per una probabile massa di 100.000-500.000 tonnellate. Anzi, il Barringer fu il primo cratere terrestre ad essere riconosciuto come meteoritico. Ma il ferro-nichel era misteriosamente scomparso, e ora vediamo perché.

---

[9] Questo ragionamento veniva applicato anche alla Luna da coloro che sostenevano la natura vulcanica dei crateri lunari.

Fig. 9.11 Il cratere Barringer in Arizona

Crateri d'impatto

Quando un meteoroide collide contro la superficie terrestre, avviene inizialmente una fase di compressione durante la quale l'energia cinetica è trasferita in un tempo brevissimo alla superficie planetaria[10].

Durante l'impatto la pressione al fronte del meteorite aumenta enormemente, raggiungendo livelli di milioni di volte la pressione atmosferica. La differenza tra il cratere dovuto a un sasso scagliato contro la sabbia e un cratere d'impatto meteoritico è che quest'ultimo viaggia più velocemente della velocità del suono nella roccia. Di conseguenza, viene generata un'onda d'urto attraverso il pianeta, mentre il materiale a contatto col meteorite e il meteorite stesso prima si

---

[10] L'energia cinetica è uguale a metà della massa della meteora moltiplicata per il quadrato della velocità di impatto. Una velocità di impatto dell'ordine di 15 chilometri al secondo per una massa di un miliardo di tonnellate dà un'energia cinetica di 10^{17} kilojoule. Il kilojoule e un'unità di misura dell'energia, equivalente a circa un quarto di kilo-caloria (usata per misurare il potere calorico dei cibi). È difficile apprezzare il significato di questo numero; meglio riferirsi alla quantità di TNT equivalente. Una tonnellata di TNT equivale a $4{,}2 \cdot 10^9$ kilo-joule. Quindi la caduta del meteoroide di Barringer aveva un'energia di 20 milioni di tonnellate di TNT, ovvero 20 megatoni.

frantumano, e poi vaporizzano all'istante. In altre parole, il materiale meteoritico letteralmente esplode. Schizzi di materiale fluidizzato vengono così gettati ad altissima velocità dalla zona d'impatto, piegando il materiale roccioso. Più in profondità, la trasformazione del materiale planetario non è così radicale, ma sufficiente a creare nuove fasi minerali. Questa prima fase di impatto è chiamata *stadio di compressione*.

Una seconda fase è quella detta di *escavazione*, in cui viene creato il cratere vero e proprio. La roccia frantumata dall'impatto viene prima gettata a grandi distanze, creando una depressione imbutiforme. Una parte del materiale eiettato crea un rialzo ai bordi del futuro cratere, mentre la roccia frantumata si deposita fuori dal cratere. Una buona parte del materiale ricade dentro, formando così un mantello di materiale incoerente e frantumato, la cosiddetta *breccia* (Fig. 9.12). Infine, in una terza fase il materiale si riassesta in grandi frane che scendono dalla periferia del cratere verso il centro.

Per decenni si è dibattuto sull'origine di misteriose rocce vetrose di solito nere e dalle forme strane: a goccia, a imbuto, a sfera o dop-

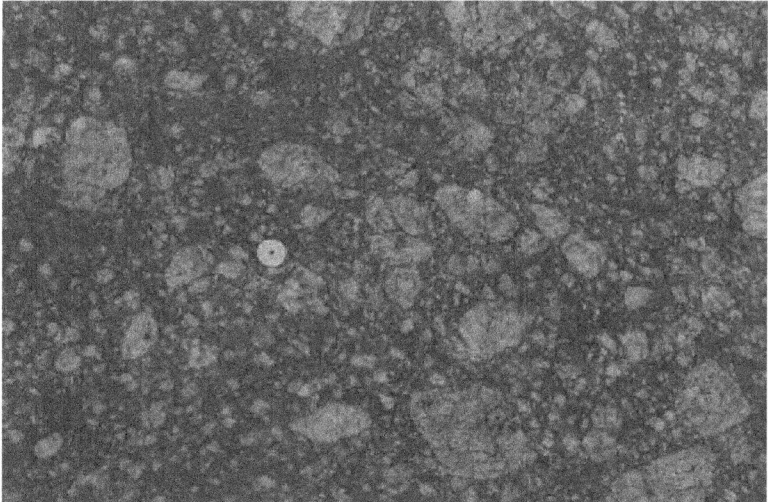

Fig. 9.12 Una breccia d'impatto meteoritico. Gardnos, Norvegia meridionale (FVB)

pia goccia, che indicano una movimento nell'aria in forma fusa. Spesso queste *tectiti* (Fig. 9.13) affiorano in grossi campi come quelli in Cecoslovacchia e in Texas. Sono forse rocce extraterrestri? C'è qualche collegamento ai grandi impatti meteoritici? Solo alla fine degli anni Sessanta si è trovato che la risposta alla prima domanda è un no, ma alla seconda è un sì, ed è un sì molto interessante. Infatti si è stabilito che le tectiti cecoslovacche derivano da un cratere d'impatto in Germania, il cratere di Rieskessel di 24 chilometri di diametro. Circa 14,3 milioni di anni fa, un meteoroide di un paio di chilometri di diametro colpì la zona di Nordlingen in Germania centrale, formando il Rieskessel. Il materiale silicatico terrestre venne proiettato nell'aria a grandi altezze allo stato fuso, raggiunse la stratosfera, fino a cadere a centinaia di chilometri di distanza, in Cecoslovacchia. Oggi sono note molte altre accoppiate tra crateri e campi di tectiti, come ad esempio il cratere di Bosumtwi in Ghana e le tectiti della Costa d'Avorio.

Torniamo al Meteor Crater. L'energia rilasciata durante l'impatto fu di circa 20 megatoni, pari a circa mille bombe di Hiroshima. Del meteorite vaporizzato dall'enorme energia dell'impatto rimane ben

Fig. 9.13 Un campionario di tectiti

poco: qualche frammento di ferro-nichel sparso qua e là, ma il grosso del materiale è stato vaporizzato. Ecco perché Barringer non trovò l'immenso patrimonio di metallo.

Tutto molto affascinante, ma l'impatto che produsse il Barringer fu catastrofico? Considerazioni di fisica dell'impatto ci dicono che difficilmente gli esseri viventi nei primi dieci chilometri di distanza dal punto d'impatto si sono salvati; la palla di fuoco (*fireball*) aveva un'energia troppo elevata e qualsiasi cosa si trovasse nei paraggi è stata incenerita. È probabile che alcuni animali ebbero la sventura di trovarsi entro 25 chilometri di distanza; furono uccisi a causa dello spostamento d'aria e di rocce polverizzate. Se un meteorite di queste dimensioni cadesse su una città, la raderebbe al suolo. Certo un'esplosione impressionante, ma che non ha modificato le comunità ecologiche che vivevano all'epoca.

Per trovare qualcosa di veramente devastante dobbiamo salire con le dimensioni. Crateri sulla superficie terrestre molto più grandi sono anche più antichi, e quindi solitamente peggio conservati. La Fig. 9.14 mostra una zona pianeggiante di circa 5 chilometri di diametro che ospita il cratere di Gardnos, in Norvegia. Fu creata dall'impatto di un corpo di 200-300 metri di diametro circa 500-600 milioni di anni fa. Nella zona dell'impatto sono presenti le sueviti, rocce caratteristiche dovute in parte alla breccia da impatto, e in parte al consolidamento di rocce in parte fuse dall'enorme energia sviluppata[11].

Gli oltre diecimila megatoni sviluppati nella formazione del cratere di Gardnos furono sufficienti ad uccidere quanto si trovasse a duemila chilometri di distanza. Certo una distruzione immane, che se fosse avvenuta duecento milioni di anni più tardi avrebbe annichilato per sempre alcune specie endemiche. Ma all'epoca la vita era solo marina, e non morì alcun essere vivente. Attenzione però! Non è un evento rarissimo come si potrebbe pensare: secondo le stime attuali si presenta una volta ogni milione di anni.

---

[11] Le sueviti, comuni in molte zone d'impatto, fanno parte di un gruppo di rocce caratteristiche dei fenomeni di impatto meteoritico, dette impattiti.

Fig. 9.14 La piana del cratere di Gardnos, in Norvegia (FVB)

Saliamo con le dimensioni dei crateri. La Tabella 9.1 mostra i dati salienti di alcuni astroblemi (ovvero crateri d'impatto meteoritico) di diametro compreso tra 40 e 150 chilometri. Al crescere dell'energia e del diametro del corpo in caduta, aumenta il diametro dell'astroblema. Ma anche la sua forma cambia. Quando il cratere ha qualche decina di chilometri di diametro (ma questo valore dipende dal pianeta in considerazione), l'impatto può formare un picco centrale. Per Marte, un cratere di questo tipo è visibile in alto nella Fig. 9.10. Per energie e diametri ancora maggiori si formano astroblemi ad anelli concentrici come quello grande cerchiato in Fig. 9.10. La figura riporta anche un enorme bacino d'impatto marziano, Hellas Planitia, dovuto a un oggetto di duecento chilometri di diametro. Ne è risultato un cratere di duemila chilometri di diametro e otto chilometri di profondità!

Infatti insieme al diametro, anche le energie crescono a dismisura: e tornando sulla Terra, se un impatto di 20 megatoni come quello del cratere Barringer fu capace di annichilare la vita intorno a una distanza di 25 chilometri, di cosa sarebbe capace un impatto a migliaia

Tabella 9.1 Una lista di crateri terrestri di diametro compreso tra 40 e 150 chilometri di diametro. Diametro approssimativo ed energia calcolati col programma "crater" di H.J. Melosh e R.A. Beyer (Melosh, 1989) nell'ipotesi di una densità di 3.000 chili per metro cubo, un angolo di impatto di 450, una velocità d'impatto di 17 chilometri al secondo

Diametro (Km)	Età (Milioni di anni fa)	Diametro approssimativo del meteoroide (Km)	Energia (Milioni di Megatoni)	Località
40	<250	2	0,43	Araguainha (Brasile)
46	360	2,3	0,67	Cherlevolix (Canada)
50	57	2,5	0,88	Kara (Russia)
52	365	2,6	1,01	Slijian (Svezia)
100	214	5,4	8,68	Manicouagan (Canada)
>>70	145	>2,7	>>2,65	Morokweng (Sudafrica)
80	183	4,2	4,1	Puchezh-Katunki (Russia)
100	40	5,4	8,68	Popigai (Russia)
140	1970	7,8	25,4	Vredefort (Sudafrica)
140	1840	7,8	25,4	Sudbury (Canada)

o addirittura milioni di megatoni? Prima dobbiamo rispondere a una domanda ancora più basilare. Da dove provengono i proiettili che nel corso dei miliardi di anni hanno giocato al bersaglio con pianeti e satelliti?

Gli asteroidi

La prima notte del XVIII secolo ha inaugurato l'inizio di un intero capitolo degli studi sul sistema solare. Il primo gennaio 1801 l'astronomo italiano Giuseppe Piazzi scopre Ceres, il primo di una serie di asteroidi. Si tratta di piccoli pianeti situati tra l'orbita di Marte e quella di Giove (Fig. 9.15), una zona chiamata *fascia principale di asteroidi*. La scoperta di Piazzi fu di enorme importanza e offrì anche il destro a chi, basandosi sulle previsioni di una strana formula matematica nota con il nome di legge di *Titius-Bode*, voleva che fra Marte e Giove vi fosse un tempo un pianeta, in seguito esploso.

Fig. 9.15 Vesta, il terzo degli asteroidi in ordine di dimensioni, ha un raggio di 255 chilometri e una distanza media dal sole di 2,361 unità astronomiche (NASA)

Con quasi 1.000 chilometri di diametro, Ceres è un corpo celeste molto grosso, anche se più piccolo di un pianeta. In compenso non è l'unico, come abbiamo detto. Solo un anno dopo l'osservazione di Piazzi viene scoperto Pallade, di 263 chilometri di raggio. E poi Juno, Vesta, Hygiea, Davida, fino a raggiungere qualche centinaio di esemplari a fine XIX secolo; oggi sono noti parecchie migliaia di asteroidi. Spazzati dall'influenza dei pianeti vicini, gli asteroidi hanno finito per ripartirsi in una serie di zone dove la gravità li perturba meno. Non tutti gli asteroidi prediligono la regione tra Marte e Giove. Altri, come gli oggetti di tipo *Aten*, sono interni all'orbita terrestre. Gli oggetti *Apollo* intersecano invece l'orbita della Terra, dato che hanno orbite piuttosto ellittiche il cui perielio giace all'interno dell'orbita terrestre e con l'afelio, distante tra le due e le quattro unità astronomiche, ben al di fuori[12]. Gli asteroidi del gruppo *Amor* intersecano l'orbita di Marte ma non quella terrestre, mentre quelli del gruppo del *Centauro* hanno orbite ancora più ampie.

Un'altra curiosità: gli asteroidi vicini a Giove sembrano evitare (ma in alcuni casi invece preferiscono) le orbite i cui periodi hanno una frazione semplice del periodo orbitale di Giove. Ad esempio, non vi sono asteroidi di periodo orbitale pari a metà di quello Gioviano, mentre ve ne sono molti di periodo uguale ai 2/3. Poiché a un dato

---

[12] Le orbite planetarie sono ellittiche; il punto più vicino e più lontano dal Sole son detti perielio e afelio rispettivamente.

periodo di rivoluzione di un pianeta o asteroide corrisponde una certa distanza dal Sole, queste particolari "risonanze gravitazionali" si manifestano come assenza di asteroidi a certe ben determinate distanze dal Sole. Ricordano un po' i come nei vecchi dischi di vinile in cui i cerchi più scuri segnalano l'assenza di musica tra due brani. Questo mostra quanto le perturbazioni gravitazionali sono state importanti nel ridistribuire tutto questo strano materiale cosmico nel Sistema Solare.

Potrebbe essere una perturbazione gravitazionale a spezzare la caotica regolarità del Sistema Solare, condannando la Terra a una catastrofe. Vi è un gruppuscolo di asteroidi che intersecano l'orbita terrestre e potrebbe colpirci. L'8 dicembre 1992, l'asteroide Toutatis si avvicinò alla Terra di 3,5 milioni di chilometri. Sembra tanto, ma è solo dieci volte la distanza della Luna. Toutatis, dalla forma di una gigantesca nocciolina americana, ha un diametro di 6 chilometri, quanto basterebbe a far precipitare la nostra civiltà all'età della pietra. Il 29 settembre ci ha riprovato, dimezzando la distanza di approccio. Ma la vera minaccia per il futuro resta un asteroide del gruppo *Aten*.

Apophis

Chiamato Apophis come il dio egizio della distruzione, cambierà squadra fra pochi anni, passando dal gruppo *Aten* al gruppo degli *Apollo*. Sembra un semplice cambio di nome, ma ecco cosa significa. La sua orbita non sarà più interna a quella terrestre; con l'afelio oltre l'orbita della Terra e il perielio all'interno, ci intersecherà. A fargli modificare orbita sarà proprio il nostro pianeta. Apophis ci sfiorerà il 13 aprile 2029, ma in quell'occasione la Terra non sarà colpita —si calcolano quattro probabilità su un milione che questo accada. In quell'occasione l'asteroide passerà così vicino alla Terra, 36.000 chilometri di distanza appena, da lambire i satelliti geostazionari rendendosi visibile a occhio nudo! È in quell'incontro preliminare che la Terra modificherà in maniera drammatica l'orbita dell'asteroide.

La cosa più probabile è che Apophis sia buttato in un'orbita dove continuerà a muoversi per molti secoli senza colpire la Terra, almeno nell'immediato futuro. Ma la deviazione da parte della Terra potrebbe essere maldestra. Se nel 2029 Apophis si avvicinerà entro un certo intervallo di distanze dal nostro pianeta, verrà sì deviato lontano dalla Terra, ma solo per poco. Farà ritorno pochi anni dopo, il 13 aprile 2036, questa volta per cadere sul nostro pianeta in maniera catastrofica. C'è da essere ottimisti, dato che la *serratura gravitazionale* è larga appena 500 metri. Ma siccome non saremo sicuri di nulla fino al 2029, gli ingegneri stanno già pensando a come si potrebbe deviare l'asteroide nel caso entrasse nella serratura gravitazionale. Una possibilità da fantascienza sarebbe quella di fissare una razzo rovesciato in maniera da trascinare l'asteroide lontano – anche di poco – dalla traiettoria d'impatto con la Terra. Anche se per ora le tecnologie non sembrano attuabili, le cose potrebbero cambiare nei prossimi trent'anni.

Astri chiomati

Cosa meglio del cielo rappresenta la ciclicità di un perfetto meccanismo a orologeria, la certezza, la perfezione, la sicurezza del domani? Ma inquieti presagi della fine del mondo sono presenti in tutte le culture. E gli ambasciatori più simbolici di una prossima catastrofe non possono essere che cambiamenti drammatici della volta celeste. Per questo le comete, spettacolari e impreviste, sono sempre state inquietanti protagoniste di profezie e superstizioni (Tavola 9). Annunciatrici di tragici avvenimenti o di sciagure, ma a volte anche di eventi positivi o comunque importanti. Fu una cometa a salutare la nascita di Cristo e a preannunciare agli Aztechi la fine per mano degli Spagnoli. L'impresa di Guglielmo il Conquistatore, che nel 1066 vincendo ad Hastings prese di fatto possesso dell'Inghilterra e cambiò il corso della storia inglese per i cinque secoli a venire, fu immortalata nel famoso arazzo di Bayeux. Opera di grande valore artistico e storico, ma anche astronomico. Infatti una parte dell'arazzo mostra una cometa (Fig. 9.16), che Guglielmo considerò a ragione di buon auspicio.

La forma chiomata (cometa significa proprio questo in greco) si

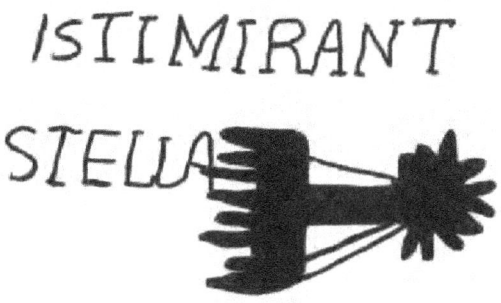

Fig. 9.16. Dettaglio di una cometa raffigurata nell'arazzo di Bayeux

è adattata bene nel corso dei secoli a strane interpretazioni della fantasia. Così scrive nel 1528 un cronista[13]:

> ... terribile, spaventosa da terrorizzare il volgo; produsse morti e ammalati; la cometa, di rosso sangue, aveva alla sommità come un braccio curvo che teneva una spada come se volesse colpire... Ai lati si vedevano asce, coltelli, spade colorate di sangue, molte orride facce umane con barbe e capelli irti!

Non sorprende che nel Medioevo le comete siano raffigurate e descritte come orribili mostri. Il popolino, abituato a vedere l'irrazionale e il superstizioso in ogni aspetto della vita, considerava con autentico terrore eventi celesti di tale portata. Ma anche persone di più elevata cultura e livello sociale come scienziati e personalità della chiesa non furono da meno. Molti astronomi, che nel passato praticavano anche l'astrologia, ritenevano le comete foriere di pestilenze e responsabili di morti illustri. E nel XV secolo papa Callisto II, inquieto per via di una cometa che sembrava mostrare la forma di una scimitarra (ma i musulmani ci videro una croce) dispose di suonare le campane ogni mezzogiorno per prevenire l'invasione degli infedeli. Paure più ra-

---

[13] Ripreso da Centini e Bocca (1995).

zionali si svilupparono nei secoli più recenti, quando l'astronomo e divulgatore Camille Flammarion sostenne che la coda delle comete avrebbe potuto colpire la terra e avvelenarla. Ma sono veramente un pericolo per l'umanità le comete?

Galilei le riteneva fenomeni atmosferici; solo in seguito si capì che erano molto più lontane, ben al di fuori del sottile strato atmosferico. La prima scoperta scientifica fu compiuta da Edmund Halley nel 1705. Egli si accorse che la stessa cometa era stata osservata nel 1456, 1531, 1607 e 1682; l'astro sembrava quindi tornare ogni 76 anni. Halley predisse quindi il passaggio successivo nel 1758. L'astronomo non visse a lungo per rivedere la sua cometa, che passò come previsto. La prima osservazione della cometa di Halley è però molto più antica: risale all'anno 240 per occhio degli attentissimi astronomi cinesi. Si possono così ricostruire tutte le sue apparizioni nel corso di quasi due millenni. A conti fatti, la cometa apparve anche nel 1056 (sì, è proprio quella della battaglia di Hastings). Anche Giotto nel 1305 ritrasse la cometa di Halley nell'Adorazione dei Magi conservata nella Cappella degli Scrovegni a Padova. Le comete possono dunque essere periodiche proprio come i pianeti, ma non tutte lo sono. Tutto dipende un po' dalla storia della cometa. L'orbita della Halley, come quella di altre comete, è molto ellittica (Fig. 9.17). Ha l'afelio ben oltre l'orbita di Nettuno, ma il perielio cade all'interno dell'orbita di Venere.

Oggi sappiamo che le comete consistono di un nucleo di qualche decina di chilometri di diametro (si pensava fosse più piccolo prima della missione Giotto, che nel 1986 fotografò il nucleo della Halley) e di materiale più volatile, soprattutto ghiaccio misto a polvere cosmica. Avvicinandosi al Sole, il calore fa sublimare il ghiaccio; si sviluppa così una coda che mantiene sempre la direzione opposta al Sole lungo tutta l'orbita (Fig. 9.18).

Da dove proviene il ghiaccio cometario? Durante la formazione del sistema solare, il ghiaccio era concentrato tra l'orbita di Giove e quella di Nettuno. Gran parte di questo ghiaccio fu poi espulso in due zone piuttosto misteriose che fanno da cornice al sistema solare: la

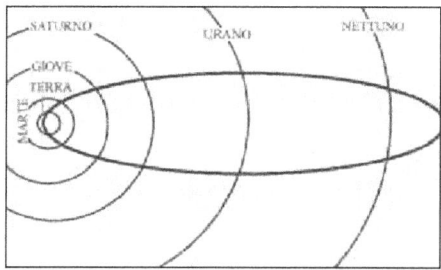

Fig. 9.17 L'orbita della cometa di Halley

fascia di Edgeworth-Kuiper (detta anche fascia di Kuiper) e la nube di Oort. La prima è una fascia di materiale volatile che si estende dall'orbita di Nettuno fino a circa 100 unità astronomiche. Ne fa parte anche Plutone, declassato di recente dall'esclusivo club dei "pianeti". Gli oggetti di questa fascia potrebbero essere le future comete di breve periodo. Ben più distante è la nube di Oort, che giunge a distanze fino a centomila unità astronomiche. È come il limbo delle comete, una nube sferica che impiega un milione di anni a ruotare intorno alla Terra. Ogni tanto viene perturbata al punto da perdere un poco di materia, che milioni di anni dopo, se non sarà deviata da Giove, farà capolino all'interno del Sistema Solare come una nuova cometa. E a quel punto se ne tornerà all'infinito, a meno che il campo gravitazionale di qualche pianeta non modifichi la traiettoria. In questo modo la cometa potrebbe venir catturata in un'orbita più o meno stabile e far parte del Sistema Solare, proprio come accadde alla cometa di Halley. La domanda è allora: potrebbe una cometa colpire la Terra? E una collisione sarebbe catastrofica?

La traiettoria delle comete è difficile da prevedere: la chioma soffice accoppiata alla rotazione del nucleo dà origine a forze complesse che hanno una componente imprevedibile lungo la direzione di moto della cometa. Scordiamoci quindi della precisione cronometrica che possiamo permetterci con altri corpi celesti solidi e più massicci e anche con gli asteroidi. Altro dato negativo: spesso le comete giungono all'improvviso. È proprio questa imprevedibilità a scolpire la fama di molti astronomi dilettanti, ai quali i professionisti lasciano di buon grado il compito di avvistare il prossimo astro chiomato. La cometa Hale-Bopp, il cui nucleo è di ben trenta chilometri di diametro, fu avvistata solo con due anni di anticipo rispetto al passaggio più vicino alla Terra.

Nulla vieta che in questo momento una cometa, ancora invisibile nel buio siderale, stia mirando proprio a noi dopo essersi staccata dalla nube di Oort. E come abbiamo visto il nucleo di una cometa, l'unica parte che veramente ci preoccupa, è grande una decina di chilometri o anche più, proprio come gli asteroidi più temuti. L'impatto con una cometa sarebbe un evento davvero catastrofico, forse peggiore dell'impatto con un asteroide. Ne abbiamo avuto un assaggio nel 1996, quando la cometa Shoemaker-Levy ha colpito la superficie di Giove dopo essersi divisa in 12 pezzi a causa delle forze mareali (si veda più avanti).

In un certo senso le comete non sono del tutto innocue e hanno già mietuto vittime umane; non a causa di una collisione, ma come conseguenza degli aspetti bizzarri della mente umana. Nel 1882 tutti i neonati della costa tanzanese intorno a Uzigua furono sacrificati per placare l'ira degli dèi durante l'apparizione di una cometa visibile anche di giorno. Mondi lontani nel tempo e nella cultura, potremmo dire. Ma anche noi occidentali del XX secolo non siamo stati esenti da simili follie. Il passaggio della Halley nel 1906 spinse molte persone al suicidio, altre si radunarono in festini notturni per dare l'addio al mondo. Nel 1996 si discusse di uno strano oggetto sfocato che sembrava seguire una cometa in alcune fotografie amatoriali. Si trattava di una stella, una normalissima stella sullo sfondo. Ma il gruppo religioso di Heaven's Gate di San Diego l'interpretò come la conferma che un'astronave aliena stava venendoli a prendere per imbarcarli verso un'entità superiore. Prima di suicidarsi in massa nel marzo 1997, alcuni videoregistrarono la loro felicità per il viaggio da intraprendere.

Terremoti, eruzioni vulcaniche, inondazioni mietono vittime ogni anno. Una cometa o un asteroide, per quanto ne sappiamo, non hanno direttamente mai ucciso nessuno. Perché preoccuparsi? Forse sinora abbiamo avuto fortuna. Le cadute di asteroidi e comete, per

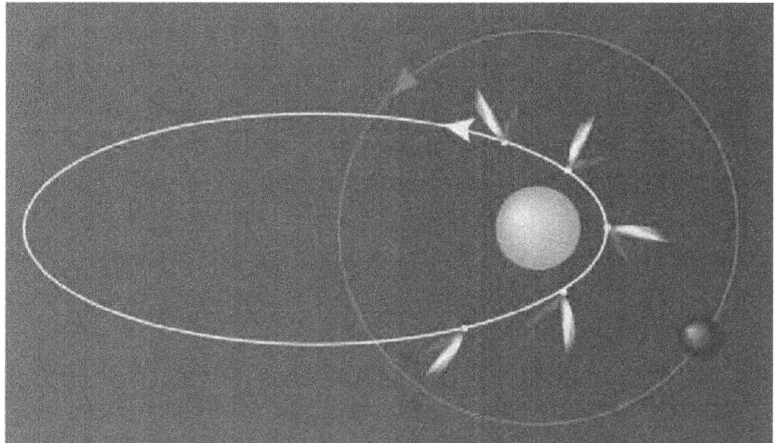

Fig. 9.18 L'orbita ellittica di una cometa e quella quasi perfettamente circolare della Terra (astri non in scala). La coda ghiacciata della cometa punta in direzione opposta rispetto al Sole

quanto rare, potrebbero essere assai peggiori di ogni catastrofe terrestre vista finora dall'umanità. Ne abbiamo avuto un inquietante avvertimento nel 1908.

Tunguska

30 giugno 1908. La zona siberiana bagnata dal corso d'acqua di Tunguska Pietrosa, una regione quasi totalmente disabitata poco a nord della Mongolia, viene scaldata dai primi raggi di sole del mattino. Il centro più vicino, Vanavara, è solo una stazione di scambio per la Transiberiana, la linea ferroviaria che unisce la Russia europea agli enormi altopiani dell'Asia. I piccoli centri abitati sono come intrusi in un panorama inesplorato, nei sulla carta geografica. Basta uscire da Vanavara e la Siberia manifesta la sua vera natura: una taiga sterminata di alberi a medio fusto, dimora di renne e popoli nomadi.

Sono loro i testimoni di una delle catastrofi naturali più sconvolgenti ed enigmatiche del XX secolo. Nel cielo fresco del primo mattino appare all'improvviso un'enorme palla di fuoco in movimento rapidissimo da sud-sudest verso nord-nordovest. Di colpo esplode con enorme rilascio di energia. Vanavara si trova a 70 chilometri dal centro dell'esplosione, una distanza sufficiente a mettere al riparo perfino da un'esplosione nucleare del tipo Hiroshima. Ma qui le energie sono molto maggiori: alcune persone sono sbalzate di parecchi metri dallo spostamento d'aria generato dall'esplosione, molte renne vengono uccise e materiale solido piove dal cielo. In molti riportano bruciature ed escoriazioni dovute al forte lampo di calore, mentre più vicino al centro dell'esplosione le tende dei nomadi vengono sbalzate nell'aria insieme agli occupanti.

Perfino a oltre 600 chilometri dall'esplosione il bolide fa sentire i suoi effetti. Sul treno della Transiberiana, i passeggeri avvertono uno strano tremore. Il macchinista si avvede del distaco dei binari e ferma il convoglio in tempo, evitando una strage. Numerose sono le testimonianze del lampo di luce e dei tuoni dovuti all'esplosione. E anche se la stria luminosa e il lampo sono durati pochi secondi, il fantasma della meteora non vuole andarsene. Nei giorni successivi si notano strani fenomeni atmosferici in molte città d'Europa quali alterazioni del campo magnetico terrestre, microvariazioni della pressione atmosferica e nuvole nottilucenti, strane nuvole ad altissima altezza visibili anche di notte, di solito associate a forti eruzioni vulcaniche. Ma la cosa più stupefacente è un'enigmatica luminosità dell'aria; in molte capitali europee si riesce a leggere perfettamente anche di notte.

Fig. 9.19 Ci sono stati eventi catastrofici dovuti a impatti extraterrestri documentati nella storia dell'uomo, come lo è per i terremoti e le eruzioni vulcaniche? L'unico evento documentato resta quello di Tunguska, avvenuto in Siberia nel 1908. A sinistra: alberi abbattuti dall'evento fotografati da Kulik. A destra: il luogo dell'impatto indicato nel cerchio

La prova che questi fenomeni erano genuini e non dovuti a isteria collettiva è presto detta: in Europa nessuno era a conoscenza della meteora del 30 giugno. All'indomani dell'esplosione di Tunguska, solo giornali locali in russo si erano interessati di quel misterioso oggetto esploso in una lontana provincia. I giornali europei si chiesero per parecchi giorni il perché di queste strane luci e segnali, senza collegarli allo strano bolide di Tunguska.

Ma di cosa si era trattato? Negli anni successivi al 1908 il bolide rimase completamente ignorato dal mondo occidentale, ma non dai russi. Tuttavia gli avvenimenti politici di quegli anni furono troppo importanti per intraprendere una spedizione costosa e pericolosa. La zona era (ed è tuttora) difficile da raggiungere per non parlare di allestire una spedizione scientifica col suo carico di materiale e di scienziati. Solo nel 1921, ben tredici anni dopo l'evento, uno scienziato russo di nome Leonid Kulik riuscì a mettere insieme i fondi e le energie per una prima spedizione. Kulik, un ex-botanico passato allo studio delle meteoriti, aveva convinto il governo dell'utilità pratica nello studio delle meteoriti, anche come possibili fonti di metalli preziosi. Era stato quindi incaricato di allestire delle spedizioni nelle zone di caduta dei meteoriti e all'inizio Tunguska era uno dei tanti luoghi da visitare. Ma in breve tempo il fascino misterioso di Tunguska prese il sopravvento, diventando per Kulik una specie di ossessione.

Nel 1921 Kulik non riuscì nemmeno a raggiungere il luogo di caduta e l'unico risultato positivo lo dovette alla sua idea di raccogliere tutte le informazioni possibili dai testimoni senza lasciar trascorrere ulteriore tempo. Approntato così una specie di questionario, lo fece pubblicare sul giornale locale. Solo sei anni dopo, nel 1927, riuscì finalmente a raggiungere il luogo dell'esplosione dopo una marcia estenuante, scortato da guide locali Evenki[14]. Kulik riuscì a individuare una zona in cui gli alberi erano stati abbattuti come stuzzicadenti da

---

[14] Nome dei popoli nomadi della regione, detti anche Tungus, convinti dell'aspetto divino dell'evento del 1908. Secondo alcuni esperti di folklore locale, pare che vi siano leggende su strane luci nelle regioni di Tunguska precedenti l'evento del 1908.

qualcosa di misterioso. Ma non fu individuato alcun cratere, a parte alcune forme sospette. Kulik diede l'ordine di scavare a fondo nella taiga gelata per trovare del materiale meteoritico. Ma non trovò nulla. Dopotutto, perfino il Meteor Crater è stato molto parco con materiale extraterrestre, come imparò a suo tempo Barringer. Non solo: i misteriosi buchi nel terreno trovati da Kulik si rivelarono del tutto estranei a qualsiasi impatto meteoritico. Fu qui che Krinov, un collaboratore di Kulik, sostenne che forse il misterioso oggetto non aveva affatto toccato il suolo: che fosse esploso dall'alto?

Dopo le prime spedizioni russe, la zona di Tunguska è stata visitata molte altre volte da gruppi di scienziati russi e negli ultimi decenni anche da stranieri. Alcuni tasselli sono andati assieme, fornendo dati ormai riconosciuti da tutti. Il problema è che alcuni di questi dati sono inspiegabili. Vediamo quali.

Fig. 9.20 Francobollo russo emesso per il cinquantenario dell'evento di Tunguska. A Kulik, scomparso sedici anni prima, è giustamente dedicato metà dello spazio disponibile

Asteroidi, comete, antimateria e mini buchi neri

Cominciamo dai fatti che ogni studioso di Tunguska riconosce ormai come assodati: 1) vi è stato un evento concreto, catastrofico la mattina del 30 giugno 1908; 2) l'oggetto si è rivelato con scie luminose, tuoni e un forte spostamento d'aria; 3) un'area di 15.000 chilometri quadrati mostra l'unico effetto sicuro sul suolo: migliaia di alberi caduti. La direzione degli alberi diparte da un centro, secondo uno schema che ricorda il soffiare sull'erba di un prato; 4) sono stati registrati strani effetti magnetici al suolo; e la presenza di elementi chimici delle terre rare, inusuali per un meteorite; 5) tra gli effetti biologici, il più strano è forse la crescita accelerata degli alberi dopo l'esplosione, come segnalano le linee di crescita, più larghe dopo il 1908.

Questo breve elenco però non ci dice direttamente cosa sia stato Tunguska. Che cosa ha causato l'esplosione? L'ipotesi più comune è quella di un impatto asteroidale, proprio come per il Meteor Crater. Il mistero da spiegare diventa l'assenza del cratere. Se il Meteor Crater si è conservato così bene dopo 50.000 anni, possibile che quello di Tunguska sia sparito nel nulla? Una prima risposta è che il meteorite potrebbe essere stato pietroso anziché ferroso, perché in questo caso sarebbe potuto esplodere in quota. Quando un piccolo meteorite cade nell'atmosfera terrestre, la resistenza dell'aria lo frena rapidamente da velocità enormi (dieci-venti chilometri al secondo) fino a qualche centinaio di metri al secondo. Ma un asteroide di grosse dimensioni subisce un destino ben diverso. Frenato molto meno dall'effetto dell'atmosfera, conserva un'enorme velocità anche negli strati più bassi e densi. Il fronte è quindi sottoposto a pressioni enormi, dell'ordine di quelle raggiunte nelle maggiori profondità degli oceani a oltre diecimila metri di profondità. Non così le parti laterali, che subiscono tensioni dell'aria molto inferiori. In pratica l'asteroide viene così schiacciato da forze violente. Fino a quando la tensione accumulata eccede la resistenza del materiale; allora si frantuma esplodendo lateralmente (frecce laterali in Fig. 9.21). I pezzi più grandi possono in parte giungere a terra, mentre altri bruciano completamente prima di giungere al suolo. Ma a un certo prezzo. L'intera energia dell'asteroide

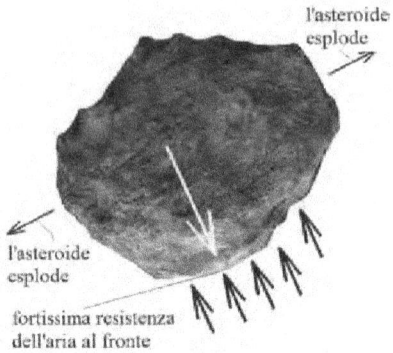

Fig. 9.21 La forza al fronte di un asteroide in caduta lo comprime. Se la tensione all'interno eccede la resistenza del materiale, l'asteroide può letteralmente esplodere, rilasciando una pioggia di meteoriti più piccoli

viene infatti trasferita all'aria sottostante che si riscalda. Questo meccanismo non forma un grosso cratere in quanto solo poco del materiale giunge a terra, e lo fa a bassa velocità. In pratica è l'aria stessa ad esplodere. Non è proprio quello che accadde? Abbiamo trovato la spiegazione?

Non proprio. I calcoli mostrano che l'esplosione in aria di un meteorite pietroso avrebbe prodotto numerosi frammenti a terra. Una piccola massa se paragonata a quella iniziale dell'asteroide, ma sufficiente a confermare la teoria. Invece niente: nessun frammento certo, nonostante i ripetuti annunci, spesso smentiti da ulteriori indagini. E una cometa? Sappiamo che le comete sono assai meno dense e inoltre sono formate soprattutto da ghiaccio, ovviamente volatilizzato immediatamente dopo l'esplosione. Anche qui però calcoli più approfonditi mostrano come una piccola cometa non sarebbe sopravvissuta alle regioni più alte dell'atmosfera. Senza contare che nel sistema solare, le comete sono molto più rare degli asteroidi. Se Tunguska fu un impatto cometario, dovremmo attenderci molti più impatti di asteroidi perfino durante il breve periodo di un secolo. Ma così non è. Se tutti i sospetti più plausibili hanno un alibi, occorre cercare oltre. Ecco il perché di una fioritura di ipotesi su Tunguska.

Fra le cento e oltre ipotesi formulate, alcune sono plausibili, altre impossibili, e altre ancora perfino divertenti. Alcune di queste sono piuttosto esotiche, ma scientifiche e degne di considerazione.

La necessità di spiegare l'assenza di residui durante l'esplosione ha portato alcuni a vedere in Tunguska la prova di grandi quantità di antimateria nelle regioni extraterrestri. L'antimateria è una forma di materia in cui ogni particella è sostituita da un'antiparticella di numeri quantici e carica elettrica opposte. L'ipotesi dell'antimateria fu formulata nel 1931 da Paul Dirac, il famoso fisico di Bristol.

Quegli anni tumultuosi per la storia della fisica avevano portato alla cosiddetta equazione di Schrödinger per la descrizione degli atomi. Secondo questo scenario, gli elettroni carichi negativamente viaggiano intorno ai nuclei atomici, attratti dal campo elettrico dovuto alla loro carica positiva. Formano così una distribuzione statistica intorno ai nuclei, una vera e propria nube elettronica. Ma questo modello non era compatibile con la relatività ristretta di Einstein. Poco male: gli elettroni viaggiano a basse velocità intorno ai nuclei, limite al quale la relatività ristretta si riduce alla cinematica newtoniana. Ecco perché l'equazione di Schrödinger è usata tuttora nel limite non-relativistico. Ma questa incompatibilità stonava per i puristi della fisica. Fra questi Dirac, alle prese con la generalizzazione della meccanica quantistica al fine di renderla compatibile con Einstein. Dirac si chiese quale fosse la caratteristica fondamentale delle equazioni della cinematica relativistica. Quella di trattare spazio e tempo nello stesso modo. Formulando una teoria della meccanica quantistica in cui spazio e tempo appaiono entrambi linearmente nelle equazioni (non così nell'equazione di Schrödinger), Dirac scoprì una strana equazione che oggi porta il suo nome, con una soluzione ancora più strana. Agli elettroni dovevano corrispondere particelle di carica opposta e massa identica, i positroni. Ma dove erano queste particelle positive? Le uniche particelle note allora di carica positiva erano i protoni, ben più pesanti degli elettroni.

Non si dovette aspettare molto. Solo l'anno dopo, nel 1932, Anderson notò la traccia di una particella in una camera a bolle, a quei tempi uno dei rivelatori di particelle più usati. Appariva identica a quella di un elettrone ma dovuta a una particella di carica positiva e non negativa, dato che nel campo magnetico girava nella direzione opposta di quella di un elettrone.

Il positrone fu la prima particella nota di antimateria. Oggi conosciamo antiprotoni, antineutroni, antineutrini. L'antimateria sembra esattamente identica alla materia ordinaria. Perché allora il mondo che conosciamo è fatto di materia? In teoria potrebbero esistere interi mondi formati da antimateria senza che noi ce ne accorgiamo, dato che le onde elettromagnetiche emesse dall'antimateria dovrebbero, per quanto ne sappiamo, essere indistinguibili da quelli dovuti alla materia ordinaria. L'antimateria può essere creata facilmente negli acceleratori di particelle e dai raggi cosmici. Ma l'antimateria in contatto con la materia si annichila, producendo energia. Un'energia enorme, pari alla massa della materia annichilata moltiplicata per il quadrato della velocità della luce. L'annichilazione di mezzo grammo di materia con mezzo di antimateria produrrebbe una quantità di energia enorme, pari a diecimila miliardi di joule, ovvero circa un cinquantesimo di megatone. Questo è il motivo per cui l'antimateria è rara e appena prodotta viene disintegrata: se ce ne fosse sulla Terra, sarebbe rapidamente annichilata.

Torniamo a Tunguska. Non è possibile che quel giorno di luglio 1908 un blocco di antimateria sia venuto a farci visita dagli abissi del cosmo? Un frammento di antimateria non avrebbe lasciato alcun cratere in quanto il frammento sarebbe esploso ai primi contatti con la materia terrestre, ovvero l'atmosfera. Troppo presto, quindi per giungere fino a terra. L'antimateria inoltre non avrebbe depositato alcun materiale extraterrestre, spiegando l'assenza di materiale meteoritico. Senza contare l'enorme energia rilasciata. Vengono in mente almeno due critiche. La prima è che, sebbene non si possa escludere la presenza di interi corpi celesti formati da antimateria, non vi siano indicazioni che esistano veri e propri antimondi tanto cari agli scrittori di fantascienza. Anzi, proprio a causa dell'antipatia tra materia e antimateria, qualsiasi residuo di antimateria si troverebbe ben presto a transitare attraverso nubi cosmiche formate da materia e la loro sopravvivenza sarebbe impossibile.

Alcuni ricercatori hanno visto in Tunguska la prova dell'impatto di mini-buchi neri. Sebbene molte persone credano che i buchi neri debbano essere per forza molto massicci e pronti a ingurgitare qualsiasi astro passi nelle vicinanze, in realtà si pensa che esistano anche buchi neri molto piccoli, delle dimensioni di un atomo ma massicci come una montagna. E proprio come il campo gravitazionale di una montagna può essere misurato mediante sensibili gravimetri, i mini buchi neri sarebbero capaci di far sentire il loro campo di gravità a una distanza di qualche chilometro da parte di strumenti sofisticati. Secondo alcune teorie, un grande numero di mini-buchi neri venne prodotto nelle fasi iniziali del Big Bang. Ma non sopravvissero a lungo a causa di un effetto scoperto da Steven Hawking. I buchi neri emettono una certa quantità di energia dalla loro superficie, che li porta a perdere energia e a scomparire col tempo. Mentre i buchi neri più piccoli di un atomo sono oggi tutti morti, quelli sufficientemente grandi (almeno circa 100 milioni di tonnellate di massa) sarebbero potuti sopravvivere. E perché non potrebbero cadere ogni tanto sulla Terra? In teoria, l'impatto con un oggetto di questo tipo potrebbe essere catastrofico, ma è tutto da dimostrare che darebbe luogo a fenomeni come quelli osservati a Tunguska. Senza contare che manca il l'impatto in uscita dall'altra parte del globo!

Attenzione però. Non classifichiamo come antiscientifiche le teorie alternative sull'oggetto di Tunguska. La scoperta di fatti inaspettati è proprio uno degli aspetti più comuni e, diciamolo, avvincenti dell'avventura scientifica. Potremmo aver visto un fenomeno completamente nuovo quel 30 giugno 1908? Ancora non lo sappiamo, ma val la pena ricordare come fino a pochi anni orsono nessuno pensava ai fulmini come qualcosa di diverso da un fenomeno elettrico, anche se ad altissimo voltaggio e amperaggio. Invece si è trovato che i fulmini emettono raggi gamma e fasci di particelle di antimateria nello spazio. Chi l'avrebbe detto? Un fenomeno puramente elettromagnetico che va a toccare il nucleo atomico, una prerogativa che pensavamo sulla terra potesse avvenire solo nei nostri acceleratori di particelle. Non potrebbero esserci altri fenomeni a cavallo tra la fisica dei plasmi, la fisica nucleare e la fisica atmosferica che non conosciamo e che potrebbero rilasciare enormi quantità di energia?

Perfino restando coi piedi per terra ed entro l'ipotesi forse più probabile dell'impatto cosmico, la nostra ignoranza rimane imbarazzante: le stranezze di Tunguska mostrano quanto poco sappiamo della dinamica dell'impatto di oggetti cosmici sulla Terra. Potrebbe la collisione di un asteroide sviluppare fenomeni elettromagnetici finora sconosciuti? Infine la domanda più ovvia: ci sono stati altri grossi impatti sulla Terra in tempi recenti?

Impatto su Giove

La risposta è no, ma ci siamo andati vicino il 10 agosto 1972, quando un bolide giunse così vicino al suolo terrestre da rendersi visibile a migliaia di spettatori sbalorditi. Penetrò nei cieli dello Utah per uscirsene da quelli della regione canadese dell'Alberta. Ci ha, insomma, appena sfiorati alla rispettabile velocità di 15 chilometri al secondo, sparendo come un ospite non gradito dopo un centinaio di secondi. L'analisi ha mostrato che l'asteroide non volò a più di 60 chilometri di distanza dalla superficie terrestre. E coi suoi 10-20 metri di diametro doveva possedere un'energia superiore a quella di Tunguska.

Volevamo una prova dell'energia devastante rilasciata da una cometa al suo impatto con un pianeta? L'abbiamo avuta nel luglio 1994, quando la cometa Shoemaker-Levy piombò su Giove, attratta dall'enorme campo gravitazionale del gigante gassoso. In quel momento la cometa non era ormai più un corpo unico, ma un insieme di blocchi simili a una collana di perle. L'aveva ridotta così un altro incontro con Giove avvenuto due anni prima. In quell'occasione era passata troppo vicino al pianeta, senza colpirlo. Quando una cometa o un qualsiasi corpo celeste passa vicino a un forte campo gravitazionale, la parte più lontana è attratta meno di quella più vicina, cosicché il corpo viene stiracchiato da imponenti forze mareali e può andare in pezzi.

Ma nel 1994 la cometa non si salvò dal cataclisma finale. Come nel quadro della parabola dei ciechi di Peter Brugel, i 21 frammenti cometari piombarono uno dopo l'altro dentro il campo gravitazionale di Giove, a velocità di oltre 60 chilometri al secondo. Ogni frammento sviluppò un intenso lampo durante la collisione con l'atmosfera gioviana, seguito dall'innalzamento di un pennacchio caldissimo dovuto al gas immensamente riscaldato. Il frammento G, di circa un chilometro di diametro, fece il botto più grosso: rilasciando un'energia pari a un centinaio di milioni di bombe atomiche di tipo Hiroshima, perturbò violentemente un'area grande quanto una semisfera terrestre (Fig. 9.22). L'alone lasciato dai pennacchi rimase visibile per parecchi anni dopo l'impatto.

Qui parliamo di un evento accaduto pochi anni orsono. Sono veramente così rari gli impatti cometari e più in generale quelli di corpi celesti sulla Terra? Quali sarebbero le conseguenze di un impatto simile per il nostro pianeta? Magari non di qualche centinaio di metri, ma di parecchi chilometri di diametro?

Ancora le estinzioni di massa

L'impatto di un asteroide con la Terra avrebbe estinto i dinosauri 65 milioni di anni: questa frase riassume una delle ipotesi scientifiche

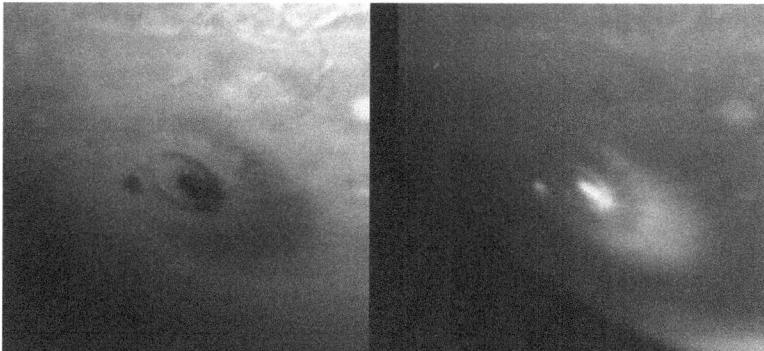

Fig. 9.22 L'impatto del frammento G della Shoemaker-Levy in luce verde (a sinistra) e alla frequenza del metano (a destra). Immagine del 18 luglio 1994 ripresa dallo Hubble Space Telescope Planetary Camera. Cortesia Hubble Space Telescope Jupiter Imaging Team

più affascinanti degli ultimi quarant'anni. E anche ben note al grosso pubblico; se pochi conoscono la struttura dell'interno terrestre, la generazione dei terremoti o perfino le dimensioni approssimate del nostro pianeta, la teoria dell'asteroide, quella sì è nota a tutti.

Tutto cominciò alla fine degli anni Settanta quando il geologo Walter Alvarez venne trasferito all'università di Berkeley. Nella stesso istituto lavorava il padre, Luis Alvarez, famoso fisico sperimentale delle particelle, campo nel quale aveva vinto il Nobel. Padre e figlio discussero di una possibile collaborazione. Normalmente la vicinanza fisica e la parentela stretta non bastano: occorre anche lavorare in campi vicini. Eppure talvolta è meglio se in un progetto di ricerca i collaboratori hanno preparazione scientifica molto differente. L'interdisciplinarietà, parola della quale spesso ci si riempie la bocca in ambito universitario (piace, è parola lunga e difficile e si presta bene a congressi e workshop) nella realtà trova poca applicazione. Nei concorsi universitari, ad esempio, essersi occupati di argomenti diversi non giova al concorrente, al quale spesso vengono stralciati i contributi non legati allo specifico campo della classe di concorso.

Comunque i due Alvarez decisero di attaccare un mistero che conosciamo bene: quello dell'estinzione di massa K-T (← 7.1). E spesso è in questa forma riduttiva che la teoria viene presentata: come se le sole vittime fossero i dinosauri. Si tratta invece di una faccenda più complessa; come abbiamo visto la K-T è solo l'ultima delle grandi estinzioni di massa (le "big five") e nemmeno la più grossa, ma certamente quella con le vittime più apparenti: insieme ai dinosauri scomparvero ammoniti, belemniti, rudiste, molti microorganismi. Molti i sospettati per questa estinzione, come si è visto. E anche prima della teoria dell'asteroide degli Alvarez alcuni scienziati avevano proposto scenari cosmici per spiegarla. Secondo Schindewolf, un illustre paleontologo tedesco, l'estinzione era stata così improvvisa da potersi spiegare solo con l'esplosione di una supernova. Altri avevano suggerito impatti asteroidali e comete. Ma si trattava di pure congetture; plausibili magari, ma senza alcuno straccio di prova.

La situazione cambiò a partire dal 1979, anno in cui Walter Alvarez esaminò con nuovo occhio le rocce sedimentarie che contraddistinguono il passaggio tra Cretaceo e Terziario. Abbiamo visto nella parte quarta come la stratigrafia si presenti spesso assai incompleta e di conseguenza non è sempre facile trovare delle sezioni stratigrafiche che rappresentino con continuità un certo episodio della storia della Terra. E quando si studia un'estinzione di massa, l'assenza di una continuità può diventare critica nello stabilire che cosa sia successo in un periodo di tempo geologicamente breve. Ma in alcuni luoghi del mondo questi delicati passaggi nella storia terrestre si sono conservati. Uno di questi affiora proprio in Italia, nella Gola del Bottaccione vicino a Gubbio, ben noto da parecchi anni prima della scoperta degli Alvarez. Alvarez padre suggerì di esaminare questo famoso livello argilloso di Gubbio nella speranza di ritrovare qualche metallo pesante come l'iridio. Perché l'iridio? Semplicemente perché è facile da esaminare con metodi di attivazione neutronica e può permettere una datazione più affidabile (Fig. 9.23). L'idea era quindi di usare l'iridio, proveniente a un tasso costante dalla pioggia meteoritica, come cro-

Fig. 9.23 L'iridio è un metallo pesante di numero atomico 77. Raro sulla terra, è più comune nei meteoriti

nometro geologico con cui esaminare i microfossili lungo la sottile colonna di argilla. Così si sarebbe potuto vedere in quanto tempo i vari gruppi di microfossili scomparvero dalla faccia della Terra.

La cosa non fu possibile per un motivo molto semplice: la quantità di iridio non era costante come sarebbe necessario per l'uso geocronologico di questo metallo. Al contrario, diventava molto più abbondante in un sottile strato di 1 cm. Ma questo livello non era un livello qualsiasi. Era esattamente il limite tra il Cretaceo e il Terziario, in corrispondenza dell'estinzione di massa! Come spiegare questo eccesso del metallo?

Fu subito evidente che l'eccesso di iridio e il killer del Cretaceo-Terziario potevano avere la stessa origine. Scartate le supernovae, che non sono particolarmente ricche di iridio, rimanevano solo gli asteroidi. Questi sì sono più ricchi di iridio rispetto alle rocce terrestri (e se è per questo di molti altri metalli). Il ritrovamento di simili livelli ricchi di iridio in altre parti del mondo come Stevns Klint in Danimarca o la Nuova Zelanda, confermò che il fenomeno non era locale, ma globale. La quantità di iridio, se di spessore uguale in tutte le parti del globo[15], doveva corrispondere a un asteroide di una decina di chilometri di diametro. In breve, un asteroide sarebbe caduto sulla Terra 65 milioni di anni e si sarebbe polverizzato a causa dell'enorme energia di impatto. Il materiale polverizzato, distribuitosi su tutta la superficie del pianeta, si sarebbe depositato in maniera uniforme, insieme all'iridio. Ma vi erano ulteriori prove indipendenti di un enorme impatto? E l'impatto avrebbe veramente potuto provocare l'estinzione di massa alla fine del Cretaceo?

La coda del diavolo

In seguito all'articolo firmato dai due Alvarez e dai due esperti di geochimica isotopica Frank Asaro e Helen Michel, la ricerca di ulteriori

---

[15] È chiaro che dopo l'impatto dell'asteroide, l'iridio si è depositato in maniera uniforme su tutto il globo. Ma in molte parti le rocce tra il Cretaceo e il Terziario sono andate distrutte, e così il prezioso strato di argilla ricca del metallo.

prove favorevoli all'impatto e la ricerca di confutazioni all'intera ipotesi divenne febbrile. Fra i più contrari all'ipotesi i paleontologi. Essi non si opponevano affatto all'idea di un impatto asteroidale 65 milioni di anni fa. Che questo impatto avesse causato l'estinzione di massa, questo era assai più difficile da accettare. I paleontologi avevano a che fare con i complessi dati fossili provenienti dagli strati terrestri. Un impatto asteroidale colpisce, annichila, uccide quasi all'istante – geologicamente parlando. Come spiegare il declino già in atto delle ammoniti? E perché alcuni taxa furono cancellati dalla terra, altri subirono gravi perdite ma seppero recuperare, e altri ancora passarono indenni attraverso il limite tra Cretaceo e Terziario? Un asteroide non dovrebbe uccidere gran parte delle forme di vita senza discriminare? Dal canto loro, gli impattisti si concentravano nei dipartimenti di astrofisica, geofisica e geochimica, dove la caccia a ulteriori prove sul terreno divenne un tema di ricerca primario. E gli impattisti seppero segnare due *goal* molto spettacolari.

Il primo fu più in realtà un autogoal da parte dei paleontologi. I micropaleontologi, specializzati nello studio di fossili microscopici come foraminiferi, radiolari o conodonti, scoprirono sferule cristalline in corrispondenza del limite Cretaceo-Terziario, vere e proprie microtectiti dovute a un grosso impatto meteoritico[16]. Il secondo fu la scoperta di una forma particolare di quarzo. Normalmente, il quarzo non mostra alcun tipo di struttura planare. Ma durante le prime esplosioni nucleari si vide che il quarzo presente sulla superficie terrestre veniva compresso così violentemente dall'esplosione da formare particolari lamelle assai ben riconoscibili al microscopio petrografico. Lo *shocked quartz* fu rinvenuto anche in molte zone d'impatto meteoritico, come il cratere Barringer. E la presenza di simili cristalli alla transizione Cretaceo-Terziario deponeva fortemente a favore dell'asteroide. Mancava però la prova veramente finale di un impatto asteroidale, quella che avrebbe messo fine alla disputa se l'impatto fosse avvenuto o meno. Un asteroide di una decina di chi-

---

[16] Il primo a notare le sferule fu l'olandese Jan Smit.

lometri di diametro avrebbe creato un enorme bacino di impatto (si veda la Tabella 9.1). Se avesse colpito la terraferma ci si sarebbe aspettato un cratere di almeno 150-200 chilometri di diametro. Sono noti molti crateri di impatto o astroblemi, alcuni dei quali riportati alla tabella 1, ma nessuno corrispondeva all'età giusta. Dov'era la canna fumante che aveva ucciso i dinosauri?

Gli anni Ottanta passarono alla ricerca del cratere della dannazione. Le impronte digitali erano due: le dimensioni (almeno 70 chilometri di diametro ma forse molto di più) e l'età, quanto più possibile vicina ai 65 milioni di anni. Fu così possibile eliminare gran parte degli astroblemi noti allora o perché troppo piccoli, ma soprattutto perché dell'età sbagliata. Una possibilità era la coppia di astroblemi di Kara, in Russia. A volte gli asteroidi sono doppi e cadendo vicini causano astroblemi in coppia. Sebbene i crateri fossero più piccoli di quanto ci si aspettasse (65 contro 150 chilometri di diametro), forse il doppio colpo di due asteroidi piccoli avrebbe potuto fare un danno paragonabile al colpo singolo di uno più grande. Ma dopo molti anni di studi difficili anche a causa della copertura di sedimenti e di un lago, gli studiosi dovettero riconoscere che il cratere era troppo vecchio di almeno 10 milioni di anni. Il secondo candidato era il cratere Manson in America. Resistette a molte datazioni che inizialmente sembravano convergere proprio alla data giusta. Ma ulteriori calibrazioni con metodo Argon-Argon mostrarono che anche il Manson era troppo vecchio di una decina di milioni di anni.

C'era sempre la possibilità che l'asteroide fosse caduto in mare. Anzi, un impatto marino è più probabile, data la maggiore superficie oceanica rispetto a quella continentale. Un impatto di questo tipo avrebbe lasciato poche tracce e la speranza di trovarlo nel bel mezzo dell'oceano sarebbero state minime. Ma c'era un dato di fatto: lo shocked quartz deponeva fortemente a favore di un impatto continentale. L'oceano, come abbiamo visto nel primo volume, è formato di basalti che non contengono affatto il quarzo. Solo la crosta continentale ne possiede in abbondanza. L'impatto doveva quindi essere avvenuto sulla terraferma. Ma dove?

Una prima traccia utile sarebbe stata rinvenire gli ejecta, come tectiti o altri depositi di grosse dimensioni dovuti all'impatto. Mentre il materiale dell'asteroide rimase totalmente polverizzato durante l'impatto distribuendosi su tutta la superficie terrestre in maniera uniforme, le rocce terrestri di maggiori dimensioni vennero proiettate soltanto intorno al cratere. Trovare depositi di questo tipo avrebbe potuto indicare la localizzazione del cratere. Fu grazie alla scoperta di questo tipo di ejecta che Alan Hildebrand, un giovane geologo canadese, cominciò a sospettare che il cratere dovesse trovarsi nel golfo del Messico. Con una complicazione però: studi di specialisti di sedimentologia marina avevano trovato depositi di tsunami (simili a quelli di Fig. 2.12 ma molto più antichi e della stessa età dell'impatto asteroidale e del limite Cretaceo-Terziario) nella contea di Brazos, in Texas. Anche qui intorno al golfo del Messico. Se l'asteroide fosse caduto in mare, avrebbe certamente causato imponenti onde di tsunami. Si calcola un'altezza dell'acqua di almeno 5 chilometri nella zona d'impatto, e altezze minori, ma sempre rispettabili, a centinaia di chilometri dal punto d'impatto. Ma il cratere non doveva essere caduto sulla terraferma?

Un campo delle scienze della Terra che tradizionalmente riceve molti finanziamenti è quello della geologia petrolifera. Saltò fuori che i geologi delle compagnie petrolifere messicane conoscevano già da anni una strana struttura circolare nella penisola dello Yucatan. In gran parte sommersa e coperta da sedimenti più recenti, il presunto cratere dal nome Chicxulub (che il lingua Maya significa "la coda del diavolo") fu oggetto di ricerche febbrili. Fu proprio Alan Hildebrand a confermare mediante perforazioni la natura d'impatto di quella strana struttura circolare. L'analisi delle anomalie gravimetriche mostrò un doppio anello, una configurazione tipica dei crateri d'impatto. Non solo: l'analisi degli zirconi fornì l'età del cratere a 65 milioni di anni.

Oggi la caccia al cratere che alla fine del Cretaceo depositò tutto l'iridio osservato nello straterello di argilla sembra conclusasi dopo pochi ma intensi anni di ricerca. Il consenso è che si tratti proprio di Chicxulub. L'asteroide quindi colpì non la terraferma e nemmeno l'oceano, ma la piattaforma continentale, quella fascia a una profondità di duecento-trecento metri a qualche centinaio di chilometri dalla costa. Come abbiamo visto, la linea di costa nel Cretaceo era ancora più interna rispetto a oggi (Fig. 9.24). Ecco spiegata l'enigmatica presenza dei depositi di tsunami insieme al *shocked quartz*.

Vi è stato dunque un impatto in corrispondenza della transizione Cretaceo-Terziario; di fronte al ritrovamento del cratere la cosa è ormai innegabile. Ma l'impatto ha veramente causato l'estinzione di massa tardo Cretacea? Per fortuna non lo sappiamo con esattezza, non avendo mai sperimentato un impatto così devastante. Possiamo però fare delle teorie usando le attuali conoscenze di geofisica, geochimica e fisica dell'atmosfera. Vediamo cosa deve essere successo quel giorno particolare che secondo gli impattisti pose termine 65 milioni di anni fa all'era dei grandi rettili, aprendo il via alla radiazione biologica dei mammiferi e in seguito dell'uomo.

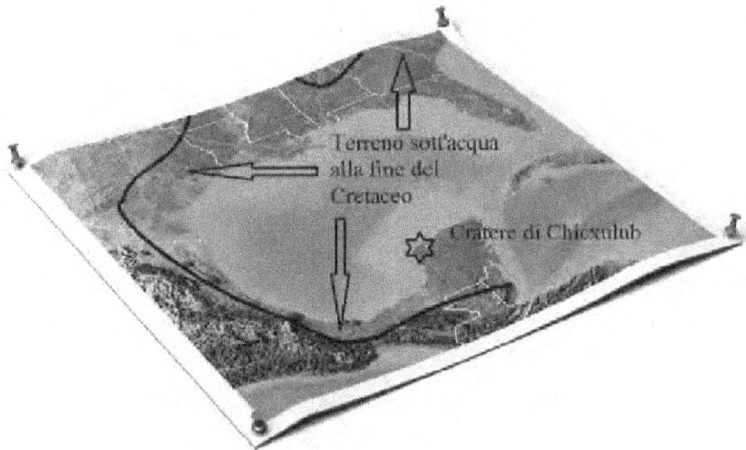

Fig. 9.24 Posizione del cratere di Chicxulub nello Yucatan. Il cratere è oggi in buona parte sommerso, ma all'epoca dell'impatto era completamente sott'acqua in quanto la linea di costa (accennata con un tratto spesso nero) passava per centinaia di chilometri verso l'entroterra

L' impatto

Terra, 65 milioni di anni fa. Dieci ore prima dell'impatto
L'asteroide di circa 10 chilometri di diametro è a una distanza doppia di quella della Luna, e punta dritto verso la Terra. Vi sta giungendo dopo un viaggio di parecchie decine di milioni di anni dalla nube di Oort, probabilmente dopo una perturbazione gravitazionale.

30 minuti prima dell'impatto
L'asteroide entra negli strati più esterni dell'atmosfera terrestre (Fig. 9.25).

Pochi minuti prima dell'impatto
Viaggia a circa 20 chilometri all'ora; muovendosi nell'atmosfera a una velocità maggiore di quella del suono, genera un'onda d'urto che attraversa gli strati d'aria generando venti ad altissima velocità. Essendo la sua massa enorme, viene rallentato solo di poco dall'effetto di resi-

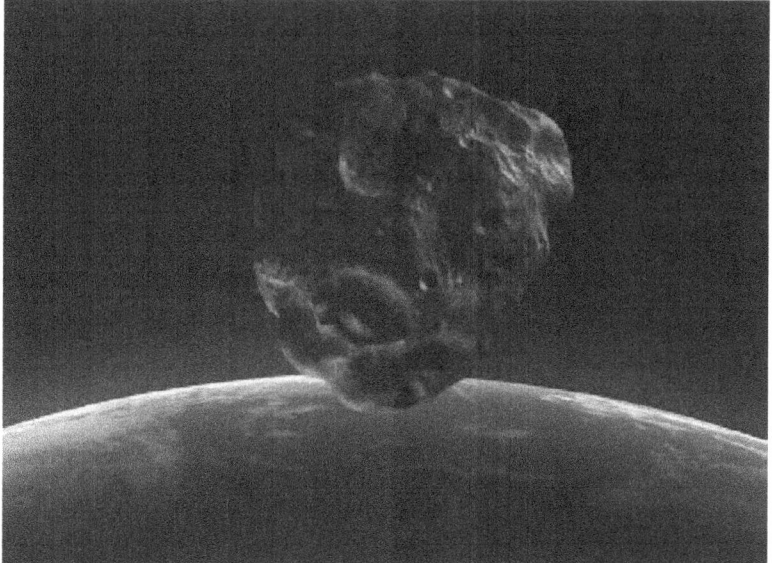

Fig. 9.25 L'asteroide che ha creato il cratere di Chixculub e forse l'estinzione alla fine del Cretaceo si affaccia agli strati alti dell'atmosfera

stenza dell'aria. Ha una traiettoria diretta da sud verso nord e sta per colpire il bersaglio con una certa inclinazione rispetto alla verticale.

1 secondo prima dell'impatto
L'asteroide ha ormai raggiunto la penisola dello Yucatan, coperta da un mare superficiale. L'atmosfera dietro all'asteroide è stata letteralmente soffiata via dall'onda d'urto.

Istante dell'impatto
L'impatto avviene nel mare dello Yucatan (Fig. 9.24). Poiché si tratta di un mare epicontinentale molto superficiale, il buco nell'acqua non può essere molto profondo. Viene sollevata un'onda di "soli" cento metri, pari alla profondità dell'acqua. L'asteroide è dapprima compresso e poi subisce una tremenda decompressione che lo fa letteralmente esplodere dalla zona d'impatto. L'esplosione assume la forma di una semisfera e comprende anche acqua vaporizzata del mare. Le simulazioni al computer mostrano un getto di materiale diretto dal punto d'impatto verso la stratosfera, dato che il materiale segue in parte la scia dell'asteroide dove l'aria è rimasta molto rarefatta.

Secondi dopo l'impatto
L'esplosione ha dapprima creato un'onda d'urto diretta verso l'esterno. Poiché nel punto dell'esplosione l'atmosfera è stata spazzata via, rimane una sfera vuota che viene ricolmata dall'aria intorno. Si genera un uragano diretto dal centro dell'esplosione verso l'esterno, e poi in direzione contraria. L'energia dell'esplosione non è completamente nota, dato che dipende dalla massa dell'asteroide e dalla sua velocità. Le velocità variano a seconda dell'angolo di impatto e della velocità intrinseca dell'asteroide; valori da 11 (pari alla velocità di fuga dalla Terra) fino a 72 metri al secondo sembrano plausibili. Le energie in gioco sono dell'ordine di 10^{23}-10^{24} joule.

Minuti dopo l'impatto
Le rocce terrestri intorno alla zona d'impatto, dopo essersi polverizzate, escono ad altissima velocità lasciando un cratere di quasi 200 chilometri di diametro, il cratere di Chixculub. La roccia frantumata e fusa raggiunge velocità di chilometri al secondo in un tubo dell'atmosfera dove l'enorme velocità dell'asteroide ha creato un vuoto temporaneo. Le particelle sparate verso l'alto ad altissima velocità rientrano pochi minuti dopo, quando l'aria ha ricolmato il vuoto. Così facendo, riscaldano uno spesso strato di aria, che diviene torrida. L'effetto è così efficiente che al suolo la temperatura raggiunge i 400 gradi.

Ore dopo l'impatto
L'onda di tsunami spazza le coste sudamericane e ha ormai raggiunto l'Africa, in quel periodo molto vicina al continente americano. I venti ad altissima velocità eliminano ogni forma di vita animale e vegetale entro un raggio di 1.000 chilometri dal centro d'impatto. L'onda d'urto ha viaggiato attraverso la Terra e raggiunto gli antipodi, dove si trova la regione asiatica del Deccan. Sappiamo che nello stesso periodo vi furono imponenti effusioni laviche proprio da quella regione. Le colate raggiunsero distanze di centinaia di chilometri e secondo molti studiosi furono loro a provocare l'estinzione di massa. Potrebbe essere stata l'onda d'urto a fondere il magma agli antipodi? Forse la cosa non sarebbe impossibile. Ma qualcosa non torna: le attuali datazioni sembrano indicare che le effusioni del Deccan avvennero prima, e non dopo l'impatto dell'asteroide.

Giorni dopo l'impatto
La tremenda onda di calore causa incendi in tutto il mondo, come sembra mostrare il ritrovamento di particelle carboniose di nerofumo. Ma non si tratta di incendi localizzati. L'onda di calore è tale da mandare in fumo metà della biomassa di allora, lasciando un mondo depauperato di vita vegetale. A questo si aggiunge un nuovo effetto. Alle temperature raggiunte dall'onda di calore, le molecole dell'aria

non rimangono inerti, ma si combinano come se l'atmosfera fosse diventata all'improvviso un immenso crogiolo naturale. Si forma così il micidiale acido nitrico, che potrebbe aver sciolto le conchiglie di carbonato di calcio di molti animali marini.

Mesi e anni dopo l'impatto
La moria di animali e piante continua per mesi dopo l'impatto. Le felci, opportuniste occupanti di ambienti depauperati, prendono le nicchie ecologiche lasciate dalle piante superiori. Dopo l'onda di calore iniziale, i sopravvissuti devono fare i conti con la situazione opposta: il freddo. Le particelle solide nell'alta atmosfera schermano la luce solare, diminuendo il flusso di calore solare. Di quanto? Non si è sicuri di questo dato. Probabilmente l'abbassamento medio di temperatura è di almeno 5-10 gradi in tutto il globo. Sui continenti, dove l'effetto termostatico dell'enorme massa di acqua viene meno, la temperatura forse cade momentaneamente fino a -20^0.

Una delle critiche principali alla teoria dell'impatto è questa: un impatto asteroidale avrebbe ucciso tutti gli organismi soprattutto negli scenari più apocalittici, senza distinzione del modo di vita. Invece come abbiamo visto nel Cap. 13, molti organismi sopravvissero, e altri come i coccodrilli passarono del tutto indenni. Come fu possibile?

La moria di fine Cretaceo non fu una carneficina con vittime scelte a casaccio. Infatti, alcuni scenari catastrofici sono così poco rosei che viene da chiedersi come fu possibile cha qualche forma di vita non batterica sia sopravvissuta! Prima la temperatura da combustione, seguita poi da un clima polare, avrebbe messo a durissima prova molti organismi, e ucciso decine di migliaia di specie. Ma secondo gli impattisti, a lungo andare non è la temperatura a fare il grosso delle vittime, ma piuttosto la mancanza di luce.

Basta un mese di mancanza o forte diminuzione di luce per condannare gli organismi vegetali, che sopravvivono e producono sostanze nutritizie attraverso la fotosintesi. Molti organismi dipendono dai vegetali: non solo gli erbivori ma anche i carnivori primari che si nutrono di vegetali, e a loro volta fanno da pranzo per i carnivori secondari. Tutte queste specie formano così una complessa rete alimentare. Se uno degli organismi che si trova in alto nella catena alimentare si estingue, ad esempio un predatore secondario, poco male per l'ecosistema: quasi certamente verrà sostituito da qualcun altro pronto a migrare e prendere il suo posto. Ma se si estinguono i vegetali, base della catena alimentare, l'intero ecosistema è destinato a crollare come un castello di carte.

Durante l'estinzione di massa K-T, gli organismi pelagici come le ammoniti e i pesci furono assai colpiti e questo viene spiegato bene dalla teoria dell'asteroide. Questi organismi sono nectonici: come abbiamo visto, vivono nella colonna d'acqua senza venire a contatto con il fondo del mare. Predano animali più piccoli, che a sua volta si nutrono di vegetali e fanno quindi parte della catena alimentare che parte dalla luce. Un attimo, però. Se questo spiega l'estinzione delle ammoniti, come la mettiamo coi nautili, che passarono indenni attraverso la grande moria? Non sono i nautili cugini delle ammoniti, con un modo di vita simile? Il nautilo però ha una conchiglia molto più spessa, che gli consente di migrare anche a elevate profondità. Le ammoniti, che hanno una conchiglia più sottile, per resistere alla pressione aumentano la complessità della linea di sutura, una strategia che però impone limiti più stringenti sulla profondità.

Perché gli organismi bentonici, quelli che vivono sul fondo del mare, furono colpiti molto meno? Riparati da uno spesso strato d'acqua, dipendenti da piccole particelle di cibo che cadono dall'alto e non dalla catena alimentare basata sulla luce, essi furono toccati poco dall'interruzione della catena alimentare. Anzi, forse alcune specie furono favorite dall'improvvisa pioggia di cibo dovuta all'enorme moria che avveniva centinaia di metri più in alto. Una vera e propria manna.

Decine di anni fino a millenni dopo l'impatto
L'impatto ha vaporizzato enormi quantità di calcari. Il carbonio contenuto nel calcare si combina con l'ossigeno a formare diossido di carbonio, un gas serra come abbiamo visto. Quindi le temperature

salgono di nuovo a valori maggiori rispetto alle medie pre-catastrofe. Questa successione di ondate caldo-freddo che non ne vogliono sapere di assestarsi, rappresenta la prova finale di sopravvivenza. Tutti gli organismi viventi oggi deriverebbero da coloro che sono riusciti a sopravvivere a queste fatiche.

Le altre estinzioni di massa: altri impatti?

E cosa dire delle altre estinzioni di massa? Anche loro provocate da un impatto? La Fig. 9.26 mostra una stima del tempo di ricorrenza tra cadute di corpi meteoritici in funzione del diametro del corpo. Ogni 30 secondi cade in media sulla Terra un corpo di un millimetro di diametro. Bisogna aspettare qualche giorno perché cada un meteorite di 10 centimetri, mentre quasi cento anni sono necessari per un meteorite di qualche metro di diametro, come quelli caduti a Kaali in Estonia circa 4.000 anni fa. Produssero un grappolo di nove crateri di cui il maggiore misura oltre cento metri di diametro. La zona era popolata nell'età del Bronzo e si ritiene che la caduta, paragonabile come energia a una bomba del tipo di Hiroshima, possa spiegare un certo numero di leggende di spiriti scesi dal cielo. Tenendo conto che devono essere caduti molti altri meteoriti di dimensioni paragonabili da quel tempo a oggi, è chiaro che le antiche leggende di mostri, fiamme o dèi celesti nelle diverse popolazioni antiche della Terra potrebbero avere una base di verità.

Ogni circa diecimila anni cade un meteorite di qualche decina-un centinaio di metri di diametro, producendo un cratere come il Meteor Crater dell'Arizona. Salendo con il diametro, si vede che un cratere come quello di Chicxulub cade in media una volta ogni cento milioni di anni.

Non è difficile fare una deduzione. A partire dal Fanerozoico, nell'ipotesi che il tasso di caduta meteoritica non sia cambiato di molto, devono essere caduti circa 5-6 meteoriti paragonabili a quello di Chixculub. Si ricorderà che le "Big Five", le più grandi estinzioni di massa, sono state appunto cinque. Una coincidenza? Oppure le "big five" sono state tutte provocate da impatti meteoritici? E magari le

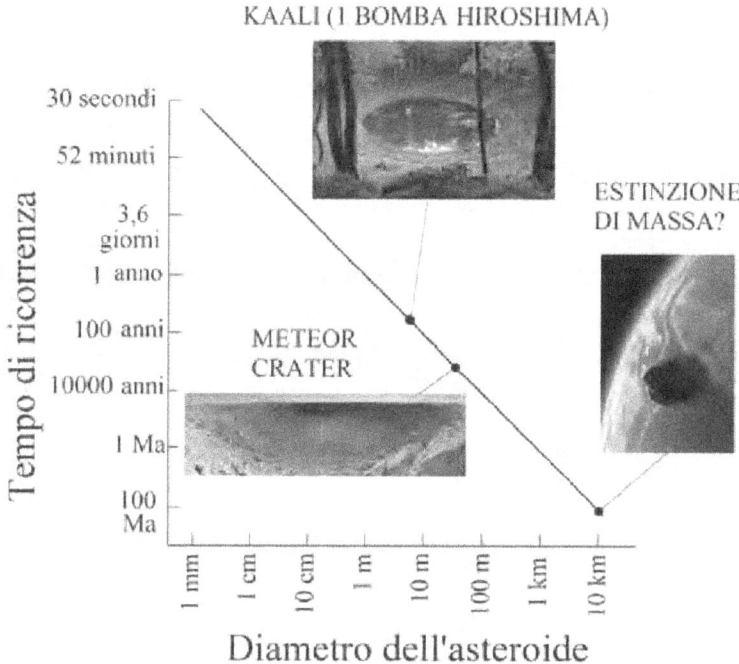

Fig. 9.26 Tempo di ricorrenza di un impatto meteoritico sulla Terra in funzione del diametro dell'asteroide

estinzioni di massa minori, più numerose, furono dovute a meteoriti più piccole?

Infatti dopo la pubblicazione della teoria dell'asteroide del gruppo di Berkeley, quasi tutte le grandi estinzioni di massa sono state reinterpretate come il prodotto di un impatto. Uno dei più energici sostenitori degli impatti come causa principale delle estinzioni è David Raup, geniale scienziato statunitense, fra i non tanti paleontologi sostenitori dell'ipotesi impattista. Raup ha sviluppato una *kill curve*, ovvero una funzione matematica dalla quale è possibile estrapolare la percentuale di specie estinte dato un certo diametro del cratere d'impatto (Fig. 9.27). La curva è affascinante e utile in quanto correla direttamente un dato geologico in principio osservabile e databile (il cratere) con un dato paleontologico, una crisi biologica osservabile nella documentazione fossile. Per un cratere del diametro di Chicxulub (180 chilometri di diametro), la curva dà una percentuale di estinzione superiore al 60%, compatibile con quanto osservato anche se l'incertezza in questo tipo di stime, rappresentata dalla parte ombreggiata in Fig. 9.27, è notevole. Cosa dire delle altre estinzioni di massa?

Gli unici astroblemi più giovani di 200 milioni di anni e abbastanza grandi per dare luogo a un'estinzione di massa (almeno in base alla curva di Raup) sono due: il cratere di Popigai in Russia e quello di Manicouagan in Québec, Canada (entrambi circa di 100 chilometri). Ebbene, il primo fu inizialmente correlato alla crisi biologica di fine Eocene-inizio Oligocene (← Cap. 7.1). Per il cratere canadese si pensò inizialmente di aver trovato il responsabile della crisi di massa alla fine del Triassico. Ma quando si scoprì che entrambi i crateri erano troppo in anticipo rispetto alle rispettive estinzioni di massa, il colpo subito dagli impattisti fu triplice.

Consideriamo il cratere di Manicouagan (Fig. 9.27). Non solo è veramente troppo antico (data l'inizio del Norico, mentre l'estinzione di fine Triassico è avvenuta alla fine del Retico, oltre 10 milioni di anni più tardi). Dimostra anche come sia fin troppo facile gridare all'impatto per spiegare le estinzioni di massa. Ma, cosa ancora più importante, lasciò gli impattisti in un'imbarazzante situazione: aver trovato il colpevole di un delitto inesistente! Infatti il cratere di Manicouagan non si correla ad alcuna estinzione di massa, neanche a una di quelle minori. La vita per quanto ne sappiamo continuò a prosperare nel migliore dei modi quando avvenne il tremendo impatto in Canada. Eppure secondo il criterio di Raup, ben il 60% circa delle specie sarebbero dovute scomparire. Com'è possibile che un impatto da 180 chilometri produca la fine di un'era geologica e uno un po' più piccolo, da 100 chilometri, non faccia alcun danno? Anche crateri d'impatto minori come quello di Morokwend in Sud Africa (70 chilometri di diametro, fine Giurassico) e quello di Ries in Germania (30 chilometri, Miocene) non si correlano ad alcuna estinzione si-

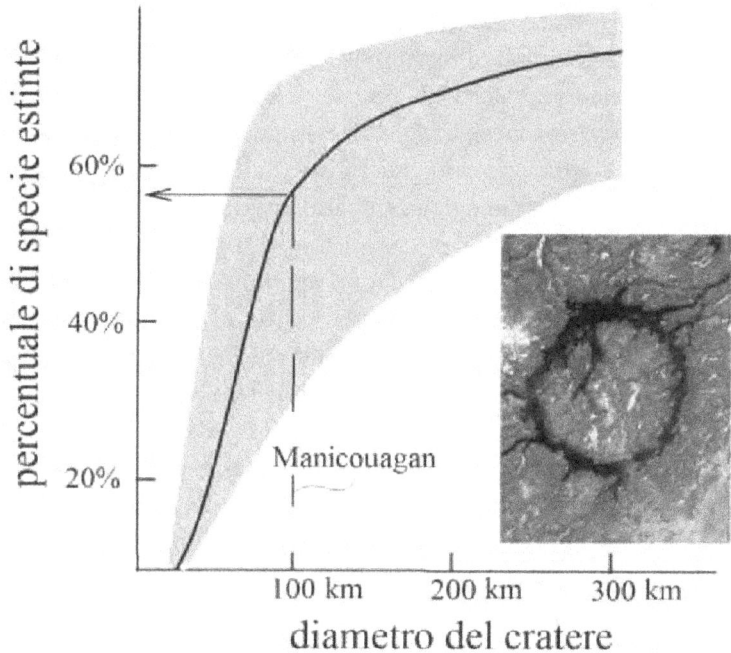

Fig. 9.27 La curva di Raup fornisce la percentuale di specie estinte per un dato diametro craterico. La parte ombreggiata rappresenta le grandi incertezze di questo tipo di approccio. La foto si riferisce al cratere di Manicouagan in Québec (NASA)

gnificativa; eppure secondo la kill curve dovrebbero aver avuto un impatto significativo sulla vita terrestre.

L'ipotesi dell'impatto è stata applicata anche ad altre estinzioni di massa. Per l'estinzione alla fine del Permiano, ad esempio, vi sono almeno due candidati: un cratere in Australia e una strana struttura in Antartide; anche se coperta da un'enorme coltre di ghiaccio, sembrerebbe proprio un astroblema. Tuttavia indizi seri includono l'iridio e lo shocked quartz, senza i quali è difficile provare alcunché. A tutt'oggi l'evidenza in favore dell'impatto meteoritico come causa dell'estinzione di massa alla fine del Cretaceo è abbastanza solida, anche se non mancano ancora notevoli resistenze da parte dei paleontologi. I quali nel loro lavoro quotidiano hanno a che fare con la complessità della storia della vita come emerge dagli strati geologici. Ad esempio il problema della selettività. Abbiamo visto come le estinzioni di massa siano state selettive. Quella alla fine del Cretaceo ha ucciso di preferenza gli organismi specializzati (ad esempio le ammoniti e i dinosauri) e meno gli organismi generalisti come nautili e coccodrilli. Secondo molti paleontologi, un impatto ucciderebbe in maniera indifferente ogni forma di vita senza distinguere il modo di vita di un certo organismo. Gli impattisti hanno replicato che organismi meno specializzati e più piccoli si sarebbero rifugiati in tane (da cui la protezione contro il grande caldo e il grande freddo) e avrebbero avuto una dieta varia, senza dover dipendere da catene alimentari ben stabilite. Inoltre molti animali di terraferma dovevano uscire solo di notte per sfuggire ai dinosauri. Abituati così al freddo e al buio, furono meno sensibili all'inverno nucleare dovuto all'impatto.

Sembra giusto concludere che finora solo una estinzione di massa, quella alla fine del Cretaceo, potrebbe essere stata causata da un impatto, mentre non c'è finora evidenza solida per le altre. La ricerca andrà avanti e di sicuro ci riserverà qualche nuova sorpresa.

10. Minacce dallo spazio profondo

10.1 Stelle in collisione, stelle inquiete, stelle che esplodono

Collisioni contro un'altra stella?

La nostra Galassia è composta da centinaia di miliardi di stelle in rapido movimento attorno al centro galattico. Come delle bilie agitate in un sacco, sembrerebbe logico attendersi numerosi collisioni tra molte stelle, tanto più che le stelle si attirano tra loro per effetto della gravità. E una collisione stellare non promette niente di buono. C'è pericolo che il Sole venga colpito da un'altra stella? Qual è la probabilità?

A questo proposito una notizia buona e una cattiva. Non è necessario che il Sole collida in pieno contro un'altra stella. Un passaggio stellare alla distanza della nube di Oort, che come sappiamo ha i confini a centomila unità astronomiche, sarebbe già una catastrofe. La stella perturberebbe la nube generando una caduta di comete verso il centro del sistema solare, e quindi anche contro la Terra. Adesso le probabilità sembrano davvero molto elevate: questa è la notizia cattiva. Ma quella buona è che perfino una collisione alla distanza della nube di Oort è piuttosto improbabile, specialmente nell'immediato futuro. Vediamo perché.

Immaginiamo per semplicità che tutte le stelle nella Galassia abbiano la stessa distanza tra loro. Allora ciascuna stella ha un proprio intorno di spazio, un suo volume proprio ottenuto dividendo il volume della Galassia per il numero di stelle. Inoltre possiamo definire la superficie della sfera di influenza come l'area della superficie che verrebbe perturbata dall'influenza della stella vicina. Se temiamo una collisione contro la nube di Oort, allora la superficie della sfera di influenza è la superficie della nube di Oort (immaginata come una sfera). Un semplice calcolo geometrico mostra che, trascurando alcuni fattori geometrici, la distanza media che il nostro Sole deve percorrere prima che una stella la perturbi alla distanza uguale al raggio della nube di Oort è circa uguale al volume proprio divisa la superficie di influenza. Questo nell'ipotesi che le stelle si muovano a caso nella Galassia. Il volume proprio è di circa dieci parsec cubi; la nube di Oort ha un raggio di centomila unità astronomiche, ovvero mezzo parsec. A conti fatti, il Sole percorrerebbe qualche decina di parsec prima che la sua nube di Oort venga perturbata. A una velocità di 30 kilometri al secondo, il tempo medio tra una perturbazione e l'altra è di circa un milione di anni.

Il calcolo è più complicato perché le stelle non si muovono a casaccio, ma in maniera ordinata. Inoltre è meglio basare le conclusioni sul movimento di stelle note nel vicinato celeste, dato che per molte di esse possiamo sapere se si avvicinano o si allontanano. In questo modo, mediante osservazioni recenti con il satellite Hipparcos si è confermata una stima di un tempo di collisione medio di un milione di anni. Cosa succede se viene perturbata la nube di Oort? Disturbate dal campo gravitazionale della stella vicina, molti oggetti della nube cadrebbero verso il sistema solare, aumentando il flusso di comete e quindi la possibilità di impatto con la Terra.

E se un'altra stella si avvicinasse non alla nube di Oort ma molto più vicino fino a lambire il sistema planetario e il Sole? In questo caso la catastrofe sarebbe totale. I pianeti sarebbero sbalzati a grandi distanze e forse lascerebbero il Sole; frammenti di materia solare verrebbero lanciati a grande distanza. Infatti, per almeno mezzo secolo questo fu il modello più accreditato per la formazione dei pianeti. Sulla base di un'idea dell'astronomo Alexander Bickerton (1842-1929), si pensava che il sistema planetario fosse stato creato proprio dal passaggio di una stella vicina. La stella intrusa avrebbe creato un filamento di materia solare da cui sarebbero condensati i pianeti, un altro esempio di catastrofe creatrice. La teoria non poteva però spiegare l'enorme differenza chimica tra la materia solare e quella planetaria. Ma a farla crollare fu proprio un motivo statistico: perché una stella si avvicini così tanto da produrre forze mareali sul Sole sono necessari tempi almeno di decine di miliardi di anni, perfino nell'ipotesi di movimento casuale delle stelle. Quando poi consideriamo che le stelle non si muovono a caso, ma tendono a ruotare in maniera più ordinata intorno al centro della Galassia, le probabilità scendono ancora di più.

La situazione potrebbe peggiorare se il Sole, colpito da una stella in orbita ellittica intorno al centro galattico, ne fosse perturbato al punto da lasciare la tranquilla orbita quasi-circolare attuale a circa 23.000 anni luce dal centro galattico, entrare esso stesso in un'orbita eccentrica, puntando così verso il centro della Galassia. Un luogo meno ospitale della periferia dove ci troviamo, in quanto le radiazioni aumentano verso il centro galattico. Forse la vita ne sarebbe annichilata. Ma qui ci muoviamo verso scenari non impossibili ma assai improbabili, e in ogni caso lontani nel tempo di almeno centinaia di milioni o miliardi di anni. Verrebbe da dire che il Sole ha già percorso 25 orbite intorno al centro della Galassia senza che sia mai accaduto nulla di simile, come prova il fatto che siamo qui.

Abbiamo visto come ci siano state numerose estinzioni di massa minori. Sono distribuite a caso o mostrano qualche regolarità nel tempo geologico? Negli anni Ottanta del XX secolo, un'analisi dei dati sui fossili marini da parte di David Raup e Jack Sepkoski sembrava mostrare una periodicità negli eventi di estinzione di circa 32 milioni di anni. La cosa era strana perché periodi di estinzione di questa lunghezza non sono spiegabili con cause terrestri. Fu avanzata l'ipotesi che il Sole avesse una compagna, subito battezzata Nemesi. Durante la rotazione intorno alla nostra stella, Nemesi avrebbe perturbato la nube di Oort, causando un aumento periodico del numero di impatti. Se Nemesi esiste, deve essere una nana rossa oppure una nana bruna, altrimenti sarebbe già stata individuata. I telescopi di nuova generazione potrebbero trovarla oppure escluderne l'esistenza definitivamente. Anche i dati statistici dai quali è partita l'ipotesi sono stati messi in discussione e molti ricercatori non vedono alcuna periodicità nei dati dei fossili.

Morte di una stella

Agli inizi del mese di luglio 1054 gli astronomi cinesi e arabi osservarono un fenomeno davvero sorprendente. Una nuova stella più luminosa di Venere era apparsa dal nulla! Lo strano oggetto celeste rimase visibile in pieno giorno per un mese, e di notte per quasi due anni. È strano che in occidente un evento così maestoso non venne notato. Se si ricostruisce il cielo intorno al 4-5 luglio 1054, si trova che la stella misteriosa doveva apparire leggermente a sinistra della luna, proprio come rappresenta un petroglifo degli indiani Anasazi a Chaco Canyon (Fig. 10.1). Secoli dopo, gli astronomi puntarono strumenti moderni nella posizione dove i cinesi avevano indicato la strana stella ospite, quella che in occidente è chiamata la costellazione del Toro. La stella era scomparsa; ma al suo posto c'era uno strano oggetto, chiamata in seguito la nebulosa del Granchio (Tavola 10).

Torniamo alla produzione di energia nel Sole e al ciclo protone-protone. Abbiamo visto che unendo quattro protoni si ha una produzione netta di energia. Se la stella è di piccola massa come il Sole,

Fig. 10.1 Il petroglifo a Chaco Canyon forse rappresenta la supernova esplosa nel 1054 (in basso a sinistra) ritratta insieme alla luna

ci vuole qualche miliardo di anni perché l'idrogeno si esaurisca. Dopo una fase temporanea in cui la stella riesce a bruciare una piccola parte dell'elio, lentamente si spegne diventando una nana bianca.

Ma se la stella ha massa molto maggiore di quella solare, per la produzione di energia essa sfrutta anche nuclei più pesanti. Consideriamo una stella di otto masse solari, ad esempio. Proprio a causa della maggiore massa, la stella riesce a creare un campo di gravità molto intenso nel centro, e quindi pressioni assai più elevate che nel Sole. Di conseguenza le temperature raggiungono valori di cento milioni di gradi, alle quali è possibile fondere due nuclei di elio per formare un nucleo di berillio. Pur essendo instabile, il berillio riesce a combinarsi in maniera fortunosa[1] con un altro nucleo di elio per formare il carbonio. Mediante reazioni di questo tipo vengono assemblati nuclei via via più pesanti. La sintesi di nuclei più pesanti richiede anche temperature più elevate, di modo ché il centro della stella diventa sempre più caldo.

Le specie di nuclei atomici – i nuclidi – vengono distinte dal numero di mattoni fondamentali: protoni e neutroni. La Fig. 10.2 mostra l'energia di legame dei nuclei atomici in funzione del numero di nucleoni, cioè del numero di protoni più neutroni.

Nel grafico di Fig. 10.2 leggiamo che il prodotto finale della fusione di quattro protoni – l'elio – ha un'energia di legame per particella assai superiore di poco più di 7 MeV. Quattro protoni che partecipano a formare un nucleo di elio producono quindi un'energia di quasi 30 MeV. Salendo in alto nel grafico, troviamo nuclei con energia di legame per nucleone maggiore: l'azoto e il carbonio, poi il neon, l'alluminio. Quindi se nuclei in basso nel grafico vengono messi

---

[1] Strana affermazione di sapore più calcistico che scientifico. Nei primi studi sulle reazioni stellari non si capiva come si potesse fare il passo dal berillio al carbonio. Oggi sappiamo cosa succede grazie soprattutto a un'intuizione di Fred Hoyle. La natura sfrutta una strana risonanza nucleare nel nucleo di carbonio. Se non avesse esattamente le caratteristiche che ha, la formazione degli elementi più pesanti sarebbe impossibile e non esisterebbe la vita. Per tale motivo questa risonanza è un cavallo di battaglia del principio antropico cosmologico, secondo il quale viviamo in un universo particolare, quello nel quale le leggi e le costanti della fisica hanno permesso l'insorgere della vita.

Aria, acqua, terra e fuoco

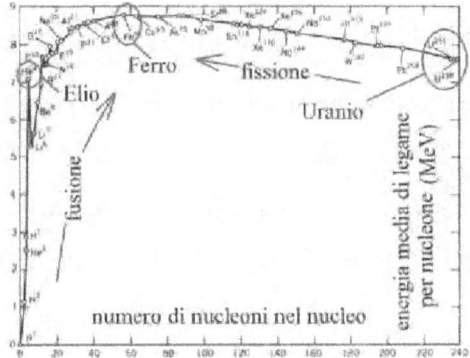

Fig. 10.2 L'energia di legame per nucleone. Sono evidenziati il picco dell'elio, il valore massimo raggiunto in corrispondenza del ferro, e i due principali isotopi dell'uranio. Da: http://imagine.gsfc.nasa.gov/docs/teachers/elements/imagine/05.html, modificata

insieme per produrre nuclei più in alto, avverrà una produzione di energia dal momento che l'energia di legame aumenta[2]. Ma come è chiaro dalla figura, con l'eccezione dell'elio che raggiunge un grande massimo relativo, in media l'energia di legame per nucleone raggiunge il massimo possibile per il ferro. Poi, comincia a scendere. Non è quindi possibile sintetizzare nuclei più pesanti del ferro con processi di fusione nucleare.

Durante le sue ultime fasi di vita, una stella di grande massa ha sintetizzato una serie di elementi fino al ferro. Ma tutto è avvenuto in fretta e la stella non ha avuto tempo di distribuirli al suo interno. Ha invece sviluppato una struttura a cipolla, con gli elementi più pesanti al centro. Quando finalmente si giunge alla sintesi del ferro nel centro, il destino è compiuto. La stella ha raggiunto il massimo dell'energia di legame, e il ferro non produce più energia. Invece ne assorbe, dato che i raggi gamma di alta energia prodotti dall'elevata temperatura vanno a spezzare i nuclei di ferro. Manca così la causa prima della stabilità stellare – la produzione di energia all'interno: la

---

[2] Il litio, il berillio e il boro, che hanno energia di legame più bassa di quella dell'elio, non sono sintetizzati nelle stelle, ma nei raggi cosmici.

gravità, la forza più debole dell'Universo, alla lunga ha vinto ancora. A questo punto la stella collassa in pochi millisecondi, una vera e propria caduta libera durante la quale avvengono fenomeni complessi e per la verità ancora poco capiti. Molti dei protoni reagiscono con gli elettroni a produrre neutroni e un immane fiotto di neutrini. I neutrini sono particelle che interagiscono con la materia in maniera estremamente debole. In uno degli esperimenti del CERN, un fascio di neutrini muonici veniva raccolto al Gran Sasso passando attraverso centinaia di chilometri di roccia senza necessità alcuna di gallerie o tunnel. Ma nella stella instabile, i neutrini prodotti sono così tanti da interagire con gli strati più interni della stella, causando un'espansione catastrofica verso l'esterno. Inoltre, la materia nucleare nelle parti centrali della stella è poco compressibile. Quindi al collasso gravitazionale segue un "rimbalzo" verso l'esterno che sconquassa la stella. È l'esplosione di una supernova.

Finalmente, mano a mano che il materiale viene proiettato verso l'esterno ad altissime velocità, la densità diminuisce drasticamente e la luce e le altre radiazioni elettromagnetiche (onde radio, raggi X e gamma) riescono a uscire. È da questo istante, circa un'ora dopo l'uscita dei neutrini, che la supernova si manifesta come un enorme lampo di luce. Così come la conobbero gli astronomi cinesi e arabi 6.500 anni dopo.

Lo studio della nebulosa del Granchio mostra proprio il materiale espulso estendersi rapidamente dal centro dell'esplosione. In quasi mille anni il gas esploso dalla supernova ha raggiunto un diametro angolare di un decimo di grado, pari a un quinto di quello lunare. Poiché la distanza della nebulosa del Granchio è stimata a 6.500 anni luce, il materiale della supernova deve aver viaggiato nello spazio a una velocità media di 1.500 chilometri al secondo per raggiungere distanze di 50.000 miliardi di chilometri.

La minaccia delle supernovae
Ogni anno vengono osservate numerose supernovae in molte galassie. Poiché una supernova emette tanta luce quanto un'intera ga-

lassia, viene da chiedersi cosa succeda alle stelle e ai sistemi planetari lì intorno. Quanto è necessario essere lontani per essere al sicuro da una supernova? La minaccia principale deriva dalla radiazione di alta energia: raggi X e gamma sarebbero letali a breve distanza in quanto entrambe radiazioni ionizzanti. Le cellule possono venir danneggiate dai raggi X (una minaccia molto bassa ma concreta si presenta a ogni foto dentistica o toracica), ma l'assorbimento da parte dell'atmosfera è più che sufficiente per schermarci da questa minaccia. Lo stesso dicasi per i raggi gamma, il cui assorbimento è il motivo per cui è necessario andare oltre l'atmosfera per osservare queste radiazioni emesse da oggetti cosmici. Ma è proprio l'atmosfera la prima minacciata. Una forte dose di radiazione può infatti distruggere le molecole di ozono con riduzione dell'effetto schermante del Sole. E così l'astro che dà la vita si trasformerebbe in un'arma letale per le forme di vita terrestri. Quanto deve essere vicina a noi una supernova perché lo strato di ozono venga distrutto? L'esplosione del 1054 non ha causato per quanto ne sappiamo alcun danno sulla Terra e quindi l'esplosione deve essere ben più vicina di seimila anni luce per essere letale. A conti fatti (un po' difficili per la verità) pare che sia necessaria un'esplosione entro qualche decina di anni luce perché una supernova sia veramente pericolosa. Come sappiamo, le stelle hanno distanza media di qualche anno luce. In media quindi vi sono solo un centinaio di stelle entro questa distanza critica. Poiché in una galassia tipica avviene qualche esplosione di supernova al secolo, ne segue che occorrono cento miliardi di anni, molto più dell'età dell'Universo, perché si presenti una situazione così sfavorevole. Se però la minaccia si presentasse per stelle distanti non qualche decina, ma qualche centinaio di anni luce, allora i tempi necessari per una situazione a rischio diminuirebbero di mille volte, dando il tasso di una supernova pericolosa per ogni cento milione di anni. Sembra ancora un'enormità, ma ricordiamo che cento milioni di anni si sono presentati quasi cinquanta volte dalla nascita della Terra. Potrebbe esserci una relazione con le estinzioni di massa? Esiste un'altra minaccia delle supernovae, che conosciamo un po' meno: i raggi cosmici, ovvero particelle cariche come i muoni che rilasciati a profusione durante l'esplosione potrebbero mettere a repentaglio l'atmosfera e la magnetosfera terrestri. Ne abbiamo un piccolo assaggio ogni volta che il sole fa le bizze coi suoi brillamenti. Con una supernova entro cento anni luce potrebbe andare molto peggio.

Stelle collassate

Abbiamo visto che la pressione del gas caldo dentro una stella – e per le stelle più calde anche la pressione della radiazione – bilanciano l'effetto della gravità che tenderebbe a far collassare il gas verso il centro. È questo equilibrio che stabilizza le stelle di sequenza principale (come il Sole) e le giganti rosse (come Betelgeuse o Aldebaran, stelle ben note agli appassionati).

Però, quando nel 1915 Adams fotografò per la prima volta lo spettro di Sirio B, ci si rese conto di essere di fronte ad un nuovo tipo di stella, per la quale la spiegazione basata sul gas caldo non regge. Per la fioca compagna di Sirio fu ricavata una temperatura di circa ottomila gradi, come si addice ad una stella di colore biancastro. Fin qui nulla di speciale: stelle di questa temperatura erano ben note. Ma la luminosità intrinseca di una stella dipende soltanto da due caratteristiche fisiche: è proporzionale alla superficie della stella e alla quarta potenza della temperatura. Poiché Sirio B splende molto debolmente nonostante la sua vicinanza a noi mentre la sua temperatura è piuttosto elevata, essa deve avere un raggio molto piccolo. Sirio B infatti non è una stella "normale", ma una *nana bianca*. Le nane bianche hanno massa paragonabile a quella del Sole ma un raggio dell'ordine di quello terrestre, il che implica una densità elevatissima, dell'ordine di una tonnellata per centimetro cubo. Devono essere oggetti piuttosto comuni nella nostra Galassia, dal momento che nonostante la loro scarsa luminosità se ne conoscono parecchie.

Le nane bianche si formano dalla morte di stelle di piccola massa che, come il Sole, si spengono lentamente quando il combustibile nucleare si esaurisce. Non avvengono quindi reazioni nucleari al loro interno. Che cosa impedisce il collasso gravitazionale? Tutto dipende dagli elettroni dentro la stella. Le proprietà di un insieme di elettroni a bassa temperatura, denominato gas di Fermi degenere, furono studiate da Enrico Fermi negli anni Venti. Usando la fisica quantistica, egli scoprì che gli elettroni generano una forte pressione, in antitesi con quanto accade per un gas classico.

Le stelle di neutroni sono un secondo tipo di stelle compatte. Contrariamente alle nane bianche, la cui scoperta fu inaspettata, le stelle di neutroni furono previste teoricamente nel 1932, quasi cinquant'anni prima della loro scoperta. In quell'anno Chadwick scopre il neutrone, di massa comparabile al protone ma privo di carica elettrica. Nel nostro mondo a bassa densità, un neutrone libero decade in pochi minuti in un elettrone e un protone più un antineutrino. Ma all'interno di stelle di altissima densità avviene l'inverso: la reazione tra elettroni e protoni genera neutroni. Tali densità, come proposero i due astrofisici Bàde e Zwicki, potrebbero essere raggiunte durante l'esplosione di una supernova.

Queste idee rimasero pure speculazioni fino alla scoperta delle pulsar nel 1968 da parte di Bell e Hewish, interpretate come stelle di neutroni rotanti ad alta velocità. Oggi si conoscono centinaia di pulsar nella Galassia. Esse hanno massa dell'ordine di quella solare, raggi di una decina di chilometri e quindi densità medie perfino superiori a quelle di un nucleo atomico: un cucchiaino di stella di neutroni pesa quanto una montagna. Si pensa che le stelle di neutroni si formino per lo più da una esplosione di supernova. I buchi neri sono invece singolarità dello spazio-tempo, zone dell'Universo all'interno della quale il campo gravitazionale è così intenso che nulla può sfuggire verso l'esterno.

Nane bianche, stelle di neutroni, buchi neri. Questi astri compatti sono i cadaveri di quelle che una volta splendevano nel cielo come stelle di sequenza principale. Mentre le nane bianche corrispondono a stelle morte per vecchiaia, le stelle di neutroni e i buchi neri sono il risultato di una morte violenta.

Le più grandi esplosioni dell'Universo

Un astrofisico ha a che fare ogni giorno con stelle in esplosione, galassie iperattive, collisioni di corpi celesti. Situazioni cosmiche così violente suscitano in un profano stupore e ammirazione. Un professionista finisce invece per abituarsi ai drammi cosmici e alle loro energie mostruose, un po' come un medico alla vista di traumi raccapriccianti. Ma la storia degli impulsi di raggi gamma (*gamma ray bursts*) ha sfidato perfino le immaginazioni più sfrenate perché le energie coinvolte superano ogni possibile immaginazione.

Tutto cominciò nel 1963 quando russi e americani firmarono un trattato di parziale messa al bando di esperimenti nucleari. Ma come farla rispettare? È facile accorgersi se la parte avversa esplode un ordigno sulla terraferma: le onde sismiche emesse da un'esplosione sono ben distinguibili da quelle dovute a un terremoto. Gli avversari sarebbero quindi tentati dal fare esplodere bombe non a terra, ma nell'atmosfera. Come smascherarli?

I processi nucleari di fissione o fusione alla base delle reazioni nucleari emettono raggi gamma, il tipo di onde elettromagnetiche più energetico. Un raggio gamma tipico ha energie un miliardo di volte maggiore di un fotone di luce visibile. L'idea è semplice: un'esplosione nucleare produrrebbe un fiotto di raggi gamma rivelabile con satelliti.

Tra le onde elettromagnetiche, i raggi gamma sono un po' speciali in quanto non vengono generati da meccanismi di emissione termica. Nessun astro, nessuna stella né galassia può essere così calda da emettere raggi gamma. Solo i processi nucleari possono farlo; quindi i raggi gamma ci parlano di una fisica diversa da quella di un gas caldo; testimoniano la presenza di raggi cosmici di alta energia, di antimateria, di processi nucleari. Se i nostri occhi potessero vedere i raggi gamma invece della luce, il cielo apparirebbe completamente diverso. Non vedremmo alcuna stella (la cui emissione è appunto termica e quindi a lunghezze d'onda molto maggiori di quelle gamma) ma solo processi di altissima energia dovuti a collisioni di raggi cosmici con le nubi galattiche oppure scontri di astri compatti come stelle di neutroni. La pulsar del Granchio apparirebbe luminosissima e pulsante come nel visibile. E quasar lontanissimi diverrebbero visibili a occhio nudo.

Allo scopo di monitorare le esplosioni rivali, gli americani lanciarono 12 satelliti nei cinque anni successivi al trattato. Chiamati Vela, orbitavano a circa un terzo della distanza della luna. Nel 1967 vennero così osservati strani impulsi di raggi gamma. La prova della violazione del trattato? I satelliti, lanciati in due generazioni successive, miglioravano continuamente, cosicché quello lanciato nel 1969 permise di concludere che i russi non erano colpevoli, almeno questa volta: i segnali non provenivano né dalla Terra e nemmeno dal sistema solare, ma dallo spazio profondo.

Dopo il lancio di altri satelliti dedicati tra cui il famoso satellite italo-olandese BeppoSAX avvenuto nel 1996 (intitolato a Giuseppe Occhialini, il fisico che mancò in due occasioni diverse ben due premi Nobel, offerti inspiegabilmente solo ai suoi collaboratori) si vide che gli impulsi di raggi gamma, o Gamma Ray Bursts (GRB) erano di almeno due tipi: quelli di breve durata ma alta energia e quelli di lunga durata (superiore ai tre secondi) ma energia più bassa. Di cosa si trattava? Vennero elaborate moltissime teorie sia locali (i GRB si originavano nel sistema solare, forse a causa di granuli dotati di velocità elevatissima in movimento nella magnetosfera solare), sia stellari (collisioni di comete su stelle di neutroni, attività delle pulsar e così via).

Se ci troviamo al limite tra un prato popolato da lucciole e una strada, durante la notte vedremo un maggior numero di scie luminose dovute agli insetti verso il prato che verso la strada. Nello stesso modo, se i GRB provengono dalla Galassia, ci aspetteremmo un numero maggiore lungo il piano galattico, e in particolare lungo il Sagittario dove si trova il centro della Galassia. Invece i GRB sembravano distribuiti in maniera uniforme sulla volta celeste. Questo può essere spiegato se essi sono esterni alla Galassia. Ma lampi così intensi provenienti da così grandi distanze implicavano energie veramente mostruose. Era impossibile che un lampo di queste intensità scomparisse nel nulla: doveva esserci una controparte visibile coi normali telescopi ottici. Il problema era sia la scarsa risoluzione dei rivelatori di raggi gamma (qualche diametro lunare) sia la rapidità del fenomeno: come in una visione onirica, i GRB scomparivano beffardi dalla scena del cielo in una manciata di secondi. Solo telescopi collegati col satellite gamma permisero alla fine degli anni Novanta di trovare le controparti ottiche. Ebbene, alcune di queste erano galassie con spostamenti verso il rosso così grandi da essere localizzati a decine di miliardi di anni luce! Questo rende l'energia dei GRB veramente mostruosa, dato che il segnale si disperde nello spazio con il quadrato della distanza dalla sorgente. A conti fatti, alcune di queste sorgenti devono aver irradiato durante il GRB energie equivalenti alla conversione in energia dell'intera massa del Sole! Sembra veramente troppo.

È possibile però escogitare alcune soluzioni per abbassare almeno di un po' la quantità di energia implicate in queste esplosioni. Immaginiamo un faro a una distanza di qualche chilometro, che per un istante punta verso di noi. All'improvviso riceviamo un forte flash, poi niente fino al prossimo giro. Se la lampada del faro irradiasse lungo tutte le direzioni invece di essere focalizzata in un fascio, la luce dovrebbe essere molto più forte per dare la stessa luminosità alle navi in lontananza. Se la luce è concentrata interamente lungo una sola direzione, è sufficiente una lampada più debole.

Probabilmente i GRB di lungo periodo si originano non da emissioni uniformi di raggi gamma, ma da un fascio localizzato come quello di un faro. Abbiamo visto che le supernovae prendono origine da stelle massicce prive di riserve di combustibile nucleare. Cosa succede se a esplodere è una stella enorme, diciamo grande non venti, ma centinaia di volte la massa solare? Queste stelle, chiamate ipergiganti, hanno vita media brevissima. Infatti le stelle di grande massa, pur avendo maggiori risorse di combustibile nucleare, sono molto ingorde in quanto lo usano a un tasso enorme, un po' come un riccone che abbia sperperato una fortuna in pochi anni. Perciò quando un'ipernova esplode, si trova ancora in un ambiente ricco di gas interstellare: non ha ancora abbandonato la culla e già deve morire. E lo fa in un'esplosione enorme, che lascia al centro un massiccio buco nero. Il gas cade nel buco attratto dall'enorme campo gravitazionale, spiraleggiandovi intorno e creando così un disco di accrezione intorno al buco nero (Fig. 10.3). A causa dell'enorme attrito, il gas si scalda a temperature di milioni di gradi e tenderebbe a espandersi violentemente al di fuori ma deve farlo controcorrente, in direzione opposta al nuovo gas che precipita sulla stella. L'unica via di fuga per il gas caldo è verso l'alto, dove il gas in caduta è molto rarefatto. Si formano così due getti circa perpendicolari al disco di accrescimento, lungo i quali il gas, sconquassato anche da onde d'urto e torturato da un enorme campo magnetico caratteristico delle stelle collassate, rag-

Fig. 10.3 Si ritiene che una classe di GRB, quelli a lungo periodo, non emettano la stessa energia lungo tutte le direzioni, ma solo lungo un fascio concentrato che per caso si viene a trovare lungo la direzione terrestre

giunge velocità enormi. Questi processi finiscono per rilasciare una quantità enorme di raggi gamma proprio verso la direzione dei due fasci. In questo modo si formano i GRB di lungo periodo: ma solo se la Terra si trova lungo uno dei due fasci il GRB sarà osservato, altrimenti rimarrà una delle tante catastrofi cosmiche sparite per sempre. I GRB di breve periodo, invece, non sembrano associati alle regioni ricche di idrogeno dove nascono le stelle. Probabilmente derivano dalla collisione di due stelle di neutroni, un evento molto raro ma possibile. Sono un pericolo per la Terra i GRB? Tra le stelle di luminosità variabile, Eta Carinae è la più sconcertante (Fig. 10.4). Mentre oggigiorno è un'insignificante stellina nella costellazione australe della Carena, nel 1843 divenne così luminosa da rivaleggiare con Sirio. E questo nonostante si trovi a una distanza ragguardevole, 7500 anni luce. Oggi la stella mostra due strani lobi di materiale gassoso espulsi nell'evento del 1843. Sappiamo che Eta Carinae ha una massa enorme – da 100 a 120 volte la massa del Sole. È quindi destinata a esplodere, forse come un'ipernova. Non sappiamo quando: molto probabilmente entro il prossimo milione di anni, ma potrebbe succedere tra mille anni o l'anno prossimo.

Supponiamo che la stella esploda come ipernova nei prossimi decenni. E per massima sfortuna, il fascio di radiazione punti sulla Terra. Cosa succederà? Un fiotto di raggi gamma devasterà lo strato di ozono, con le conseguenze viste nel capitolo sulle catastrofi dell'aria. Tutti i sistemi elettronici in tilt, ma sarebbero le particelle cariche il problema maggiore. Probabilmente la dose letale di muoni (particelle simili all'elettrone ma più pesanti) sarebbe raggiunta in breve tempo, producendo una moria di persone ed esseri viventi dalla parte della Terra esposta.

Si è anche speculato del possibile ruolo dei GRB nelle estinzioni di massa. In effetti, è possibile che durante il Fanerozoico alcuni GRB siano esplosi a distanza così ravvicinata da minacciare la vita. Purtroppo però trovare le prove sulla Terra di un GRB killer è ancora più difficile che per gli impatti asteroidali, i quali lasciano almeno come firma un cratere ed elementi chimici rari.

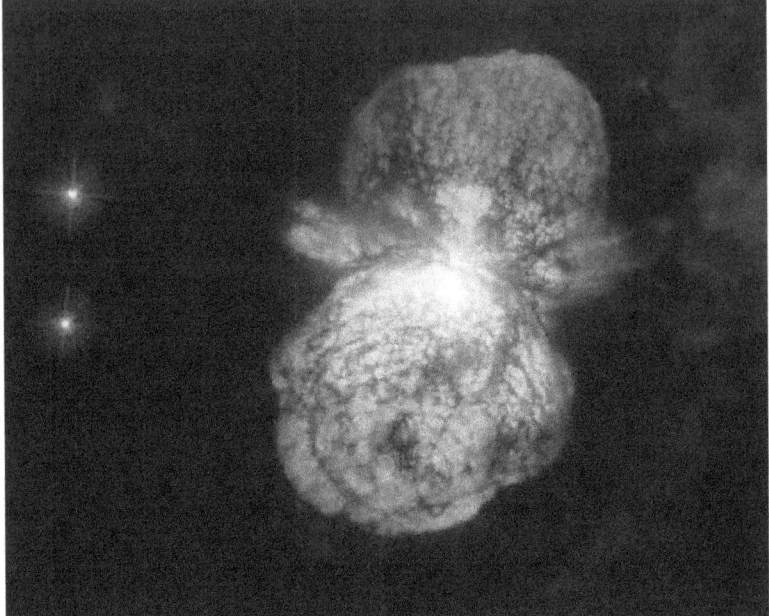

Fig. 10.4 Eta Carinae. Cortesia NASA, ESA, e il team Hubble SM4 ERO

La sarabanda di catastrofi viste sinora possono avvenire oppure no; non lo sappiamo con certezza. Forse in un lontanissimo futuro la Terra sarà sottoposta a un lampo micidiale di raggi gamma; oppure attraverserà la regione d'influsso di una supernova proprio nella fase esplosiva. Forse, ma è più probabile di no. Quello che sappiamo di sicuro è che la Terra verrà ingoiata dal Sole con la certezza del 100%. Una catastrofe totale, che porterà a morte certa il nostro mondo. Un sospiro di sollievo, però: la fine di cui parliamo avverrà tra cento milioni di generazioni. C'è da chiedersi se i nostri discendenti saranno ancora lì, considerando che una specie sulla Terra sopravvive in media solo per pochi milioni di anni.

11. Epilogo

Le catastrofi sono un fenomeno naturale. È la prospettiva distorta dell'uomo a considerarle come fenomeni eccezionali e in qualche modo "sbagliati". Questo non significa ovviamente che non si debba fare nulla per prevenirle ed evitarle, se possibile. Ma non si può inquadrare il problema senza porlo nella sua giusta collocazione concettuale. L'uomo contribuisce in molti modi a esacerbare l'impatto delle catastrofi: costruendo nelle zone sbagliate e male; sfruttando la natura a ogni costo, dimenticandosi che allacciandosi furbescamente alla presa dell'energia della Natura, ne subisce le scariche e i cortocircuiti. E spesso, come nel caso della rottura di grandi dighe o la tragedia del Vaiont, creando dal nulla le catastrofi dove non sarebbero accadute.

Si può provare a riassumere un certo numero di proprietà delle catastrofi naturali. Un tentativo di sinossi che ovviamente non può sostituire lo studio specifico di ogni catastrofe.

Proposizioni riassuntive sulle catastrofi
Nel primo volume si è visto come:

> La maggior parte delle catastrofi sono alimentate dalle stesse sorgenti di energia che rendono possibile la vita e l'attività geologica della Terra.

Alla quale possiamo affiancare la proposizione:

> Le catastrofi naturali sono sempre esistite durante la storia della Terra, e probabilmente esisteranno nel futuro remoto del nostro pianeta.

Inoltre una proposizione che possiamo chiamare legge dell'energia:

> Vi è proporzionalità tra la devastazione di una catastrofe e l'energia a disposizione per la stessa.

E considerazioni fisiche ci portano ad affermare che:

> Le catastrofi naturali sono una normale conseguenza delle leggi fisiche.

Inoltre di solito una catastrofe di grandi proporzioni è più rara di una piccola (legge di natura statistica):

> La frequenza di una certa catastrofe decresce con la sua magnitudo.

Lo si è visto con i terremoti (legge di Gutenberg-Richter), con gli impatti meteoritici e con le inondazioni. Ma vale anche per gli uragani, i tornado, gli tsunami. Segue come corollario che il tempo di ricorrenza di una catastrofe di una certa entità aumenta all'aumentare dell'entità della catastrofe.

La percezione delle catastrofi da parte dell'uomo è distorta in quanto si tende a considerare il mondo e l'Universo in uno stato di equilibrio. Soprattutto quando il tempo di ricorrenza supera la memoria umana.

> Una catastrofe appare tanto più inspiegabile (e "patologica") quanto più il suo tempo di ricorrenza è più lungo di una generazione umana.

Potremmo pensare che la disponibilità di un riparo e poi di risorse, di cibo, in altre parole di una società avanzata diminuisca l'impatto di una catastrofe. Ma è sempre così? I terremoti non farebbero molte vittime in una comunità di animali o uomini primitivi. E in una società sempre più dipendente dalla tecnologia, fenomeni come le perturbazioni magnetiche del Sole possono risultare catastrofiche. In altri casi, ad esempio con gli uragani, è proprio la tecnologia a permetterci un'evacuazione delle aree a rischio o l'accoglienza in strutture resistenti.

> Molte catastrofi sono tali solo nelle società umane. L'uomo può influenzare notevolmente le conseguenze di una catastrofe, a volte positivamente fornendo ripari e soccorsi, ma altre volte negativamente.

Quali catastrofi future?

Nuove catastrofi sono già dietro l'angolo; volerlo dimenticare può solo portare ad aggravare i disastri. Ma saranno peggiori di quelle avvenute finora? Ci sono almeno tre variabili da considerare per poter rispondere a questa domanda. La prima è la variabilità stessa delle catastrofi. La seconda è la vulnerabilità a un certo tipo di catastrofe. La terza è la colonizzazione (o l'abbandono, ma questo è un evento raro) delle zone a rischio.

Cominciamo con la variabilità delle catastrofi. La Terra sta diventando più attiva, meno attiva, oppure non vi sono cambiamenti? E ci riferiamo a variazioni di decine di anni, secoli o millenni. Prendiamo i terremoti, ad esempio. Non c'è alcun motivo per pensare che la Terra avrà un'attività tettonica maggiore nel futuro. Verrebbe quindi da rispondere che non sono previsti né più né meno terremoti di quanti siano avvenuti nel passato. A pensarci bene, però, è difficile giustificare questa affermazione. Non solo osserviamo i terremoti scientificamente da solo un paio di secoli, troppo poco per fare estrapolazioni. Sappiamo anche dell'esistenza di sciami sismici che possono durare mesi. Chi ci assicura che uno sciame come quello della Calabria del 1783 non avvenga di nuovo? Oppure che ci siano supercicli sismici aventi periodi di migliaia di anni? Poiché i terremoti hanno come ultima causa il movimento orizzontale dei continenti a sua volta dovuto ai moti convettivi nel mantello, e siccome questo tipo di attività è costante nel tempo (o meglio diminuisce ma con periodi di centinaia di milioni di anni), è chiaro che in media l'attività tettonica deve rimanere costante. Ma attenzione: parliamo di una media sui milioni di anni. Nessuno sa se i terremoti possano aumentare di frequenza e intensità per periodi di qualche secolo o millennio.

La vulnerabilità alle catastrofi dovrebbe diminuire col progredire di nuove ricerche e ulteriori innovazioni nel campo della geologia applicata, dell'ingegneria civile e della ricerca di base. Soluzioni ai problemi delle zone sismiche, ad esempio, esistono da anni, ma spesso non vengono applicate per i costi troppo elevati e la scarsa volontà. I sistemi di allarme, di monitoraggio, le ricerche di base e applicate continuano e sicuramente porteranno a notevoli miglioramenti nei prossimi anni.

La cosa più preoccupante è però la colonizzazione delle zone a rischio. Gli alvei dei fiumi, ad esempio, hanno sempre fornito terreno fertile e appetibile. Anche se oggigiorno l'ingresso in ambienti a rischio alluvione viene spesso protetto da argini artificiali sempre più affidabili, è chiaro che un argine è ingannevole. Non solo può creare problemi più a valle, ma non rappresenta una sicurezza assoluta. Un'alluvione con tempo di ricorrenza breve, ad esempio di venti anni, viene contenuta; ma non una di cinquant'anni. E sarà allora molto

Fig. 11.1 Il mare in burrasca sembra voler ingoiare Camogli

più devastante anche perché la popolazione sarà peggio preparata. In America, un ritorno alle campagne pone molti cittadini a maggior rischio tornado, tant'è che ne vengono segnalati sempre di più. Anche le coste marine sono sempre più colonizzate nonostante vengano sferzate da catastrofi di ogni tipo: la lenta erosione, tempeste invernali sempre più violente (Fig. 11.1), e in molti luoghi della Terra anche da eventi più rari ma assai più devastanti come uragani o tsunami.

Sembra giusto concludere: solo maggiore ricerca, applicazione di principi già noti ma troppo disattesi (ad esempio la costruzione con criteri antisismici) e un cambio di visione concettuale sul tema dei rischi naturali potranno alleviare l'impatto di future catastrofi.

Letture consigliate

Opere Generali (divulgazione e saggi)
AA.VV. 1993. Le catastrofi. Edizioni Dedalo, Bari.
AA.VV. 2007. Il pianeta fragile. Immagini di un mondo in pericolo. De Agostini, Novara.
Abbott P.L. 2005. Natural Disasters. McGraw-Hill, New York.
Adams F.D. 1945. The birth and development of the geological sciences. Dover, New York.
Buchanan M. 2000. Ubiquity. Why catastrophes happen. Three Rivers Press. New York.
Centini M., Bocca C. 1995. La fine del mondo. Xenia, Milano.
Clifford P. 1997. Breve storia della fine del mondo. Newton and Compton, Roma.
Cornell J. 1976. The great international disaster book. Ch. Scribner's sons, New York.
De Blasio F.V. 2012. Aria, Acqua, terra e fuoco. Vol. 1. Springer, Milano.
Diacu F. 2010. Mega Disasters. Princeton University Press, Princeton.
Funiciello R., Heiken G., De Rita D., Parotto M. 2006. I sette colli. Guida geologica a una Roma mai vista. Raffaello Cortina, Milano.
Kovach R., McGuire B. 2003. Guide to Global Hazards. Firefly books, New York.
Palmer T. 2003. Perilous Planet Earth. Cambridge University Press, Cambridge.
Prager E.J. 2000. Furious Earth. McGraw-Hill, New York.
Prothero D.R. 2011. Catastrophes! John Hopkins University Press, Baltimore.
Roubault M. 1976. Le catastrofi naturali sono prevedibili. Einaudi, Torino.
Santoianni F. 1996. Disastri. Giunti, Firenze.
Scarth A. 1997. Savage Earth. HarperCollins, London.
Smil V. 2008. Global catastrophes and trends. The next fifty years. The MIT Press, Cambridge MA.
Svensen H. 2010. Storia dei disastri naturali. Odoya, Bologna.
Tozzi M. 2005. Catastrofi. Rizzoli, Milano.
Walter F. 2009. Catastrofi. Una storia culturale. Angelo Colla editore, Vicenza.

Opere Generali (testi universitari)
Abbott P.L. 2002. Natural Disasters. McGraw-Hill, New York.
Alexander D. 2001. Calamità naturali. Pitagora Editrice, Bologna.
Barberi F., Santacroce R., Carapezza M.L. 2005. Terra pericolosa. Edizioni ETS, Pisa.
Bolt B., Horn W.L., Macdonald G.A., Scott R.F. 1977. Geological Hazards. Springer, New York.
Bonnet R-M., Woltjer L. 2008. Surviving 1000 centuries. Can we do it? Springer Praxis, Berlin.
Bryant E. 2005. Natural Hazards. Cambridge University Press, Cambridge.
Carloni G.V. 1994. Geologia applicata. Pitagora Editrice, Bologna.
Carotti A., Latella M.V. 1999. Disastri Naturali: attenuazione. Pitagora Editrice, Bologna.
Hyndman D., Hyndman D. 2009. Natural Hazards and Disasters. Brooks/Cole, New York.

Keller E.A., Blodgett R.H. 2006. Natural Hazards. Pearson Prentice Hall, Upper Saddle River NJ.
Nott J. 2006. Extreme Events. Cambridge University Press, Cambridge.
Smith K. 1996. Environmental Hazards. Routledge, London.
Hsu K.J. 2002. Physics of sedimentology: textbook and reference. Springer, Berlin.

Parte 1: Acqua (divulgazione e saggi)
Dudley W., Lee M. 2005. Tsunami. L'onda anomala. Piemme, Milano.
Luce J.V. 1969. The end of Atlantis. New light on an old legend. Thames & Hudson, London.
Mueller M., Mueller T. 1997. Fire, Faults and Floods. A road and trail guide exploring the origins of the Columbia River Basin. Univ. Idaho Press, Moscow ID.
Ryan W., Pitman W. 1999. Il Diluvio. Piemme, Casale Monferrato.
Spirito P. 1995. La grande valanga di Bergemoletto. CDA & Vivalda, Torino.
Temporelli G. 2011. Da Molare al Vajont. Storia di dighe. Erga edizioni. Genova.
Tufty B. 1969. 1001 questions answered about earthquakes, avalanches, floods and other natural air disasters. Dover, New York.
Viappiani A. 1924. Frane e terreni. Hoepli, Milano.
Winchester S. 2003. Krakatoa. Harper Collins, New York.

Parte 1: Acqua (testi universitari)
De Blasio F.V. 2011. Introduction to the physics of landslides. Springer, Berlin.
De Blasio F.V. 2010. Breve introduzione alla dinamica delle frane. Liguori, Napoli.
Marchetti M. 2000. Geomorfologia fluviale. Pitagora, Bologna.
McClung D., Schaerer P. 1996. Manuale delle valanghe. Zanichelli, Bologna.

Parte 2: Aria (divulgazione e saggi)
Buckley B., Hopkins E.J., Whitaker R. 2004. Meteorologia. Touring Club Italiano, Milano.
Burt C.B. 2007. Extreme weather. Norton and company, New York.
Corazzon P. 2006. I più grandi eventi meteorologici della storia. Alpha Test, Milano.
De Villiers M. 2007. Uragano. Apogeo, Milano.
Durschmied E. 2003. The weather factor. Coronet, London.
Emanuel K. 2005. Divine Wind. The history and science of Hurricanes. Oxford University Press, Oxford.
Giuliacci A. 2002. I protagonist del clima. Alpha Test, Milano.
Passante C. K., Bologna J. 2006. The complete idiot's guide to Extreme Weather. Alpha, USA.
Tufty B. 1987. 1001 questions answered about hurricanes, tornadoes and other natural air disasters. Dover, New York.
Visconti G. 1989. L'atmosfera. Garzanti, Milano.
Whipple A.B.C. 1984. Le Tempeste. Arnoldo Mondadori, Milano.

Parte 2: Aria (testi universitari)
AA.VV. 2010. Manuale di meteorologia. Alpha Test, Milano.
AA.VV. 2003. Hurricane! American Geophysical Union. Washington.
Aguado E., Burt J.E. 1999. Understanding Weather and Climate. Prentice Hall, Upper Saddle River NJ.

Formentini G., Gobbi A., Griffa A., Randi P. 2006. Temporali e tornado. Alpha Test, Milano.
Wallace J.M., Hobbs P.V. 2006. Atmospheric Science. Elsevier, Amsterdam.

Parte 3: Aria, acqua, terra e fuoco (divulgazione e saggi)

Ager D.V. The nex catastrophism. 1993. Cambridge University Press, Cambridge.
Ager D.V. 1993. The nature of the stratigraphical record. Wiley, Chichester.
Benton M.J. 2003. When life nearly died. Thames and Hudson, London.
Buffetaut E. 2004. La misteriosa fine dei dinosauri. Newton Compton, Roma.
Buffetaut E. 1993. Grandi estinzioni e crisi biologiche. Jaca Book, Milano.
Carlisle D.B. 1995. Dinosaurs, diamonds, and things from outer space. Stanford University Press, Stanford.
Cox J.D. 2005. Climate crash. Joseph Henry Press, Washington.
Erwin D.H. 2006. Extinction. Princeton University Press, Princeton.
Fagan B. 2009. Effetto caldo. Corbaccio, Milano.
Fagan B. 2004. The long summer. Basic Books, New York.
Fagan B. 2000. The little ice age. Basic Books, New York.
Fodor R.V. 1981. Frozen Earth: explaining the ice ages. Enslow Publisher, Hillside NJ.
Frenkel C. 1999. The end of the dinosaurs. Cambridge University Press, Cambridge.
Giuliacci A. 2002. I protagonisti del clima. Alpha Test, Milano.
Hallam A. 2005. Catastrophes and lesser calamities. Oxford University press, Oxford.
Hsu K.J. 1986. La grande moria dei dinosauri. Adelphi, Milano.
Linden E. 2007. The winds of change. Simon and Schuster. New York.
Lovelock J. 2011. Gaia. Bollati Boringhieri, Torino.
Maslin M. 2004. Global Warming. Oxford University Press, Oxford.
Mercalli L. 2009. Che tempo che farà. Rizzoli, Milano.
Pinna G. 2000. Declino e caduta dell'impero dei dinosauri. Il Saggiatore, Torino.
Raup D.M. Extinction. 1991. Bad Genes of Bad Luck? Norton and company, New York.
Raup D.M. 1987. The Nemesis affair. Norton and company. New York.
Rudwick M.J.S. 1972. The meaning of fossils. The University of Chicago Press, Chicago.
Simpson G.G. 1986. I fossili e la storia della vita. Zanichelli, Bologna.
Stanley S. 1987. Extinction. Scientific American Library, New York.
Veron J.E.N. 2008. A reef in time. Harvard University Press, Cambdridge.
Walker G. 2003. Snowball Earth. Bloomsbury, London.
Ward P.D. 1992. On Methuselah's trail. Living fossils and the great extinctions. Freeman and Company, New York.
Ward P.D. 2000. Rivers in time. The search for clues to mass extinctions. Columbia University Press, New York.

Parte 3: Aria, acqua, terra e fuoco (testi universitari)

AA.VV. 1989. Evolution and extinction. Cambridge University Press, Cambridge.
Erwin D.H. 1993. The great Paleozoic crisis. Columbia University Press, New York.
Hallam A., Wignall P.B. 1997. Mass extinctions and their aftermath. Oxford University Press, Oxford.
Roberts N. 1998. The Holocene. Blackwell, Malden MA.
Wezel F.C. 2004. Compulsare gli archivi storici della Terra. Bollati Boringhieri, Torino.

Parte 4: minacce dal cielo (divulgazione e saggi)
Asimov I. 1979. A choice of catastrophes. Fawcett Columbine, New York.
Katz J.I. 2002. The Biggest Bangs. Oxford University Press, Oxford.
Impey C. 2010. How it ends. Norton and Company, London.
Lewis S.L. 1997. Rain of iron and ice. Perseus Publishing, USA.
Plait P. 2008. Death from the skies! Penguin Books, Londra.
Rubtsov V. 2009. The Tunguska Mystery. Springer, Dordrecht.
Verma S. 2006. Il mistero di Tunguska. Mondadori, Milano.
Verschuur G.L. 1996. Impact! Oxford University Press, Oxford.
Wheeler J.C. 2000. Cosmic Catastrophes. Cambridge University Press, Cambridge.

Parte 4: minacce dal cielo (testi universitari)
Melosh H.J. 1989. Impact cratering: A geologic process. Oxford University Press, Oxford.

i blu – pagine di scienza

Volumi pubblicati

R. Lucchetti *Passione per Trilli. Alcune idee dalla matematica*

M.R. Menzio *Tigri e Teoremi. Scrivere teatro e scienza*

C. Bartocci, R. Betti, A. Guerraggio, R. Lucchetti (a cura di) *Vite matematiche. Protagonisti del '900 da Hilbert a Wiles*

S. Sandrelli, D. Gouthier, R. Ghattas (a cura di) *Tutti i numeri sono uguali a cinque*

R. Buonanno *Il cielo sopra Roma. I luoghi dell'astronomia*

C.V. Vishveshwara *Buchi neri nel mio bagno di schiuma ovvero L'enigma di Einstein*

G.O. Longo *Il senso e la narrazione*

S. Arroyo *Il bizzarro mondo dei quanti*

D. Gouthier, F. Manzoli *Il solito Albert e la piccola Dolly. La scienza dei bambini e dei ragazzi*

V. Marchis *Storie di cose semplici*

D. Munari *novepernove. Sudoku: segreti e strategie di gioco*

J. Tautz *Il ronzio delle api*

M. Abate (a cura di) *Perché Nobel?*

P. Gritzmann, R. Brandenberg *Alla ricerca della via più breve*

P. Magionami *Gli anni della Luna. 1950-1972: l'epoca d'oro della corsa allo spazio*

E. Cristiani *Chiamalo x! Ovvero Cosa fanno i matematici?*

P. Greco *L'astro narrante. La Luna nella scienza e nella letteratura italiana*

P. Fré *Il fascino oscuro dell'inflazione. Alla scoperta della storia dell'Universo*

R.W. Hartel, A.K. Hartel *Sai cosa mangi? La scienza del cibo*

L. Monaco *Water trips. Itinerari acquatici ai tempi della crisi idrica*

A. Adamo *Pianeti tra le note. Appunti di un astronomo divulgatore*

C. Tuniz, R. Gillespie, C. Jones *I lettori di ossa*

P.M. Biava *Il cancro e la ricerca del senso perduto*

G.O. Longo *Il gesuita che disegnò la Cina. La vita e le opere di Martino Martini*

R. Buonanno *La fine dei cieli di cristallo. L'astronomia al bivio del '600*

R. Piazza *La materia dei sogni. Sbirciatina su un mondo di cose soffici (lettore compreso)*

N. Bonifati *Et voilà i robot! Etica ed estetica nell'era delle macchine*

A. Bonasera *Quale energia per il futuro? Tutela ambientale e risorse*

F. Foresta Martin, G. Calcara *Per una storia della geofisica italiana. La nascita dell'Istituto Nazionale di Geofisica (1936) e la figura di Antonino Lo Surdo*

P. Magionami *Quei temerari sulle macchine volanti. Piccola storia del volo e dei suoi avventurosi interpreti*

G.F. Giudice *Odissea nello zeptospazio. Viaggio nella fisica dell'LHC*

P. Greco *L'universo a dondolo. La scienza nell'opera di Gianni Rodari*

C. Ciliberto, R. Lucchetti (a cura di) *Un mondo di idee. La matematica ovunque*

A. Teti *PsychoTech - Il punto di non ritorno. La tecnologia che controlla la mente*

R. Guzzi *La strana storia della luce e del colore*

D. Schiffer *Attraverso il microscopio. Neuroscienze e basi del ragionamento clinico*

L. Castellani, G.A. Fornaro *Teletrasporto. Dalla fantascienza alla realtà*

F. Alinovi *GAME START! Strumenti per comprendere i videogiochi*

M. Ackmann *MERCURY 13. La vera storia di tredici donne e del sogno di volare nello spazio*

R. Di Lorenzo *Cassandra non era un'idiota. Il destino è prevedibile*

W. Gatti *Sanità e Web. Come Internet ha cambiato il modo di essere medico e malato in Italia*

A. De Angelis *L'enigma dei raggi cosmici*

J.J. Cadenas *L'ambientalista nucleare. Alternative al cambiamento climatico*

N. Bonifati, G.O. Longo *Homo Immortalis*

M. Capaccioli, S. Galano *Arminio Nobile e la misura del cielo*

L. Boi *Pensare l'impossibile. Dialogo infinito tra arte e scienza*

F. De Blasio *Aria, acqua, terra e fuoco - Volume I. Terremoti, frane ed eruzioni vulcaniche*

F. De Blasio *Aria, acqua, terra e fuoco - Volume II. Uragani, alluvioni, tsunami e asteroidi*

E. Laszlo, P.M. Biava (a cura di) *Il senso ritrovato*

Di prossima pubblicazione

J.F. Dufour *Made by China. Segreti di una conquista industriale*

S.E. Hough *Prevedere l'imprevedibile. La tumultuosa scienza delle previsione dei terremoti*

G. Glaeser, K. Polthier *Immagini della Matematica*

vola 1 Alluvione a Steyr, Austria nel giugno 2009

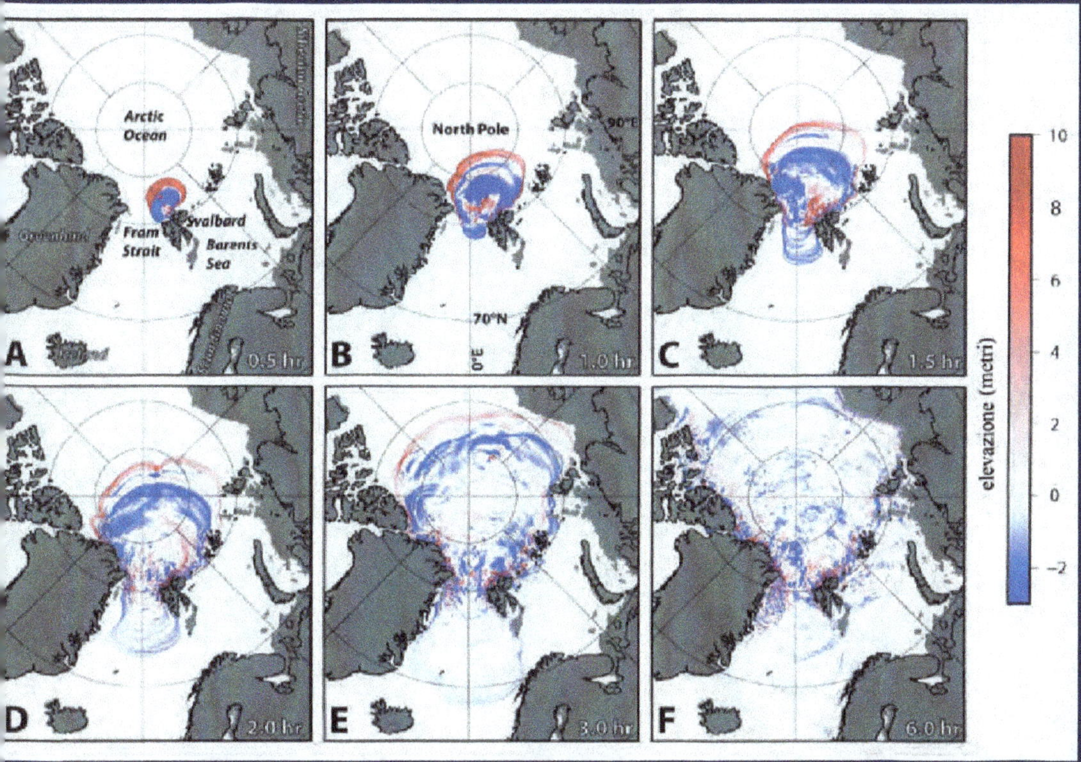

vola 2 Calcolo della propagazione delle onde di tsunami prodotte da una frana nel mare del Nord, la frana di nlopen-Yermark. Da: Vanneste et al. (2009). A: dopo mezz'ora; B: dopo un'ora; C: dopo un'ora e mezza; D: dopo e ore; E: dopo tre ore; F: dopo sei ore. L'elevazione sopra il livello del mare calmo risulta in rosso, sotto il mare lmo in blu. Simulazione di C. Harbitz, riprodotta con permesso della Society for Sedimentary Geology

Tavola 3 Jotulhogget in Norveg[ia], una gola dovuta all'incisione fluvia[le] creata dal rilascio catastrofico [di] una grande quantità di acqua gl[a]ciale (FVB)

Tavola 4 Il Mar Nero rimase isolato dal resto del Mediterraneo durante l'ultima fase glaciale. La linea nera mostra il livello dell'acqua prima che un'enorme cascata lo riempisse. Il terreno tra la linea nera e l'odierna sponda era interamente coltivato da quelle primitive popolazioni

Tavola 5 L'isola di Thera (Santorini), Grecia

Tavola 6 Il Tirannosauro, uno degli ultimi dinosauri, fu vittima dell'estinzione di massa alla fine del Cretaceo

Tavola 7 "Insediamento longobardo monte Barro (Lecco). Le invasioni barbariche coincidono con un raffreddamento climatico

Tavola 8 Il cratere di Wolf Creek in Australia

Tavola 9 La cometa di Encke. Si distinguono due code: una di ghiaccio che risplende della luce solare riflessa; e una azzurrina, dovuta a l'emissione elettromagnetica da parte di ioni CO+, N2+ e CO2+

Tavola 10 La nebulosa del Granchio (Crab nebula) è il residuo di una supernova esplosa nel 1054

Finito di stampare nel mese di ottobre 2012

GPSR Compliance
The European Union's (EU) General Product Safety Regulation (GPSR) is a set of rules that requires consumer products to be safe and our obligations to ensure this.

If you have any concerns about our products, you can contact us on

ProductSafety@springernature.com

In case Publisher is established outside the EU, the EU authorized representative is:

Springer Nature Customer Service Center GmbH
Europaplatz 3
69115 Heidelberg, Germany

www.ingramcontent.com/pod-product-compliance
Lightning Source LLC
LaVergne TN
LVHW010337260326
834688LV00036B/746